Adobe Dreamweaver 2021
经典教程

［美］吉姆·马伊瓦尔德（Jim Maivald）◎ 著

武传海 ◎ 译

人民邮电出版社

北京

图书在版编目（ＣＩＰ）数据

Adobe Dreamweaver 2021经典教程 ／（美）吉姆·马
伊瓦尔德（Jim Maivald）著；武传海译. -- 北京：人
民邮电出版社，2022.11
ISBN 978-7-115-59562-1

Ⅰ．①A… Ⅱ．①吉… ②武… Ⅲ．①网页制作工具—
教材 Ⅳ．①TP393.092.2

中国版本图书馆CIP数据核字(2022)第113298号

版 权 声 明

♦ 著 ［美］吉姆·马伊瓦尔德（Jim Maivald）

译 武传海

责任编辑 罗 芬

责任印制 王 郁 胡 南

♦ 人民邮电出版社出版发行 北京市丰台区成寿寺路 11 号

邮编 100164 电子邮件 315@ptpress.com.cn

网址 https://www.ptpress.com.cn

固安县铭成印刷有限公司印刷

♦ 开本：787×1092 1/16

印张：22.25 2022 年 11 月第 1 版

字数：594 千字 2022 年 11 月河北第 1 次印刷

著作权合同登记号 图字：01-2019-4803 号

定价：109.90 元

读者服务热线：(010)81055410 印装质量热线：(010)81055316
反盗版热线：(010)81055315
广告经营许可证：京东市监广登字 20170147 号

内容提要

本书由 Adobe 公司的专家编写，是 Adobe Dreamweaver 2021 软件的经典学习用书。

本书共 11 课，每一课首先介绍重要的知识点，然后借助具体的示例进行讲解，步骤详细，重点明确，可帮助读者尽快学会如何进行实际操作。本书主要包含定制工作区，HTML 基础知识，CSS 基础知识，编写代码，网页设计基础，创建页面布局，使用模板，使用文本、列表和表格，使用图像，创建链接和发布站点等内容。

本书语言通俗易懂，并配以大量的图示，特别适合新手学习。有一定使用经验的读者也可从本书中学到大量高级功能和 Adobe Dreamweaver 2021 版本新增的功能。本书还适合作为高校相关专业和相关培训班的教材。

前　言

Adobe Dreamweaver（后文简称 Dreamweaver）是一款行业领先的 Web 内容制作软件，能够在创建网站的过程中为您提供需要的工具。借助这些工具，您能轻松地制作专业水准的网站。

 关于本书

本书是 Adobe 图形图像与排版软件官方培训教程之一，在 Adobe 产品专家的大力支持下编写推出。本书在内容组织上做了精心安排，使您可以根据自身情况灵活地学习。如果您是初次接触 Dreamweaver 软件，那么您将在本书中学到关于这个软件的各种基础知识和概念，为您在工作中使用 Dreamweaver 打下坚实的基础。如果您之前使用过 Dreamweaver，那么您通过学习本书将学到许多 Dreamweaver 的高级功能，包括最新版本的使用提示与技巧。

本书在讲解示例项目时，都给出了详细的操作步骤。尽管如此，我们还是留出了一些空间，以供您自己去探索与尝试。学习本书时，您既可以从头一直学到尾，也可以只学习自己感兴趣的部分，请根据自身情况灵活安排。本书每一课最后都安排了复习版块，方便您回顾前面学过的内容，巩固所学知识。

预备知识

学习本书内容之前，您应该具备关于计算机和操作系统的知识与技能，清楚如何使用鼠标、标准菜单和命令，以及如何打开、保存、关闭文件。如果您需要学习这些知识，可参阅 Microsoft Windows 或 Apple macOS 提供的帮助文档。

本书使用的语法约定

使用 Dreamweaver 意味着您需要用到代码，我们会在接下来的课程和练习中使用一些语法约定，使您在学习本书内容时更容易理解和掌握相关操作。

Windows 与 macOS 版本差异

大多数情况下，Dreamweaver 的 Windows 版本和 macOS 版本操作方式都一样。但两个版本之间存在一些细微的差异，大都是由平台的差异造成的，比如键盘快捷键、对话框的显示风格、按钮名称。

本书中的截图是基于 Dreamweaver 的 Windows 版本截取的，它们与您实际看到的可能有所不同。

当同一个命令在两个平台下有不同的操作方式时，正文中会把两种操作方式都给出，而且把 Windows 下的操作方式放在前面，macOS 下的操作方式放在后面，中间用"或"字隔开，比如 Ctrl+C 或 Cmd+C。此外，书中给出的常用功能键都采用了以下缩写形式。

Windows	macOS
Control = Ctrl	Command = Cmd
Alternate = Alt	Option = Opt

随着学习的深入，有些基本知识大家已经掌握，一些命令可能会被省去，以便节省页面篇幅。例如，第一次提到【复制】操作时，我们会说：依次选择【编辑】>【复制】命令，或者按 Ctrl+C 或 Cmd+C 组合键，执行【复制】操作；但当再次提到【复制】操作时，我们不会再给出具体的操作方法，而只说复制文本或代码元素。

在学习过程中遇到困难时，请多看看前面的步骤和内容。在讲解某些内容时，如果这些内容与前面内容有明显的关联，我们会在正文中具体指出涉及前面哪一课。

 ## 安装程序

学习本书课程之前，请检查您的计算机是否满足安装 Dreamweaver 的要求，配置是否正确，是否安装了所有需要的软件。

如果当前您的计算机中还没有安装 Dreamweaver，请先从 Creative Cloud 安装它。Dreamweaver 必须单独购买，本书配套课程文件中不包括该软件资源。

您需要访问 Adobe 官网，注册并登录 Adobe Creative Cloud。您可以单独购买 Dreamweaver，也可以购买整个 Creative Cloud 产品族。

 ## 更新到最新版本

在把 Dreamweaver 下载并安装到您的计算机中后，我们还要定期通过 Creative Cloud 更新它。有些更新是修复程序 bug 和打安全补丁，有些更新则是添加新功能和新特性。

本书内容讲解中使用的是 Dreamweaver（2021 版），有些内容在早期版本中可能无法正常工作。在您的计算机中安装好 Dreamweaver 之后，从菜单栏中，依次选择【帮助】>【关于 Dreamweaver】（Windows），或者【Dreamweaver】>【关于 Dreamweaver】（macOS），打开一个窗口，在其中可看到 Dreamweaver 的版本号及相关信息。

如果您的计算机中已经安装了旧版本的 Dreamweaver，您必须把它升级到最新版本。打开 Creative Cloud 管理器，登录您的账户，可以查看安装状态。

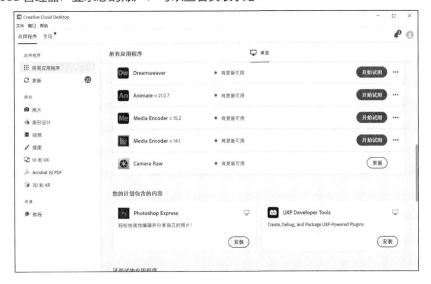

建议的学习顺序

本书内容设计遵循由易到难的原则，先讲基础知识，再讲网站设计、开发、制作等中高级知识。每一课内容都是建立在前面课程基础上的，使您最终能够使用所提供的文件和资源创建一个完整的网站。我们建议您学习本书内容之前先把所有课程文件一次性全部下载下来。

学习本书内容时，建议您从第 1 课开始学，一课接一课，按顺序学到最后一课，尽量不要跳过任何一课内容或任何一个练习。虽然我们建议您这样做，但是有时这并不符合某些读者的实际情况，大家可以根据自己的实际情况自己做决定。每个课程文件夹中都包含完成某个练习所需要的文件，这些文件或者是半成品，或者有一定的完成度，使得您可以不按照顺序完成某一课内容的学习。

每个课程中的半成品文件与自定义模板不是一组完整的资源。有些文件夹中看似包含相同的文件与资源，但其实它们并不完全一样，大多数时候都不能在其他课程中使用，互换使用会导致您无法正常完成练习项目，无法实现学习目标。

因此，我们应该把每个课程文件夹都看作一个独立的网站。把某个课程文件夹复制到硬盘上，在【站点设置】对话框中，为课程新创建一个站点。请不要使用现有站点的子文件夹定义站点，而是把站点和资源放在原来的文件夹中，以避免发生冲突。

建议您把课程文件夹放在硬盘根目录下单个 web 或 sites 主文件夹中。请不要使用 Dreamweaver 应用程序文件夹。大多数情况下，我们会把本地 Web 服务器用作测试服务器，相关内容将在第 11 课中讲解。

 ## 首次启动

安装好 Dreamweaver 软件后，第一次启动时，您会看到几个介绍性的界面。首先出现的是【同步设置】对话框。如果您用过旧版本的 Dreamweaver，请选择【导入同步设置】，下载先前软件的首选项。如果您是第一次使用 Dreamweaver，请选择【上载（传）同步设置】，把您的首选项同步到 Creative Cloud。

 ## 选择颜色主题

如果您是在安装并启动了 Dreamweaver 之后才购买的本书，那么您使用的颜色主题很可能与本书不一样。本书中的所有操作不论在哪种颜色主题下都能正常工作，但是如果您希望把用户界面设置成与本书一样，请按照如下步骤设置。

❶ 从菜单栏中，依次选择【编辑】>【首选项】（Windows），或者依次选择【Dreamweaver】>【首选项】（macOS），打开【首选项】对话框。

❷ 从【分类】列表框中，选择【界面】。

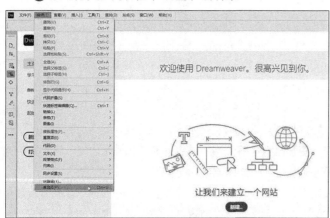 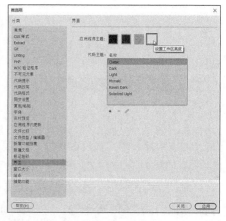

❸ 从【应用程序主题】中，选择最亮的主题。从【代码主题】中，选择【Classic】。

此时，软件界面变成新主题。选择不同的【应用程序主题】，【代码主题】会自动发生变化。不过，当前的更改只是暂时的，还未正式生效，当您关闭【首选项】对话框后，主题会恢复成原来的颜色。

❹ 单击【应用】按钮。此时，更改后的主题就正式生效了。

❺ 单击【关闭】按钮，关闭【首选项】对话框。

不论何时，您都可以更改颜色主题。一般都是选择一种符合自己工作环境的主题。浅色主题适合光线充足的环境，深色主题适合一些光线可控的环境，比如设计工作室。但不论选择哪种主题，都不会影响正常操作。

本书中，我选择了一个浅色主题来截图。这样做是为了节省印刷油墨，减轻对环境的压力。您可以根据自己的喜好自由选择其他颜色主题。

 ## 设置工作区

Dreamweaver 提供了两种主要的工作区，用来满足多样化的计算机配置和个人工作流程。学习本书内容时，推荐您选择【标准】工作区。

❶ 若当前工作区不是【标准】工作区，请从软件界面右上角的工作区下拉菜单中，选择【标准】。

❷ 若默认的标准工作区被修改过（比如某些工具栏、面板被隐藏了起来），从工作区下拉菜单中，选择【重置'标准'】，可以把标准工作区恢复成默认设置。

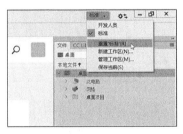

另外，您还可以从【窗口】>【工作区布局】菜单下找到上面这些命令。

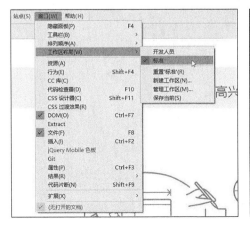 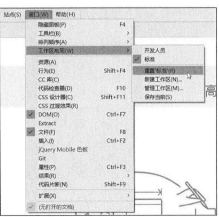

本书的大部分截图显示的都是标准工作区。当您学完本书全部内容之后，您可以尝试一下每一种工作区，找到适合您的工作区。当然，您也可以自己设置工作区并把它保存起来。有关 Dreamweaver 工作区的更多内容，我们将在第 1 课中详细讲解。

 ## 定义 Dreamweaver 站点

学习本书的过程中，我们会使用保存在硬盘上的现有文件和资源从零开始制作网页。最终制作好的网页和资源一同构成了所谓的本地站点。把您的站点上传到网络（参阅第 11 课），就是把您制作好的文件发布到网络上的某个 Web 托管服务器，形成所谓的远程站点。通常，本地站点和远程站点的文件夹结构与文件都是一样的。

首先定义本地站点。

> **♀ 警告** 创建站点之前，必须先解压缩课程文件。

❶ 启动 Adobe Dreamweaver 2021。

❷ 打开【站点】菜单。【站点】菜单包含创建、管理标准站点所需要的各种命令。

❸ 选择【新建站点】。

打开站点设置对话框。

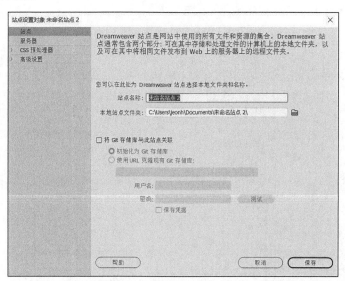

在 Dreamweaver 中创建一个标准站点时，只需要给它起个名字，然后选择本地站点文件夹即可。

站点名称应该与特定项目或客户相关联，它会显示在【文件】面板的【站点】下拉菜单中。站点名称仅供您自己使用，不会公开，所以您可以随意指定一个站点名称。站点名称最好能够明确地体现网站的用途。本书中，我们会使用各课名称作为站点名称，比如 lesson01、lesson02、lesson03 等。

❹ 在【站点名称】中，输入 lesson01（或其他合适的名称）。

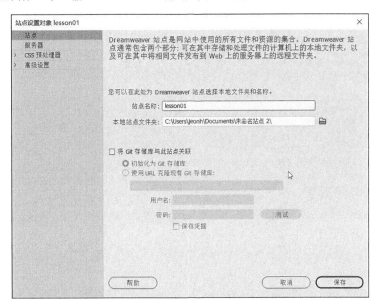

> 💡 **注意** 本书中把包含站点的主文件夹称为站点根文件夹。

❺ 单击【本地站点文件夹】右侧的【浏览文件夹】图标（📁）。

❻ 在【选择根文件夹】对话框中，找到包含课程文件的文件夹，单击将其选中，然后单击【选择文件夹】按钮。

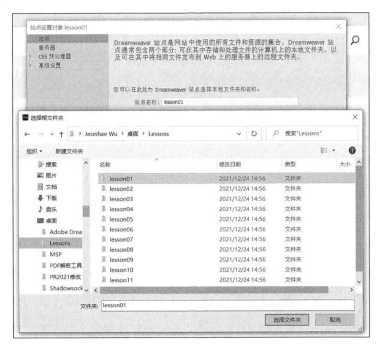

到此，单击【保存】按钮，就可以使用新站点了。但是，我们还想为网站再添加一些有用的信息。

为了更好地管理网站，我们最好把不同类型的文件保存到不同文件夹中。例如，许多网站都有单独的文件夹分别保存图像、PDF 文件、视频等不同资源。Dreamweaver 通过为默认图像文件夹添加一个选项来协助完成这一工作。

之后，当您从计算机的其他位置插入图像时，Dreamweaver 会使用这个设置自动把图像移动到站点结构中。

❼ 单击【高级设置】左侧的箭头，展开高级设置列表。选择【本地信息】。单击【默认图像文件夹】右侧的【浏览文件夹】图标（📁）。

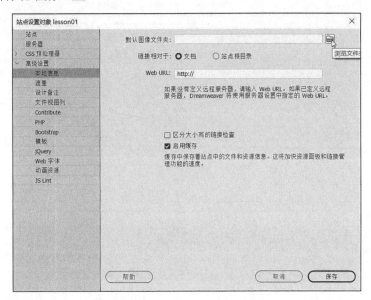

❽ 在【选择图像文件夹】对话框中，找到相应课程或站点的 images 文件夹，将其选中，然后单击【选择文件夹】按钮。

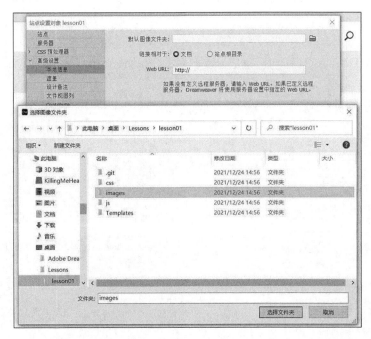

此时，在【默认图像文件夹】中显示出 images 文件夹的路径。接下来，我们在【Web URL】中输入站点域名。

> **注意** （1）本书中把包含图像资源的文件夹称为站点默认图像文件夹或默认图像文件夹。
> （2）图像资源文件夹和其他资源文件夹应该位于站点根文件夹下。

❾ 在【Web URL】中，输入 http://favoritecitytour.com//，或者输入您的网站的 URL。

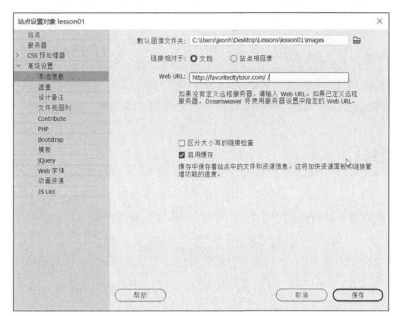

到这里，我们就添加好了新网站的所有必需信息。接下来的课程中，我们还会添加一些信息，以便您把文件上传到远程服务器进行测试。

> **注意** （1）当今许多网站使用安全套接层（secure socket layer，SSL）证书，对浏览器与 Web 服务器之间的通信进行加密。如果您安装了 SSL 证书，在【Web URL】中就应该输入 https 协议。
> （2）大部分静态 HTML 网站并不需要设置【Web URL】，但是，如果一个网站用到了动态程序或需要连接数据库和测试服务器，则需要设置【Web URL】。

❿ 在站点设置对话框中，单击【保存】按钮，将其关闭。

每当选择或修改网站时，Dreamweaver 就会为文件夹中的每个文件构建或重建缓存。缓存用于维持站点中网页和资源的关系，当您移动、重命名或删除文件时，它可以帮助您更新链接和其他引用信息。

⓫ 单击【确定】按钮，构建缓存。

重建缓存一般只需要几秒。此时，在【文件】面板中，在站点列表下拉菜单中会出现新网站的名称。当有多个站点时，在站点列表中单击某个站点名称，即可切换到该站点下。

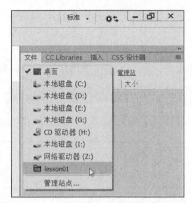

在 Dreamweaver 中，创建站点是制作项目的第一步。了解站点根文件夹所在位置有助于 Dreamweaver 判断链接路径，启用多个站点选项，比如孤立文件检查、查找和替换。

 检查更新

Adobe 定期更新 Dreamweaver 软件。从菜单栏中，依次选择【帮助】>【更新】，可检查软件是否有可用更新。同时更新通知也会出现在 Creative Cloud 更新管理器中。

资源与支持

本书由"数艺设"出品，"数艺设"社区平台（www.shuyishe.com）为您提供后续服务。

配套资源

扫描下方二维码，关注"数艺设"公众号，回复本书第51页左下角的五位数字，即可得到本书配套资源的获取方式。

"数艺设"公众号

"数艺设"社区平台，为艺术设计从业者提供专业的教育产品。

与我们联系

我们的联系邮箱是 luofen@ptpress.com.cn。如果您对本书有任何疑问或建议，请您发邮件给我们，并请在邮件标题中注明本书书名，以便我们更高效地做出反馈。

如果您有兴趣出版图书、录制教学课程，或者参与技术审校等工作，可以发邮件给我们；如果学校、培训机构或企业想批量购买本书或"数艺设"出版的其他图书，也可以发邮件联系我们（邮箱：luofen@ptpress.com.cn）。

如果您在网上发现针对"数艺设"出品图书的各种形式的盗版行为，包括对图书全部或部分内容的非授权传播，请您将怀疑有侵权行为的链接通过邮件发给我们。您的这一举动是对作者权益的保护，也是我们持续为您提供有价值的内容的动力之源。

关于"数艺设"

人民邮电出版社有限公司旗下品牌"数艺设"，专注于专业艺术设计类图书出版，为艺术设计从业者提供专业的图书、课程等教育产品。"数艺设"出版领域涉及平面、三维、影视、摄影与后期等数字艺术门类，字体设计、品牌设计、色彩设计等设计理论与应用门类，UI设计、电商设计、新媒体设计、游戏设计、交互设计、原型设计等互联网设计门类，环艺设计手绘、插画设计手绘、工业设计手绘等设计手绘门类。更多服务请访问"数艺设"社区平台 www.shuyishe.com。我们将提供及时、准确、专业的学习服务。

目 录

第1课

定制工作区

课程概览

本课主要讲解以下内容。

- 使用软件欢迎界面
- 切换文档视图
- 使用面板
- 选择工作区布局
- 使用工具栏
- 设置界面首选项
- 自定义键盘快捷键
- 使用【属性】面板

学习本课大约需要 **60** 分钟

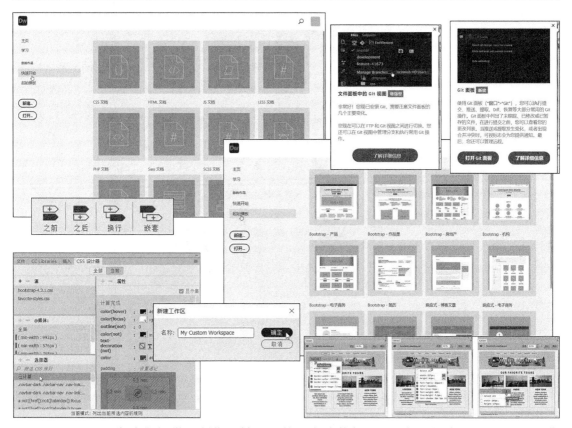

　　Dreamweaver 为我们提供了制作网站需要的所有功能与工具。如果没有 Dreamweaver，您可能需要结合使用十多种软件才能实现 Dreamweaver 的所有功能，而且这些软件使用起来远没有 Dreamweaver 有趣。

1.1 了解工作区

Dreamweaver 是业界有名的超文本标记语言（ hypertext markup language，HTML）编辑器，而且实至名归，大受网站设计人员欢迎。Dreamweaver 提供了一系列令人惊喜的设计与代码编辑工具，适合各类用户使用。

编码人员喜欢【代码】视图环境中的各种增强功能；开发人员喜欢它支持各种编程语言和代码提示功能；设计人员惊叹于它提供的"所见即所得"（what you see is what you get，WYSIWYG）的功能，这大大节省了在浏览器中预览页面的时间。另外，如图 1-1 所示，Dreamweaver 用户界面易学、易用且功能强大，深受初学者的喜爱。总之，不论您是哪类用户，Dreamweaver 都能满足您的需要。

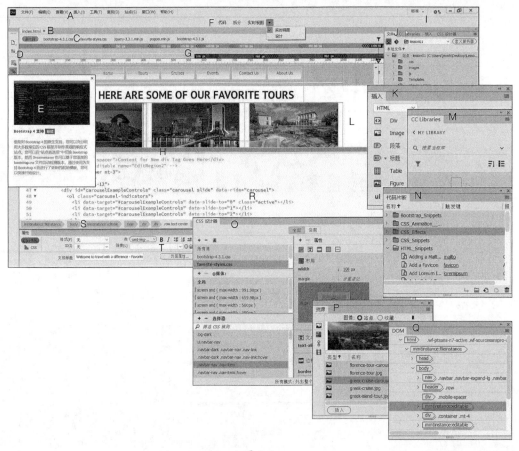

图 1-1

A 菜单栏	F 文档工具栏	K 【插入】面板	P 【资源】面板
B 文档选项卡	G 可视化媒体查询界面	L 窗口大小控制块	Q 【DOM】面板
C 【相关文件】栏	H 【实时视图】/【设计】视图	M 【CCLibraries】面板	R 【代码】视图
D 通用工具栏	I 工作区菜单	N 【代码片段】面板	S 标签选择器
E 新功能介绍界面	J 【文件】面板	O 【CSS 设计器】面板	T 【属性】面板

Dreamweaver 用户界面中有大量可定制的面板和工具栏，请多花一点儿时间熟悉一下这些组件的名称。

本课中，我们会带领大家了解 Dreamweaver 的用户界面，以及一些隐藏的功能。后面课程中我们不会花大量时间教大家如何在用户界面中做基本操作，这些内容我们会在本课中讲解。所以，请花些时间认真学习本课内容，争取掌握软件界面的基本操作。在学习后面课程的过程中，如果忘记了某些基本操作，您可以随时查阅本课内容。

1.2　使用开始屏幕

安装好 Dreamweaver，并做完初始设置后，打开 Dreamweaver，您会看到一个开始屏幕。在其中，您可以快速访问最近网页、轻松创建各类网页，以及访问几个关键的帮助资源。当您第一次启动程序，或者没有打开任何文件时，开始屏幕就会显示出来。在 Dreamweaver 2021 中，开始屏幕有一些改进，值得我们认真了解一下。例如，在新的开始屏幕中主要有 4 个选项，分别是快速开始、起始模板、新建文件按钮、打开已有文件按钮。如果您之前从未用过 Dreamweaver，在开始屏幕的中间还会有"让我们来建立一个网站"字样，如图 1-2 所示。

图 1-2

当您创建或打开第一个文件并重新启动软件后，开始屏幕中会显示一个最近使用过的文件的列表。这个列表是动态变化的，最近一个使用的文件会出现在列表的顶部。在列表中，单击某个文件名，即可将其再次打开。

1.2.1　快速开始

各个版本的 Dreamweaver 中都有【快速开始】选项卡，而且形式基本相同，所以您会觉得很熟悉。单击【快速开始】，在右侧区域中会显示各种类型的文档，比如 HTML、CSS、JS、PHP 等文档，如图 1-3 所示。单击某个类型的文档，即可打开一个新文档。

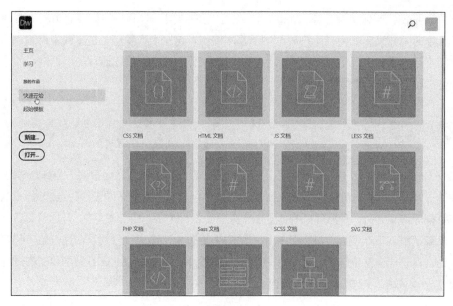

图 1-3

1.2.2　起始模板

单击【起始模板】，右侧区域中会显示一系列预定义好的模板，包括响应式模板（支持智能手机和移动设备）、Bootstrap 框架模板，如图 1-4 所示。借助这些模板，我们可以轻松、快速地创建出各类兼容智能手机和平板电脑的网页。

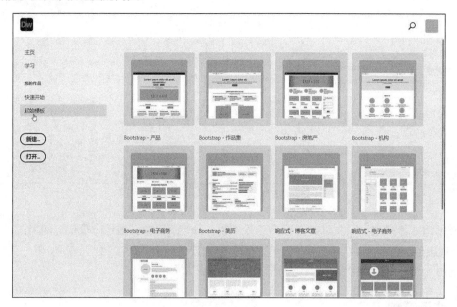

图 1-4

1.2.3　新建与打开

分别单击【新建】按钮和【打开】按钮，可分别打开【新建文档】对话框和【打开】对话框，图 1-5 所示为【新建文档】对话框。

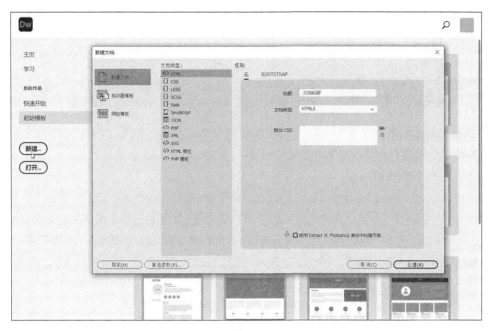

图 1-5

如果您不想再次看到开始屏幕，只要在【首选项】对话框的【常规】选项卡中，取消勾选【显示开始屏幕】复选框，将其禁用即可。

1.3 上下文功能提示

在 Dreamweaver 2021 中，当您访问各种工具、功能、界面选项时，会不时地弹出上下文功能提示，如图 1-6 所示。这些上下文功能提示的目的在于向您介绍软件新增的功能和工作流程，并给出一些提示，以帮助您有效地使用它们。

图 1-6

在上下文功能提示界面中，可能还包含许多相关信息和教程，根据界面中相应的提示，您可以轻松地访问这些信息和教程。阅读完毕后，单击提示界面右上角的关闭图标，可关闭上下文功能提示界面，而且这些界面不会再次出现。关闭上下文功能提示界面之后，从菜单栏中，依次选择【帮助】>【重置上下文功能提示】，可再次打开它们。

1.4 设置界面首选项

在 Dreamweaver 中，用户能够灵活地控制软件的基本界面。您可以根据自己的习惯自由地设置、安排、定制软件界面中的各种面板、菜单。正式学习本书课程之前，我们应该先了解一下 Dreamweaver 的【首选项】。

与其他 Adobe 软件类似，Dreamweaver 的【首选项】用来控制 Dreamweaver 的外观和工作方式。【首选项】对话框中的设置一般是永久性的，也就是说，在【首选项】对话框中做了某些设置之后，即便重启 Dreamweaver，这些设置仍然有效。【首选项】对话框中包含的设置项非常多，本课无法一一介绍。这里，我们只讲几个常用的设置，帮助大家认识一下【首选项】的作用。请注意，如果当前您尚未创建或打开一个文件，Dreamweaver 的某些功能是不会显示出来的。

❶ 参考前言中的讲解，基于 lesson01 文件夹，新建一个站点。

❷ 从菜单栏中，依次选择【窗口】>【文件】，或者按 F8 键，打开【文件】面板，如图 1-7 所示。

❸ 在【文件】面板中，从下拉菜单中，选择 lesson01，列出站点文件。

❹ 在 lesson01 文件夹中，右击 tours.html 文件，从弹出菜单中，选择【打开】，如图 1-8 所示。此外，双击 tours.html 文件，也可以将其打开。

图 1-7

图 1-8

此时，tours.html 文件在文档窗口中打开。若以前未用过 Dreamweaver，tours.html 文件会在【实时视图】中打开。为了帮助大家了解接下来的操作，我们同时把代码编辑界面打开。

❺ 在文档窗口顶部，单击【拆分】，如图 1-9 所示。

在【代码】视图中，Dreamweaver 采用的颜色方案可能与图 1-9 所示的不一样。在 Dreamweaver 中，我们可以在【首选项】对话框中轻松地更改界面的颜色主题。如果您已经修改过界面的颜色主题，请跳过下面几个步骤，直接学习 1.5 节内容。

❻ 从菜单栏中，依次选择【编辑】>【首选项】（Windows），或者选择【Dreamweaver】>【首选项】（macOS），打开【首选项】对话框。在其【分类】列表框中，选择【界面】，如图 1-10 所示。

图 1-9

图 1-10

在【界面】下，Dreamweaver 允许我们修改应用程序主题和代码主题，您可以修改其中一个或者同时修改两者。

许多设计师在光线可控的环境下工作，他们偏爱深色界面主题，这也是大多数 Adobe 应用程序的默认设置。本课中，所有截图都是在最浅颜色主题下截取的。选择浅色主题有助于节省印刷油墨，对环境影响也小。如果您喜欢，您可以继续使用深色主题。不过，最好还是改成浅色主题，这样可以保证您看到的软件界面与书中截图相近。

❼ 在【应用程序主题】中，选择最亮（即最浅）的主题。

此时，整个软件界面变成了亮灰色。同时代码主题也变成了【Light】（浅色）。您可以根据喜好把代码主题改成【Dark】(深色),或者其他主题。本书截图中代码主题用的都是【Classic】。

❽ 在【代码主题】中,选择【Classic】,如图 1-11 所示。

当前修改不是永久性的,此时单击【关闭】按钮,关闭【首选项】对话框后,软件界面又变回深色主题。

❾ 在【首选项】对话框的右下角,单击【应用】按钮。此时,您在【首选项】中的所有更改才正式生效,并且会永久发挥作用。

❿ 单击【关闭】按钮,关闭【首选项】对话框。此后,每次启动 Dreamweaver 都会显示修改后的主题,而且修改后的主题会应用到每个工作区。

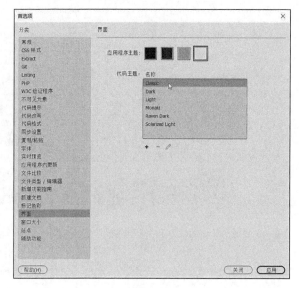

图 1-11

1.5 切换与拆分视图

Dreamweaver 分别为编码人员和设计人员提供了专用环境。

1.5.1 【代码】视图

在【代码】视图下,Dreamweaver 工作区中主要显示的是 HTML 代码和各种高效的代码编辑工具。在文档工具栏中,单击【代码】按钮,即可进入【代码】视图,如图 1-12 所示。

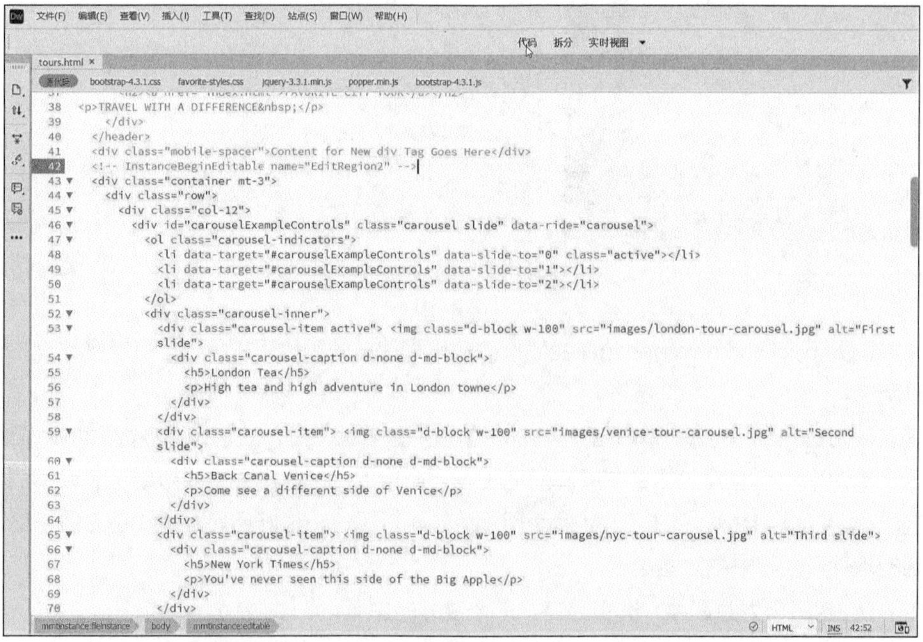

图 1-12

1.5.2 【设计】视图

　　【设计】视图与【实时视图】共用文档窗口，进入【设计】视图后，工作区中显示的是经典的"所见即所得"编辑器。在旧版本的 Dreamweaver 中，【设计】视图还可以模拟网页在浏览器中显示的样子，但是随着 CSS 与 HTML 的发展，新版本【设计】视图下的所见即所得功能已经没那么"灵"了。虽然有时这会在使用上造成不便，但是新版本的界面非常棒，能够大大提高内容创建与编辑的速度。而且有些工具或工作流程必须在【设计】视图下才能找到，您会在后面的课程中看到这一点。

　　在文档工具栏中，从【设计 / 实时视图】下拉菜单中，选择【设计】，即可进入【设计】视图下，如图 1-13 所示。在【设计】视图下，大多数 HTML 元素和基本的串联样式表（cascading style sheets，CSS）都能正确显示，但是 CSS3 属性、动态内容、交互内容（比如链接行为、音视频、jQuery 组件），以及某些表单元素在显示上会有些问题。在旧版本的 Dreamweaver 中，大部分时间都在使用【设计】视图，但现在已经不这样了。

图 1-13

1.5.3 【实时视图】

　　【实时视图】是 Dreamweaver 的默认视图。这个视图为我们提供了一个类似浏览器的环境，允许我们以可视化的方式创建和编辑网页及 Web 内容，大大加快了网站的开发速度。【实时视图】还支持预览大部分动态效果和交互功能。

　　在文档工具栏中，从【设计 / 实时视图】下拉菜单中，选择【实时视图】，即可进入【实时视图】下，如图 1-14 所示。在【实时视图】下，大部分 HTML 内容都能正常显示出来，就像在一个真实的浏览器中一样，而且允许您预览和测试大部分动态程序与行为。

图 1-14

在旧版本的 Dreamweaver 中，我们是无法编辑【实时视图】下的内容的。但新版本的 Dreamweaver 允许您这样做。在【实时视图】下，您可以自由地编辑文本，添加、删除元素，创建类、id，以及样式元素，如同在 Dreamweaver 中实时编辑一个网页。

【实时视图】与 CSS 设计器连接在一起，这使得您可以创建和编辑高级 CSS 样式，在不切换视图的情况下创建全响应式网页，而且也不必浪费时间打开浏览器预览页面。

1.5.4 【拆分】视图

在【拆分】视图下，同时显示【设计】视图与【代码】视图。在其中一个视图中做更改时，这些更改会实时显示在另外一个视图中。

> 💡 **注意** 您可以把【拆分】视图看成是由【代码】视图与【设计】视图或【实时视图】组合起来的。

在文档工具栏中，单击【拆分】按钮，即可进入【拆分】视图，如图 1-15 所示。默认设置下，Dreamweaver 会把整个工作区拆分成上下两部分。在【拆分】视图下，显示出的两个视图可以是【代码】视图和【实时视图】，也可以是【代码】视图和【设计】视图，还可以都是【代码】视图（在【查看】>【拆分】菜单下选择）。

在【查看】>【拆分】菜单下，选择【垂直拆分】，可以把整个工作区拆分成左右两部分，如图 1-16 所示。在【拆分】视图下，您还可以指定两个视图的显示位置，比如您可以把【代码】视图放在上半部分、下半部分、左半部分或右半部分。所有这些命令您都可以在【查看】>【拆分】菜单下找到。在本书大部分截图中，【拆分】视图都是把【设计】视图或【实时视图】显示在上半部分或左半部分的。

图 1-15

图 1-16

1.5.5 实时代码模式

> 💡 **注意** 默认设置下，实时代码图标不会显示在通用工具栏中。您需要使用自定义工具栏把它添加到通用工具栏中。

实时代码是一种用来排查 HTML 问题代码的显示模式，只要打开【实时视图】就可以使用它。进入【实时视图】，然后单击通用工具栏（位于文档窗口左侧）中的【实时代码】图标，即可进入实时代码模式。实时代码模式下显示的 HTML 代码就是它们在浏览器中的样子，当您与网页的各个部分做交互时，窗口就会显示代码是如何变化的。

在【实时视图】下，按住 Ctrl 键或 Cmd 键，在图像轮播组件中，单击任意一个指示器，您可以直接看到代码的变化过程，如图 1-17 所示。在【代码】视图下，窗口会聚焦到实现轮播控制的 ol 元素。您会看到其中一个控件类变成 active，每当添加一个不同的指示器，那个类就会被添加到代码中。没有实时代码模式，您将无法看到这种交互和行为，而且也很难排查 CSS 错误。

图 1-17

实时代码模式处于激活状态时，我们无法编辑 HTML 代码，但仍然可以修改外部文件，比如外联样式表。再次单击【实时代码】图标，退出实时代码模式。

1.5.6　检查模式

检查模式用来排查 CSS 错误，在【实时视图】下才可用。检查模式与 CSS 设计器整合在一起，当把鼠标指针移动到网页中的某个元素上时，就会立即显示出该元素的 CSS 样式。单击某个元素，可把焦点固定到那个元素上。

【实时视图】会高亮显示目标元素，显示该元素或由其继承的相关 CSS 规则。打开一个 HTML 文件，单击【拆分】按钮，然后单击通用工具栏中的【检查】图标，即可进入检查模式，如图 1-18 所示。

图 1-18

1.6 选择工作区布局

在 Dreamweaver 中，快速定制软件环境的一个方法是使用其内置的工作区。Adobe 公司（后简称"Adobe"）的专家们已经对这些内置的工作区做了优化，使用这些工作区，可确保您需要的所有工具都唾手可得。

Dreamweaver 2021 包含两个内置的工作区：【标准】和【开发人员】。在软件界面右上角，从工作区菜单中，可选择【标准】或【开发人员】这两种内置工作区。

1.6.1 【标准】工作区

在【标准】工作区下，屏幕可用空间主要被【设计】视图与【实时视图】占据。本书中的截图都是截取自【标准】工作区，如图 1-19 所示。

图 1-19

1.6.2 【开发人员】工作区

　　【开发人员】工作区中包含的都是与代码相关的工具和面板，非常适合程序员使用。在【开发人员】工作区下，【代码】视图是最主要的视图，如图 1-20 所示。

图 1-20

1.7　使用面板

　　Dreamweaver 提供的大部分命令都可以在菜单中找到，但还有些命令散落在各种面板和工具栏中。Dreamweaver 中有很多面板，您可以在屏幕的各个地方灵活地显示、隐藏、安排和停靠面板，甚至还可以把它们移动到第二个或第三个显示器中，如图 1-21 所示。

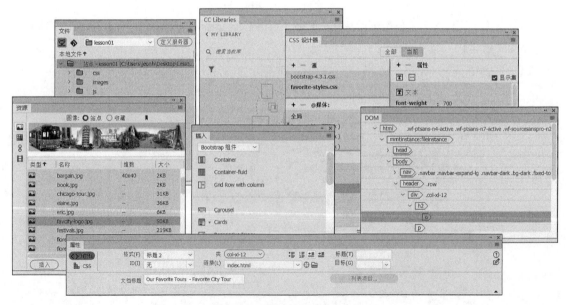

图 1-21

您可以在【窗口】菜单中找到 Dreamweaver 中的所有面板。若屏幕上未显示您需要的面板，从【窗口】菜单中选择它，即可将其显示出来。在【窗口】菜单中，某个面板的名称左侧有对勾，表示其当前处于显示状态。有时屏幕上有多个面板重叠在一起，您很难找到需要的那个面板，此时，可在【窗口】菜单中单击您需要的面板，那个面板会立即在顶层显示出来。

1.7.1 最小化面板

为了给其他面板腾出空间，或者访问工作区中被遮挡的区域，您可以在适当位置把某个面板最小化或者将其展开。双击面板名称，可把一个面板最小化；单击面板名称，可展开面板，如图 1-22 和图 1-23 所示。

图 1-22

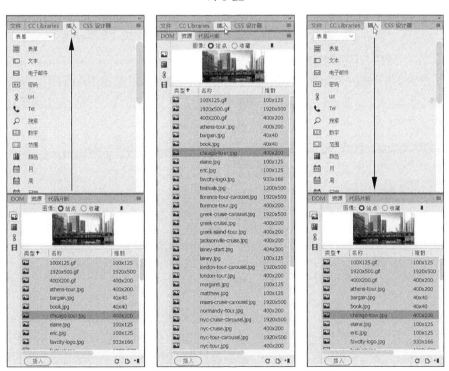

图 1-23

为了腾出更多屏幕空间，双击面板顶部的标题栏，可把整个面板组最小化，或者折叠为图标。此外，您还可以单击面板标题栏中的双箭头图标（▶▶），把面板折叠为图标。当面板折叠为图标后，单击图标，可在图标左侧或右侧展开面板，如图 1-24 所示。

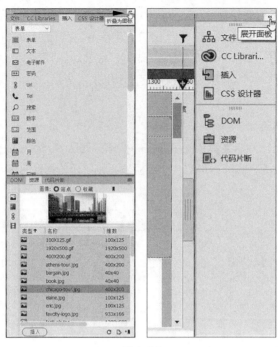

图 1-24

1.7.2 关闭面板与面板组

您可以随时关闭一个面板或面板组,关闭方式有多种,究竟采用何种关闭方法取决于面板当前是浮动的、停靠的,还是与其他面板编组在一起的。

在一个处于停靠状态的面板中,右击面板名称,从弹出菜单中,选择【关闭】,即可把面板关闭。在一个面板组中,右击某个面板名称,从弹出菜单中,选择【关闭标签组】,可关闭整个面板组,如图 1-25所示。

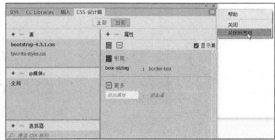

图 1-25

在一个浮动面板或面板组中,单击面板或面板组右上角的关闭图标(✕)(Windows),或者单击面板或面板组标题栏左侧的关闭图标(macOS),可把浮动的面板或面板组关闭。从【窗口】菜单中,选择某个面板名称,可重新打开面板。有时,重新打开后的面板会浮在软件界面中。您既可以就此使用它们,也可以把它们停靠到界面的左右两侧、顶部或底部。稍后我们学习如何停靠面板。

1.7.3 拖动

在一个面板组中,拖动某个面板选项卡,可调整其在面板组中的顺序,如图 1-26 所示。

图 1-26

1.7.4 浮动

我们可以让一个与其他面板编组在一起的面板单独浮动显示，只需要拖动面板选项卡，将其拖离面板组即可，如图 1-27 所示。

图 1-27

若想在工作区中重新放置面板、面板组、堆叠面板，只需通过面板标题栏拖动它们即可。当面板组处于停靠状态时，可通过选项卡栏将其拖出，如图 1-28 所示。

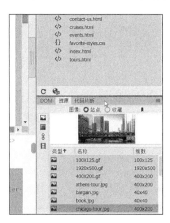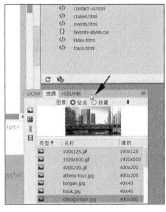

图 1-28

1.7.5 编组、堆叠、停靠

通过把一个面板拖动到另一个面板上，您可以自己创建面板组。当您把一个面板移动到正确位置时，Dreamweaver 会用蓝色高亮显示那个区域（拖放区）。此时，释放鼠标左键，即可新建一个面板组，如图 1-29 所示。

某些情况下，您可能希望两个面板同时显示出来。此时，您可以把一个面板拖动到另一个面板的顶部或底部，当出现蓝色的拖放区时，释放鼠标左键，让它们堆叠在一起，如图 1-30 所示。

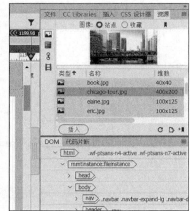

图 1-29

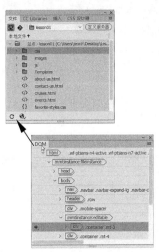

图 1-30

在 Dreamweaver 中，浮动面板可以停靠在工作区左侧、右侧或底部。要停靠一个面板、面板组、堆叠面板，只要将其标题栏拖动到您希望停靠的窗口边缘，当出现蓝色拖放区时，释放鼠标左键即可，如图 1-31 所示。

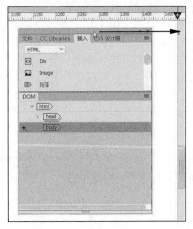
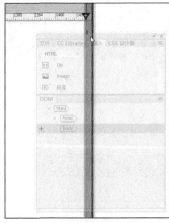

图 1-31

1.8 定制 Dreamweaver

用久了 Dreamweaver，您会形成自己的使用习惯，对软件中的各个面板和工具栏有自己喜欢的摆放方式。您可以把这些面板、工具栏的摆放方式以自定义工作区的形式保存起来，供日后使用。

1.8.1 保存自定义工作区

首先，按照自己的使用习惯，把各种面板和工具栏在界面中摆放好，然后从工作区菜单中，选择【新建工作区】，在【新建工作区】对话框中，为新工作区输入一个名称，然后单击【确定】按钮，此时，Dreamweaver 就会把您自定义的工作区以指定名称保存起来，如图 1-32 所示。

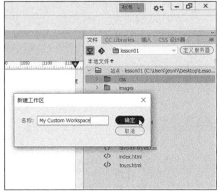

图 1-32

1.8.2 使用【Extract】面板

许多网页设计师使用 Photoshop 来创建和编辑网页图像资源，如图 1-33 所示。Dreamweaver 有一个内置的功能，允许您在 Dreamweaver 中直接打开 Photoshop 文档并基于它创建资源。

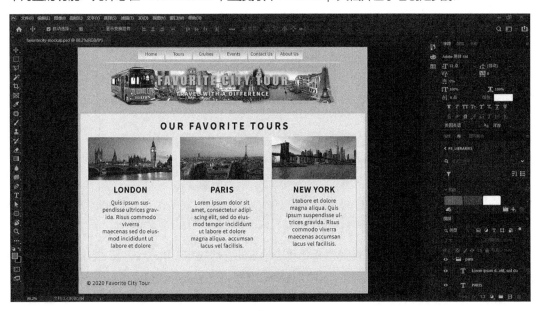

图 1-33

1.8.3　加载 Photoshop 文档至【Extract】面板中

第一步是把 Photoshop 文档加载到【Extract】面板中。从菜单栏中，依次选择【窗口】>【Extract】，打开【Extract】面板，如图 1-34 所示。

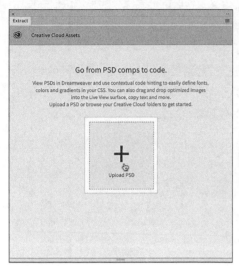

图 1-34

第二步，在【Extract】面板中，单击【Upload PSD】按钮，选择希望上传的文档。请注意，只有登录到 Creative Cloud，才能使用上传功能。上传 PSD 文档后，PSD 文档会被添加到您的资源中。同时，在【Extract】面板中打开，单击 PSD 文档，即可使用其中的各种图层和资源，如图 1-35 所示。

图 1-35

使用【Extract】面板，我们能够基于 Photoshop 文档生成样式属性、文本内容、网页兼容图像资源。第 6 课中，我们会使用这个面板设计一个网页作为网站主页面。

1.9　使用工具栏

在 Dreamweaver 中，有些功能很常用，我们希望把它们放在工具栏中，使它们一直显示在软件界面中，以便随时取用。文档窗口顶部有两个水平工具栏：文档工具栏和标准工具栏。另外，还有一个通用工具栏位于屏幕左侧。从【窗口】>【工具栏】菜单中，选择相应工具栏，可将其在软件界面中显示出来。

1.9.1　文档工具栏

文档工具栏位于软件界面顶部，其中包含在不同视图（实时视图、设计、代码、拆分）之间切换的命令，如图 1-36 所示。默认设置下，文档工具栏是显示在界面中的。若未显示出来，请在某个文档处于打开的状态下，从菜单栏中，依次选择【窗口】>【工具栏】>【文档】，将其在软件界面中显示出来。

图 1-36

1.9.2　标准工具栏

标准工具栏是一个可选工具栏，显示在【相关文件】栏和文档窗口之间，其中包含操作文档的各种命令，例如，创建、保存或打开文档，复制、剪切、粘贴等，如图 1-37 所示。默认设置下，标准工具栏不显示在软件界面中。在某个文档处于打开的状态下，从菜单栏中，依次选择【窗口】>【工具栏】>【标准】，可把标准工具栏在软件界面中显示出来。

图 1-37

1.9.3　通用工具栏

通用工具栏位于软件界面最左侧，其中包含大量处理代码、HTML 元素的命令。在【实时视图】和【设计】视图下，通用工具栏中默认有 5 个工具。通用工具栏中显示的工具与上下文相关，把光标放到代码窗口中，通用工具栏中会显示出更多相关工具，如图 1-38 所示。

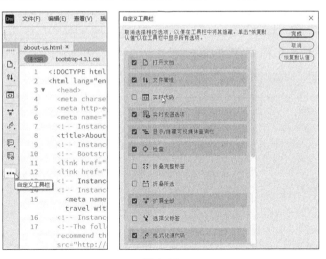

图 1-38

在旧版本的 Dreamweaver 中，通用工具栏叫作代码工具栏。现在，用户可以自定义通用工具栏。单击【自定义工具栏】图标（3 个点），在【自定义工具栏】对话框中，您可以向通用工具栏添加与删除工具。请注意，有些工具只有进入【代码】视图下才能显示和激活。

1.10 自定义键盘快捷键

Dreamweaver 的另一个强大之处是，用户可以自定义键盘快捷键，也可以编辑已有键盘快捷键。键盘快捷键的加载和保存独立于工作区。

有没有一个命令常用但没有键盘快捷键，或者有快捷键但用起来不方便？若有，那您就自己定义键盘快捷键吧！

❶ 从菜单栏中，依次选择【编辑】>【快捷键】（Windows），或者依次选择【Dreamweaver】>【快捷键】（macOS），打开【快捷键】对话框。默认快捷键无法修改，必须先复制一套出来，才能做修改。

> 💡**注意** 默认键盘快捷键被锁定，无法修改。但是我们可以复制一套出来，用一个新名称保存，然后修改这套新快捷键中的各个快捷键。

❷ 单击【复制副本】图标，复制出一套新的快捷键，如图 1-39 所示。

❸ 在【复制副本】对话框中，在【复制副本名称】中，输入一个新名称，单击【确定】按钮。

图 1-39

❹ 从【命令】下拉列表中，选择【菜单命令】。

❺ 在命令列表框中，依次选择【文件】>【保存全部】，如图 1-40 所示。

图 1-40

在 Dreamweaver 中，【保存全部】这个命令使用频率非常高，但是目前尚未指定键盘快捷键。

❻ 把光标放入【按键】输入框中，输入"Ctrl+Alt+S"（Windows）或"Cmd+Opt+S"（macOS），如图 1-41 所示。

图 1-41

此时，在输入框下出现一条错误信息："此快捷键已分配给'添加 CSS 选择器'。"表示这组快捷键已经被另一个命令占用。虽然我们可以强制指派快捷键，但这里我们最好还是另选一组快捷键。

❼ 输入 "Ctrl+Shift+Alt+S"（Windows）或"Ctrl+Cmd+S"（macOS）。这组快捷键当前尚未被占用，所以我们可以把它指派给【保存全部】命令。

❽ 单击【更改】按钮，如图 1-42 所示。

此时，Dreamweaver 把新快捷键指派给【保存全部】命令。

❾ 单击【确定】按钮，保存更改。

现在，我们已经为一个命令指定了一个快捷键，后面课程中我们会用到它。每当需要使用【保存全

图 1-42

部】命令时，直接按 Ctrl+Shift+Alt+S（Windows）或 Ctrl+Cmd+S（macOS）组合键就好。

1.11 使用【属性】面板

在您的工作流程和书中许多练习中，【属性】面板都是一个至关重要的工具。在 Dreamweaver 内置的工作区中，【属性】面板不是一个默认组件。若软件界面中未显示出【属性】面板，您可以从

菜单栏中依次选择【窗口】>【属性】，显示出【属性】面板，然后把它停靠到文档窗口底部。【属性】面板是上下文相关的，而且能适应您选择的任何一种元素类型。

1.11.1　使用 HTML 选项卡

把光标放到网页中的某段文本中，此时，【属性】面板中会显示一些快速设置基本 HTML 代码和格式的一些选项。在面板左上角，单击【HTML】按钮后，您可以在【属性】面板中设置标题、段落标签、粗体、斜体、项目列表、编号列表、缩进，以及其他一些格式。【属性】面板底部还有一个【文档标题】元数据字段。在这个字段中，输入某个文档标题时，Dreamweaver 会自动把它添加到文档的 <head> 标签中。若【属性】面板中的内容显示不全，可单击面板右下角的三角形图标，将其展开显示，如图 1-43 所示。

图 1-43

1.11.2　使用 CSS 选项卡

在【属性】面板左上角，单击【CSS】按钮，面板中会显示出一些设置与编辑 CSS 格式的命令，如图 1-44 所示。

图 1-44

1.11.3　访问图像属性

在网页中选择一幅图像，此时，【属性】面板中显示与所选图像有关的属性和格式选项，如图 1-45 所示。

图 1-45

1.11.4　访问表格属性

把光标插入页面表格，然后单击文档窗口底部的 table 标签，此时，【属性】面板中显示出表格相关属性。当表格上出现【元素显示】时，单击【格式化表格】图标（▦），【属性】面板会显示表格规格，如图 1-46 所示。

图 1-46

> ♡注意 有些用户反映说，表格上的【元素显示】很难显示出来。如果您也遇到这种情况，请切换到【设
> 计】视图，然后单击 table 标签选择器，将其显示出来。

1.12 使用【相关文件】栏

制作网页时，有时会用到多个外部文件，这些外部文件用来提供样式和编程支持。在文档窗口顶部的【相关文件】栏中，您可以看到当前文档所链接或引用的外部文件名称。在【相关文件】栏中，单击某个外部文件名称，可以显示出外部文件中的内容。默认设置下，当打开一个 Web 类型的文件时，【相关文件】栏就会显示出来。若未显示出来，请从菜单栏中，依次选择【查看】>【相关文件选项】>【显示外部文件】，即可将其显示出来，如图 1-47 所示。

图 1-47

在【相关文件】栏中，单击某个外部文件名称，Dreamweaver 会在【代码】视图窗口中显示所选文件的内容，如图 1-48 所示。若文件保存在本地，您还可以编辑所选文件的内容。

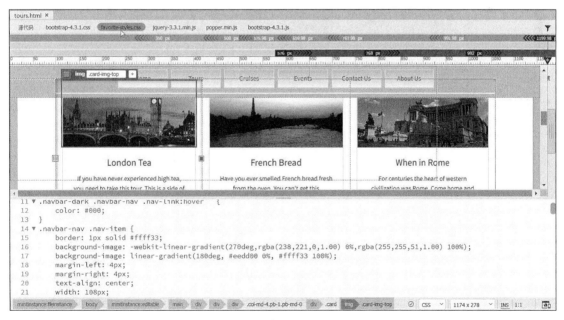

图 1-48

在【相关文件】栏中，单击【源代码】，可查看主文档中的 HTML 代码，如图 1-49 所示。

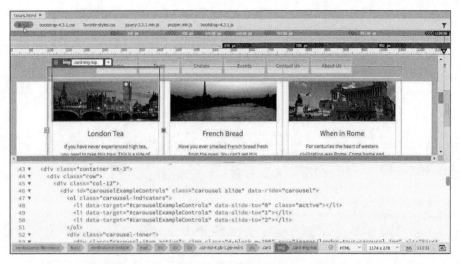

图 1-49

1.13 使用标签选择器

Dreamweaver 最重要的功能之一是显示在文档窗口底部的标签选择器栏，其中显示着光标所处的 HTML 文件（或当前选中的 HTML 文件）中的标签和元素结构，而且显示的标签是有层次结构的，最左侧是文档的"根"，然后根据页面结构和所选元素，依次列出每个标签和元素，如图 1-50 所示。

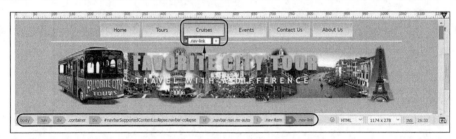

图 1-50

在标签选择器栏中，单击某个标签选择器，其对应的元素就会被选中。选择某个标签时，其中包含的所有内容和子元素也会被选中，如图 1-51 所示。

图 1-51

标签选择器与【CSS 设计器】面板紧密相连。您可以使用标签选择器设置内容样式，或者剪切、复制、粘贴、删除元素，如图 1-52 所示。

图 1-52

1.14 使用 CSS 设计器

CSS 设计器是一个强大的可视化工具，用来检查、创建、编辑、诊断 CSS 样式。【CSS 设计器】面板会根据可用工作区的大小以单列或双列布局显示，如图 1-53 所示。

图 1-53

在 CSS 设计器中，您可以把一个规则的 CSS 样式复制粘贴到另外一个规则上，还可以按键盘上的上下方向键，减少或增加选择器的优先级，如图 1-54 所示。

图 1-54

【CSS 设计器】面板由 4 个窗格组成，分别是源、@ 媒体、选择器、属性。

1.14.1 【源】窗格

在【源】窗格中，我们可以创建、附加、定义、删除内嵌及外联的样式表，如图 1-55 所示。

图 1-55

1.14.2 【@ 媒体】窗格

在【@ 媒体】窗格中，我们可以为各种类型的媒体和设备定义媒体查询，如图 1-56 所示。

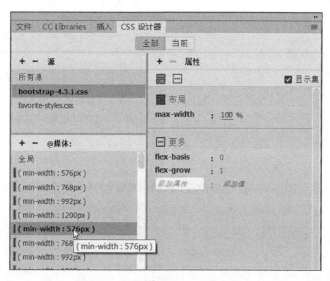

图 1-56

1.14.3 【选择器】窗格

在【选择器】窗格中，我们可以创建和编辑 CSS 规则，用以格式化网页中的组件和内容。一旦创建好一个选择器（或规则），您就可以在【属性】窗格中定义希望应用的样式了，如图 1-57 所示。

除了创建和编辑 CSS 样式之外，您还可以在 CSS 设计器中找出那些已经定义并应用的样式，以及有问题或冲突的样式。

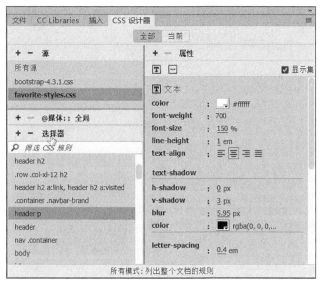

图 1-57

1.14.4 【属性】窗格

　　【属性】窗格有两种基本模式。第一种模式即默认设置下，【属性】窗格会在一个列表中显示出所有可用的 CSS 属性，并组织成 5 个类别：布局、文本、边框、背景、更多。您可以上下滚动列表，按照需要应用样式，或者单击图标跳到对应的类别。勾选【显示集】复选框，只显示已经设置的属性，如图 1-58 所示。

> 💡 **注意** 取消勾选【显示集】复选框，可在 CSS 设计器中显示所有类别和属性。

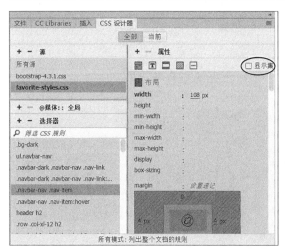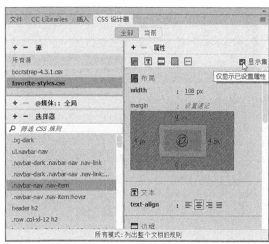

图 1-58

　　在【属性】窗格右上角，勾选【显示集】复选框，【属性】窗格进入第二种模式。在这种模式下，【属性】窗格会过滤属性，只显示那些已经应用所选规则（这些规则在【选择器】窗格中选择）的属性。但不论在哪种模式下，您都可以添加、编辑、删除样式表、媒体查询、规则和属性。

　　在 CSS 设计器中选择【当前】按钮时，【属性】窗格中还有一个【已计算】选项，用于显示应用至所选元素的所有样式的汇总表。当您选择网页中的某个元素或组件时，【已计算】选项就会显示出来，如图 1-59 所示。无论您创建哪种样式，Dreamweaver 都能生成符合业界标准和最佳实践的代码。

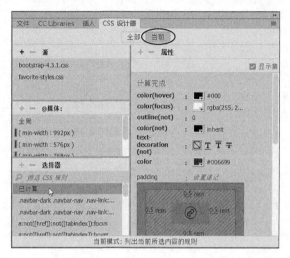

图 1-59

1.14.5 【全部】和【当前】模式

【CSS 设计器】面板顶部有两个按钮：【全部】和【当前】，用来在面板中开启特定功能和工作流程。

当选择【全部】按钮时，您可以在面板中创建、编辑样式表、媒体查询、规则和属性；当选择【当前】按钮时，开启 CSS 查错功能，您可以检查网页中的各个元素，评估那些已经应用到所选元素上的样式属性，如图 1-60 所示。但是，在【当前】模式下，【CSS 设计器】面板中的一些常规功能会被禁用。例如，在【当前】模式下，您可以编辑现有属性，向所选元素添加新样式表、媒体查询和规则，但是您无法删除现有样式表、媒体查询和规则。这在所有文档视图模式下都一样。

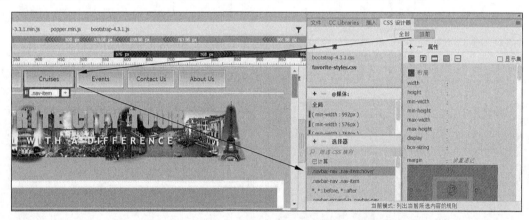

图 1-60

除了使用【CSS 设计器】之外，您还可以在【代码】视图中手动创建和编写样式表，而且可以使用其中的许多效率提升功能，比如代码提示、自动补全等。

1.15 使用可视媒体查询栏

可视媒体查询（visual media query，VMQ）是 Dreamweaver 新增的一项功能，位于文档窗口上方。

借助可视媒体查询栏，您可以直观地检查现有媒体查询并与之交互，还可以通过简单的单击实时创建新的媒体查询。

打开包含一个或多个媒体查询的页面（带样式表），比如 tours.html，然后在通用工具栏中，开启可视媒体查询栏（☰），即可在文档窗口上方显示出可视媒体查询栏。

1.16 使用【DOM】面板

在【DOM】面板中，您可以轻松查看文档对象模型（document object model，DOM），快速检查网页结构并与之交互，以选择、编辑、移动现有元素，以及插入新元素，如图 1-61 所示。有了【DOM】面板，处理复杂的 HTML 结构就简单多了。

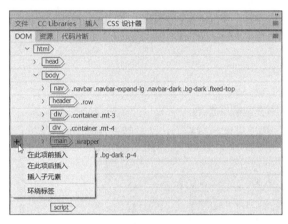

图 1-61

1.17 使用元素显示框和检查器

随着 Dreamweaver 的发展，【实时视图】成为默认工作区，催生出了多种编辑和管理 HTML 元素的新方法。例如，您会遇到一些新的显示框、检查器等，借助它们，您可以直接访问一些重要元素属性和规格参数。除了文本显示框之外，您可以使用这些新方法向所选元素添加类或 id 属性，还可以把这些属性的引用添加到样式表和媒体查询中。

1.17.1 使用定位辅助面板

当在【实时视图】中，使用【插入】菜单或【插入】面板插入新元素时，就会出现定位辅助面板，如图 1-62 所示。通常，在定位辅助面板中，有【之前】【之后】【换行】【嵌套】几个选项。根据选择的元素类型，以及鼠标指针所指项目，有些选项会呈现灰色不可用状态。

图 1-62

1.17.2 元素显示框

当在【实时视图】下，选择某个元素时，就会出现元素显示框。在【实时视图】下，选中某个元素时，按键盘上的上下方向键，可改变选择焦点；元素显示框会根据各个元素在 HTML 结构中的位置，高亮显示页面中的每个元素。

　　元素显示框中有一个属性快捷检查器图标，单击它，您可以快速访问到元素的格式、链接、对齐等属性。在元素显示框中，您还可以向所选元素添加类或 id 属性，或者编辑已有的类或 id 属性，如图 1-63 所示。

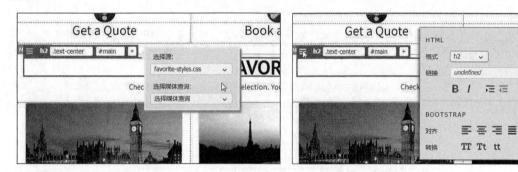

图 1-63

1.17.3　图像显示框

　　图像显示框也是一个属性快捷检查器，借助它，您可以访问图像源、替代文本、宽度、高度等，其中还包含一个 link 字段（用于添加超链接），以及若干 Bootstrap 选项，如图 1-64 所示。

图 1-64

1.17.4　文本显示框

　　当在【实时视图】下，选择一部分文本时，就会显示出文本显示框。借助文本显示框，您可以向所选文本应用粗体 <strong>、斜体 <em>、超链接 <a>，如图 1-65 所示。双击文本，可打开橙色编辑框。编辑完文本后，在橙色边框外单击，使修改生效。按 Esc 键，可取消更改，并把文本恢复到之前的状态下。

图 1-65

1.18 在 Dreamweaver 中设置版本控制

Dreamweaver 2021 支持使用 Git（开源的版本控制系统）管理网站源代码。当有多个人一同开发一个项目时，使用 Git 能有效避免发生冲突和工作成果丢失。

在 Dreamweaver 中使用 Git 之前，您必须先创建一个 Git 账户和一个存储库。

创建好存储库之后，还必须在 Dreamweaver 中把它链接到您的站点。首先，在站点定义对话框中，勾选【将 Git 存储库与此站点关联】复选框，如图 1-66 所示。

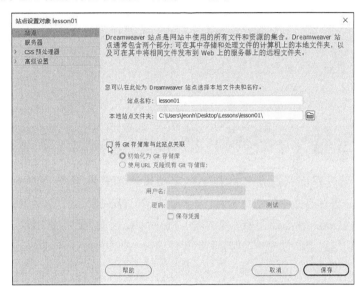

图 1-66

然后，在【文件】面板中，单击【显示 Git 视图】图标，切换到 Git 面板，如图 1-67 所示。

若您尚未配置 Git 存储库，Dreamweaver 会要求您设置 Git 凭证和存储库位置，如图 1-68 所示。

单击【测试】按钮，测试您的凭证，如图 1-69 所示。

成功激活后，Git 面板会显示您的网站内容，您可以根据需要推送和拉取更改，如图 1-70 所示。

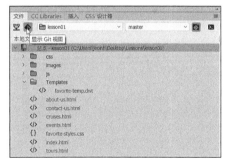

图 1-67

图 1-68

图 1-69

图 1-70

1.19　探索、尝试、学习

　　Dreamweaver 用户界面经过多年的打磨使网页设计和开发工作变得快速而简单。目前，Dreamweaver 界面还处在不断变化和发展中，不要认为您已经掌握了这个软件的方方面面。若不信，您可以安装最新版的 Dreamweaver 了解一下。学习 Dreamweaver 时，要积极探索、尝试各种菜单、面板、选项，定制出最符合自己工作方式的工作区和键盘快捷键，以便提高工作效率。在这个过程中，您会发现 Dreamweaver 功能强大，适应性强，几乎能满足您的任何一项工作需求。

1.20   复习题

❶ 隐藏或显示面板的命令在哪里?

❷【代码】【拆分】【设计】【实时视图】按钮在哪里?

❸ 工作区可用来保存什么?

❹ 工作区与键盘快捷键有关系吗?

❺ 把鼠标指针放到页面不同元素上,【属性】面板会有什么变化?

❻ CSS 设计器提供了哪些方便我们基于现有规则创建新规则的功能?

❼ DOM 查看器有什么用?

❽ 在【设计】视图或【代码】视图下,元素显示框会现身吗?

❾ 什么是 Git ?

1.21   答案

❶【窗口】菜单中列出了所有面板。

❷【代码】【拆分】【设计】【实时视图】按钮是文档工具栏中的组件。

❸ 工作区可用来保存一些配置信息,包括文档窗口、打开的面板,以及面板尺寸和其在屏幕上的位置。

❹ 没有。键盘快捷键的加载和保存与工作区没有关系。

❺【属性】面板中显示的内容与所选元素相关,它会根据所选元素显示相关信息和格式化命令。

❻ 在 CSS 设计器中,我们可以从一个规则复制样式然后粘贴到另外一个规则上。

❼ 通过 DOM 查看器,我们能够以可视化方式检查 DOM,选择与插入新元素,以及编辑现有元素。

❽ 不会。元素显示框只在【实时视图】下出现。

❾ Git 是一个开源的版本控制系统,用来帮助您管理网站源代码。

HTML 基础知识

本课主要讲解以下内容。

- HTML 概念及来源
- 常用的 HTML 标签
- 如何插入特殊字符
- 语义网概念及其重要性
- HTML 中的新特性与功能

学习本课大约需要 **30** 分钟　本课无配套课程文件

```
<html>
    <head>
        <title>HTML Basics for Fun and Profit</title>
    </head>
    <body>
        <h1>Welcome to my first webpage</h1>
        <hr>
    </body>
</html>
```

　　HTML 是网络的"支柱",也是网页的"骨架"。除了网页设计师之外,我们普通人一般不直接看 HTML,但它却是整个互联网的组织结构和实质内容。没有 HTML,就不会有网络。Dreamweaver 提供了许多功能和工具,可帮助您快速高效地访问、创建、编辑 HTML 代码。

2.1 什么是 HTML

在我的 Dreamweaver 课堂上，有学生问："有什么其他程序可以打开 Dreamweaver 文件吗？"对于经验丰富的开发人员来说，答案显而易见，这个问题触及了教授和学习网页设计的一个基本问题。大多数人都把软件和技术混为一谈。有些人认为带 .htm 或 .html 扩展名的文件属于 Dreamweaver 或 Adobe。这个现象并不罕见。平面设计师在工作中使用得最多的是带 .ai、.psd、.indd 扩展名的文件。随着时间的推移，他们发现在其他程序中打开这些文件可能会产生一些问题，有时甚至会损坏文件。

此外，网页设计师的目标是制作在浏览器中显示的网页。网页制作软件的功能和能力对浏览器中的最终显示结果影响很小，因为显示结果只与 HTML 代码本身和浏览器的解释方式有关。无论软件生成的代码是好是坏，浏览器都会尽量解释所有代码并显示出来。

网页主要基于 HTML。这种语言和文件格式不属于任何一个软件或公司。事实上，它是一种非专有的纯文本语言，在任何一台计算机上，在任何一个操作系统下，使用任何一个文本编辑器都可以编辑它。在某种程度上，Dreamweaver 也是一种 HTML 编辑器，但是它比普通文本编辑器强大。为了最大限度地用好 Dreamweaver，我们必须先了解 HTML 是什么，以及它能做什么或不能做什么。本课中，我们就一起简单地了解一下 HTML 及其作用。掌握这些基础知识，有助于您用好 Dreamweaver。

2.2 HTML 的起源

HTML 和第一个浏览器是蒂姆·博纳斯·李在 1989 年发明的，当时蒂姆·博纳斯·李是 CERN（Conseil Européen pour la Recherche Nucléaire，欧洲核子研究组织）粒子物理实验室（位于瑞士日内瓦）的一位计算机科学家。他打算使用这项技术在当时刚问世的互联网上共享技术论文和信息。他公开分享他发明的 HTML 和浏览器，尝试让整个科学界和其他人使用这个发明，并吸引他们参与开发。蒂姆·博纳斯·李没有申请版权保护，也没有打算卖掉这项发明，这使得 Web 开放有人情味，并一直延续到今天。在 HTML 出现之前，互联网看上去就像是 MS DOS 或 macOS 终端程序，没有格式，没有图形，也不能自定义颜色，如图 2-1 所示。

博纳斯·李 30 多年前发明的 HTML 要比现在 HTML 的结构简单得多，但是现在的 HTML 也是很容易学习和掌握的。写作本书之时，HTML 的最新版本是 5.2，该版本于 2017 年 12 月被正式采用。下一个版本（5.3）的草案在 2018 年 10 月发布，但当前仍处于不断发展变化之中，一般需要几年过后才能被正式采用。

图 2-1

HTML 由 120 多个标签组成，比如 html、head、body、h1、p 等。这些标签一般要放在左右两个角括号（<>）之间，像 <p>、<h1>、<table>，用来标识文本、图形，告知浏览器以特定方式显示它们。HTML 中的标签一般是成对出现的，有开始标签（<...>），也有结束标签（</...>），比如 <h1>...</h1>。

当两个标签成对出现时，我们就把它们称为元素，元素也包括两个标签之间的内容。空元素（比如水平线）只用一个标签表示，比如 <hr/>，这是一种缩写形式，同时表示开始标签和结束标签。在 HTML5 中，空元素也可以不带末尾的斜线，比如 <hr>。但是有些旧的 Web 程序要求必须有末尾斜线，所以在使用某种形式之前，最好还是先确认能不能用。

有些元素用来创建网页结构，有些元素用来组织和格式化文本，还有些元素用来实现交互和可编程性。尽管在 Dreamweaver 中制作网页时，不需要我们手动编写大量代码，但是识读 HTML 代码仍然是每个网页设计师必须具备的能力。有时排查网页错误时必须查看网页源代码。随着越来越多的信息和内容在移动设备与互联网媒介上被创造和传播，阅读和理解代码的能力也有可能成为您在其他领域谋求工作的一项基本技能。

一个网页的基本结构如图 2-2 所示。

有这么多代码，却只在浏览器中显示一句"Welcome to my first webpage"，您可能会感到很奇怪。事实上，这段代码中的大多数代码都是用来创建页面结构和对文本做格式化处理的。就像海里的冰山一样，网页中的大部分代码是不会直接在浏览器中显示出来的。

图 2-2

2.3 常用的 HTML 元素

每个 HTML 代码元素都有特定用途。标签可用来创建不同对象，应用不同格式，从语义上识别内容，以及实现交互性。在屏幕上有独立空间的标签叫"块元素"，在另一个标签内部履行职责的元素称为"内联元素"。有些元素可以用来在页面中创建结构关系，比如在垂直列中堆叠内容，或把几个元素划入不同的逻辑分组中。结构元素可以像块元素或内联元素一样发挥作用，也可以在完全不可见的状态下完成工作。

2.3.1 HTML 标签

表 2.1 中列出了一些常用的 HTML 标签。如果您希望使用 Dreamweaver 高效地制作网页，必须了解这些元素的作用和用法。

注意，其中有些标签有多种用途。

表 2.1　常用 HTML 标签

标签	说明
<!--...-->	HTML 注释。您可以在 HTML 代码中添加注释，浏览器不会理会这些注释
<a>	定义超链接
<blockquote>	定义块引用。创建独立带缩进的段落，把引用文本从常规文本中分离出来
<body>	定义文档主体，其中包含的网页内容是可见的
 	插入换行符，不会创建新段落
<div>	定义文档中的分区或节，用来把网页内容分割成独立的不同部分

标签	说明
<em>	把文本定义成强调内容。默认设置下，在大多数浏览器和阅读器中使用斜体表示强调的文本
<form>	定义 HTML 表单，用来收集用户数据
<h1> ～ <h6>	定义标题，默认是粗体
<head>	定义文档头部。文档的头部描述文档的各种属性和信息，比如元数据、脚本、样式表、链接等，这些信息不会直接显示给网站用户，而是用来指示浏览器如何显示页面及其内容
<hr>	在 HTML 页面中创建水平线。这是空元素，用来在视觉上把文档分隔成多个部分
<html>	大多数网页的根元素。该元素包含整个网页，除非在某些情况下必须在打开标记之前加载基于服务器的代码
<iframe>	内联框架。该结构元素可以包含另一个文档，或者从另外一个网站加载内容
<img>	向网页中嵌入一幅图像。使用该标签时，必须指定要显示图像的 URL
<input>	表单的输入元素，创建输入框，比如输入文本框
<li>	定义列表项目。HTML 列表中的元素
<link>	定义文档与外部资源的关系
<meta>	元数据。针对搜索引擎或其他程序提供有关页面的额外信息
<ol>	定义有序列表。列表项目以字母、数字、罗马数字编号显示
<p>	定义独立段落
<script>	定义脚本。该元素中既可以包含脚本语句，也可以指向内部或外部脚本文件
<span>	标示某个元素内的一部分，对其应用特殊格式或强调
<strong>	把文本定义为语气更强的强调内容。默认设置下，大多数浏览器和阅读器以粗体显示强调的文本
<style>	为 HTML 文档定义样式信息，它可以是包含 CSS 样式的嵌入式或内联式元素或属性
<table>	定义 HTML 表格
<td>	定义 HTML 表格中的标准单元格
<textarea>	为表单定义多行文本输入区
<th>	定义 HTML 表格的表头单元格
<title>	定义文档的标题
<tr>	定义 HTML 表格中的行。该元素是划分表格中的一行和另一行的结构元素
<ul>	定义无序列表。默认设置下，各个列表项目前带项目符号

2.3.2 HTML 字符实体

通常，文本内容都是通过计算机键盘输入的。但是，有许多字符在标准的 101 键盘上找不到对应的按键。在 HTML 代码中插入这些字符时，必须通过输入实体名称或实体编号进行。每个可显示的字母与字符都有对应的实体。表 2.2 中列出了一些常用的 HTML 字符实体。

> ♡ 注意　输入某些实体时，既可以使用实体名称，也可以使用实体编号，比如版权符号。但是有些浏览器和程序并不支持实体名称。所以，最好还是使用实体编号，如果实在想用实体名称，也要先做测试，确保没问题后再用。

表 2.2　常用 HTML 字符实体

字符	描述	实体名称	实体编号
©	版权符号	&copy;	&#169;
®	注册商标	&reg;	&#174;
™	商标	&trade;	&#153;
•	项目符号	&bull;	&#149;
-	半字线	&ndash;	&#8211;
—	一字线	&mdash;	&#8212;
	不间断空格		

2.4　HTML5 新增内容

HTML 版本的每次更新，HTML 标签的数量和用途都会发生一些变化。HTML 4.01 大约有 90 个标签，HTML5 删除了 HTML 4 中的一些标签，同时添加了一些新标签。

通常，调整标签是为了支持新技术或不同类型的内容模型，包括删除那些不好或不常用的功能。有些调整只是为了反映开发者社区中一些流行的技术或使用习惯，还有一些调整是为了简化代码编写方式，使之更容易编写或快速传播。

2.4.1　HTML5 标签

表 2.3 中列出了 HTML5 中一些新增的重要标签。在 HTML5 规范中，大约新增了 50 个标签，同时废弃了 30 多个旧标签。后面课程中，我们会学习如何使用 HTML5 中的新标签，帮助您了解它们在网页中的作用。请花些时间熟悉一下表格中的标签及其相应描述。

各个浏览器对 HTML 的支持情况并不完全一样。有些浏览器可能不完全支持新标签，或者支持方式不太一样。在网页中使用某个新标签之前，一定要在各种浏览器和设备中做好测试，确保没有问题之后再使用。

表 2.3　一些重要的 HTML5 新标签

标签	描述
<article>	文章。定义独立内容，这些内容能够独立于网页或站点的其余部分进行分发
<aside>	侧边栏。定义与主要内容相关的侧边栏内容
<audio>	音频。定义多媒体内容、声音、音乐，以及其他音频流
<canvas>	画布。该标签只是图形容器，必须使用脚本绘制图形
<figcaption>	插图标题。为 <figure> 元素指定一个标题
<figure>	插图。定义包含插图、图像、视频的独立内容区域
<footer>	页脚。定义文档或区段（section）的页脚
<header>	页眉。定义文档或者特定主题区域的页眉，作为介绍内容使用
<hgroup>	标题组。当标题有多个级别时，定义一系列 <h1> ~ <h6> 元素
<main>	主要内容。定义文档的主要内容，其中内容对文档来说是唯一的。一个页面中只能有一个 main 元素
<nav>	导航。定义一个包含导航菜单和超链接组的区段

标签	描述
<picture>	图像。为一个网页图像指定一个或多个来源，以支持具有不同分辨率的智能手机和其他移动设备。有些旧浏览器或设备可能不支持这个新标签
<section>	区段（或节）。在文档内容中定义一个区段
<source>	媒体资源。为视频或音频元素指定媒体资源，可为不支持默认文件类型的浏览器定义多个媒体资源
<video>	视频。指定视频内容，比如影片剪辑或其他视频流

2.4.2　语义网设计

为了支持语义网设计这个概念，HTML 做了许多调整。这一举动对于 HTML 的前景、可用性、网站的互操作性有重要意义。目前，每个网页在网络中都是独立的。页面内容可以链接到其他页面与网站，但是我们还没有办法用某种一致的方式把多个页面或多个网站中的信息组合或收集起来。搜索引擎尽量为每个网站中的内容建立索引，但是由于旧 HTML 代码的特性与结构，导致许多内容丢失。

最初，HTML 被设计成一种表示语言，其目标是在浏览器中以一种可读和可预见的方式显示技术文档。仔细看一下 HTML 原始规范，它就像学期论文中的项目列表，有标题、段落、引文、表格、编号列表和项目符号列表等。

HTML 第一版中列出的标签基本确定了网页内容的显示方式。这些标签本身不表达任何内在的含义或意义。例如，使用标题标签以粗体显示一行文本，但是标题标签未指出标题文本与后面的文本或整个故事有什么关系。标题文本是一个标题，还是只是一个副标题？

HTML5 中新增了大量标签，用来帮助我们为标签添加语义。<header>、<footer>、<article>、<section> 这类标签本身就能确定内容的性质，无须依靠额外属性。这样一来，制作网页时，使用的代码更简单、更少。最重要的是，给代码添加语义允许您和其他开发者以全新的方式把一个页面中的内容与另一个页面联系起来。虽然目前这些全新方式还没出现，但是相关人员一直在做这方面的研究。

2.4.3　新技巧与新技术

HTML5 重新审视了 HTML 的基本特性，把一些多年来由第三方插件负责实现的功能纳入其中。

如果您是网页设计新手，这种变化不会给您带来任何痛苦，因为这不需要您重新学习什么知识，也不需要您改掉什么习惯。如果您是资深的网页制作者，有大量的网页制作经验，则突然面对这些新技巧、新技术时可能会手足无措，不过不用担心，本书会带领大家一起渡过这个难关，用合乎逻辑、直白的方式讲解这些新技巧和新技术。不管怎样，您都不必把旧站点代码扔掉，也不必从零开始构建网站。

在将来一段时间内，合法的 HTML 4 代码仍然可以正常运行。相比旧版本的 HTML，使用 HTML5 设计网页时，只需少量代码，就能实现同样甚至更多的功能。HTML5 这么强大，马上学起来！

2.5 复习题

❶ 什么程序能打开 HTML 文件？

❷ 标记语言有什么作用？

❸ HTML5 有多少个标签？

❹ 块元素与内联元素有什么不同？

❺ HTML 的当前版本是多少？

2.6 答案

❶ HTML 是一种纯文本语言，其文件可以在任意一款文本编辑器中打开与编辑，也可以在任意一款网页浏览器中展现。

❷ 标记语言把标签放在一对角括号（<>）之间，把纯文本内容放在开始标记与结束标记之间，用来把信息的含义、结构、格式从一个程序传递给另一个程序。

❸ HTML5 有 100 多个标签。

❹ 块元素用来创建独立元素，内联元素存在于另一个元素之中。

❺ 2017 年年末，HTML 5.2 被正式采用。2018 年年末，发布 HTML 5.3 草案。新特性可能需要花几年时间才能完全被浏览器支持，但是跟 HTML 4 一样，不同浏览器和设备支持的方式可能不太一样。

CSS 基础知识

课程概览

本课主要讲解以下内容。

- CSS 术语
- HTML 格式化与 CSS 格式化的区别
- 编写 CSS 规则和标记的不同方法
- 层叠、继承、后代、优先级如何影响浏览器应用 CSS 样式的方式
- CSS3 的新特性与功能

学习本课大约需要 75 分钟

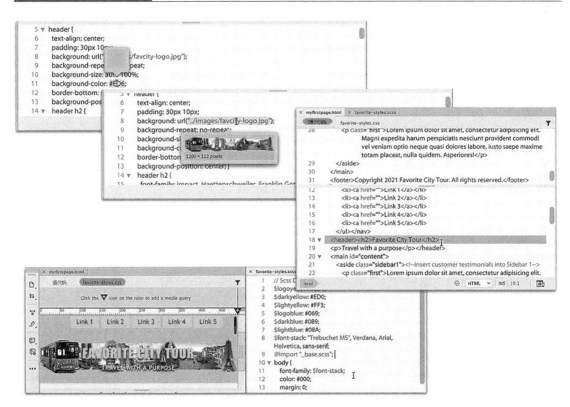

　　CSS 控制着网页的外观。CSS 语言语法复杂，功能强大，适应性强。CSS 得花很多时间和精力去学习，而且得好几年才能掌握好。但网页设计少不了它，每个网页设计师必须花工夫学好 CSS 才行。

3.1　HTML 与 CSS

HTML 从来就不是一种设计工具。HTML1 支持粗体、斜体，但是缺少加载字体或格式化文本的标准方法。为了弥补这些不足，HTML3 中加入了格式化命令，但这还无法满足实际需要。于是，网页设计师们便想出各种各样的"招儿"来得到自己想要的结果。例如，他们会使用 HTML 表格为网页中的文本与图形做复杂的排版，像多栏布局。当他们希望显示 Times、Helvetica 之外的其他字体时会使用图像来实现。

基于 HTML 的格式化方式极具误导性，因此在其被正式采用不到一年即被废弃，以便全力支持 CSS。CSS 解决了 HTML 格式化的所有问题，同时省时省力又省钱。借助 CSS，您可以把不必要的部分从 HTML 代码中剥离，使 HTML 集中在网页内容和结构的表现上，然后单独应用格式，以便轻松地为特定设备和应用程序定制网页。

3.2　HTML 格式化与 CSS 格式化

> ♀ 注意　为使印刷效果更清晰，本书所有截图都是在最浅颜色主题（应用程序主题）和 Classic 代码主题下截取的。如果您喜欢，您可以继续使用默认的深色主题和代码主题，也可以选择其他主题。不论您选择什么主题，课程中的所有操作都是一致的。

比较 HTML 格式化和 CSS 格式化，您会发现使用 CSS 格式化效率更高，更省时间和精力。接下来，我们分别使用 HTML 格式化和 CSS 格式化各制作一个网页，一起见识一下使用 CSS 格式化是多么强大和高效。

❶ 启动 Dreamweaver 2021 软件。

❷ 参考前言步骤，新建一个站点，命名为 lesson03。

❸ 从菜单栏中，依次选择【文件】>【打开】。

❹ 在【打开】对话框中，转到 lesson03 文件夹下，打开 html-formatting.html。

❺ 单击【拆分】按钮。从菜单栏中，依次选择【查看】>【拆分】>【垂直拆分】，可沿垂直方向拆分【代码】视图和【实时视图】，使其左右挨着排列。

代码中的每个元素都是单独使用 <font> 标签（弃用）进行格式化的。注意每个 h1 和 p 元素的 color="blue" 属性。

> ♀ 注意　（1）从【查看】菜单中，选择相关选项，可以把【代码】视图和【实时视图】变成上下或左右显示方式。相关内容，请阅读第 1 课。
> （2）"弃用"表示某个标签已经从 HTML 官方支持中去除，但是在当前浏览器和 HTML 阅读器中仍受支持。

❻ 在【代码】视图中，把所有"blue"替换成"green"。若【实时视图】中显示的内容未及时更新，在【实时视图】中单击以更新，如图 3-1 所示。

此时，网页中的蓝色文字全变成了绿色文字。显然，使用 <font> 标签格式化文字不仅慢，而且易错。例如，当您把"green"错输成"greeen"或"geen"时，浏览器就会完全忽略您的颜色设置。

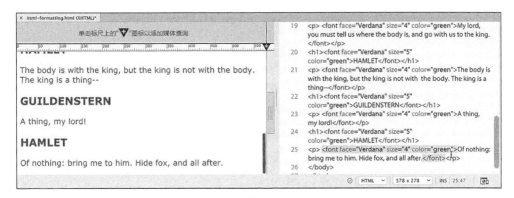

图 3-1

❼ 从 lesson03 文件夹中，打开 css-formatting.html 文档。

❽ 若当前不在【拆分】视图下，单击【拆分】按钮，进入【拆分】视图。

这个文档内容与上一个文档一模一样，不同之处在于它使用 CSS 格式化文本内容。HTML 元素的格式化代码放在文档的 <head> 标签中。

> 💡注意　（1）代码中只包含两个 color:blue; 属性。
> （2）当在 Dreamweaver 中打开一个网页或者新建一个网页时，一般会进入【实时视图】。若非如此，您可以在文档工具栏中的【设计 / 实时视图】下拉菜单中选择它。

❾ 在代码 h1 { color: blue; } 中，把"blue"修改为"green"。此时，若【实时视图】中显示的内容未及时更新，在【实时视图】中单击，更新显示，如图 3-2 所示。

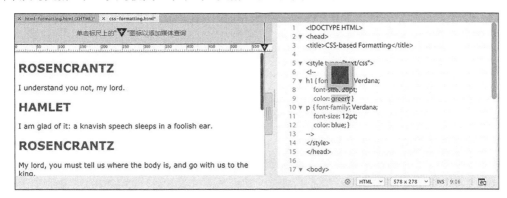

图 3-2

【实时视图】下，页面中的所有标题文本变成了绿色，但段落文本仍然是蓝色的。

❿ 在 p { color: blue; } 代码中，把"blue"修改成"green"。在【实时视图】中单击，更新页面显示。此时，在【实时视图】下，所有段落文本都变成了绿色。

⓫ 关闭所有文件，不保存更改。

在这个练习中，使用 CSS 控制文本颜色时，只需改动两处 color 值，而使用 HTML 的 <font> 标签更改文本颜色时，则需要修改每一行代码中的 color 值。如果您的网站有几百个页面，有数千行代码，一行行地修改将是个多么浩大的工程啊！现在您应该明白为什么 W3C（制定互联网规范和协议的Web 标准化组织）会弃用 <font> 标签，转而开发 CSS 了吧？！这个小例子只体现了 CSS 格式化强大之处的极小一部分，而这是单独使用 HTML 无法办到的。

3.3　HTML 默认样式

一开始，HTML 标签本身就具有一种或多种默认样式、特征或行为。即使您什么都不做，网页中的文本在大多数浏览器中显示时都有一定样式。掌握 CSS 的基本任务之一是学习和理解这些默认样式，以及它们对内容的影响。下面我们一起了解一下。

❶ 从 lesson03 文件夹中，打开 html-defaults.html 文档。选择【实时视图】，预览文档内容。这个文档中包含一系列 HTML 标题和文本元素。每种元素都有一些基本样式，比如大小、字体、间距等。

❷ 切换到【拆分】视图下，如图 3-3 所示。

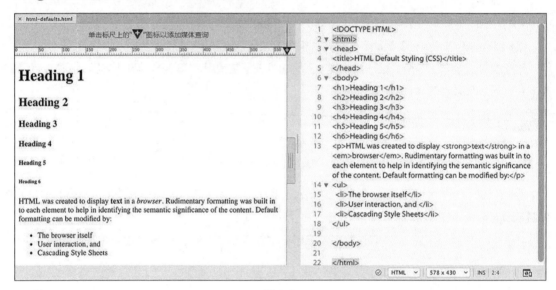

图 3-3

❸ 在【代码】视图下，找到 <head> 标签，从中查找用于格式化文本的代码。匆匆一瞥，您会发现整段代码中并不存在格式化文本的代码，但是各部分的文本仍然显示出不同格式。那这些格式从何而来，又分别使用了什么设置？

答案是视情况而定。在 HTML 4 中，元素格式有多个来源。首先是 W3C，其为 HTML 4 创建了一个默认样式表。默认样式表为所有 HTML 元素定义了标准格式和行为。浏览器开发商基于这个默认样式表为 HTML 元素提供默认渲染。但是这是 HTML5 之前的情况。

❹ 关闭 html-defaults.html 文档，不保存更改。

3.3.1　HTML5 默认样式

过去 10 年间，网页设计行业一直开展着内容与样式相分离的运动。现在，所谓的 HTML 默认样式似乎已经名存实亡了。在 2014 年 W3C 发布的 HTML 规范中，HTML5 元素并无默认样式。到本书写作时，还是没有所谓的 HTML5 默认样式表，浏览器厂商仍然支持 HTML4 默认样式，并将其应用到基于 HTML5 的网页上。

> ♀注意　按照目前发展趋势，若 HTML5 一直无默认样式表，建立您自己的网站标准就变得格外重要。

这种趋势影响深远。在不久的将来，HTML 元素可能不会再有任何默认样式了。在这种情况下，了解元素当前的格式化方式比以往任何时候都重要，这样当有需要时，您可以立即着手建立自己的标准。

为帮助大家节省时间，先人一步，我总结了一些常见的 HTML 默认样式，如表 3.1 所示。

表 3.1　常见 HTML 默认样式

项目	描述
背景	大多数浏览器中，网页背景颜色是白色的。<div>、<table>、<td>、<th> 和其他大多数标签的背景都是透明的
标题	标题 <h1> ～ <h6> 是粗体、左对齐。6 个标题标签对应着不同的字号，<h1> 字号最大，<h6> 字号最小。而且同一个标题在不同浏览器下尺寸可能也不一样。标题和其他文本元素在其上方或下方可能会有更大间距（边距）
正文	在表格单元格之外，段落（<p>、<li>、<dd>、<dt>）左对齐，从页面顶部开始
表格单元格文本	表格单元格（<td>）内的文本水平左对齐，垂直居中对齐
表头	表头（<th>）内的文本水平与垂直都是居中对齐，在某些浏览器中文本是粗体，但并非在所有浏览器中都如此
字体	文字颜色是黑色。默认字体由浏览器指定，用户可以在浏览器中修改设置指定其他字体
边距	边距指元素边框的外部区域。许多 HTML 元素都有某种形式的边距。边距通常用来在段落之间插入额外空白，或者缩进文本，比如列表与块引用。HTML 元素的边距在不同浏览器中不一样
填充	填充指元素与边框之间的区域。根据 HTML4 默认样式表，元素没有默认填充

3.3.2　浏览器问题

建立您自己的样式标准时一个重要的步骤是识别显示 HTML 的浏览器及其版本。不同浏览器解释（渲染）HTML 元素和 CSS 样式的方式不一样（有时差距很大）。而且同一款浏览器的不同版本渲染相同 HTML 代码也会产生不同结果。

在网页设计最佳实践中，有一条是要求您在多款浏览器中测试制作好的网页，确保页面在大多数用户使用的浏览器中能正常运行，尤其是要确保网页在您的网站访客喜欢用的浏览器中显示正常。您的网站访客所使用的浏览器类型可能与普查情况有相当大的出入，而且还随时间变化。尤其是现在，越来越多的用户不再使用桌面计算机，转而使用平板电脑和智能手机。2020 年 8 月，W3C 发布了一份统计数据，从他们网站上每年收到的 5000 万名访问者中找出最受欢迎的浏览器，如图 3-4 所示。

图 3-4 清晰地反映了各大浏览器在用户中的使用情况，但却无法体现出用户使用的浏览器版本情况。了解用户所使用的浏览器版本很重要，因为有些旧版本的浏览器不支持最新的 HTML 与 CSS 特效与效果。而且图 3-4 中的统计数据只反映互联网的整体趋势，很可能与您的网站的统计数据有很大出入。

现在，虽然 HTML5 广受支持，但是各大浏览器对其支持有差异，而且这些差异会一直存在不会消失。例如，直到今天，HTML 4、CSS1、CSS2 的某些功能特性仍未

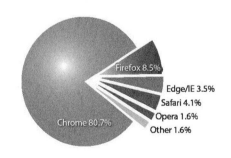

图 3-4

得到普遍认可。由此可见，制作网页过程中，我们一定要认真测试文本样式、网页结构与 CSS 动画。有时，我们必须单独针对某一款或多款浏览器编写 CSS 样式，才能彻底解决网页显示不一致的问题。

3.4　CSS 盒子模型

显示网页时，浏览器通常先读取 HTML 代码，解释其结构和样式，最后呈现出网页。CSS 在 HTML 与浏览器之间"穿针引线"，重新定义每个元素的渲染方式。CSS 假想每个元素周围都有一个盒子，允许您格式化盒子及其内容的显示方式，如图 3-5 所示。盒子模型是 HTML 和 CSS 强加的一种编程结构，方便您格式化或重定义 HTML 元素的默认设置。

在 CSS 中，您可以指定字体、行距、颜色、边框、背景阴影、图形、边距、填充等。大多数时候，这些盒子都是不可见的，尽管 CSS 允许您格式化它们，但是您不是非得这样做。

❶ 启动 Dreamweaver 2021，从 lesson03 文件夹中，打开 boxmodel.html 文档。

❷ 切换到【拆分】视图下，如图 3-6 所示。

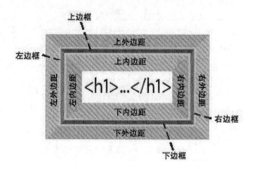

图 3-5

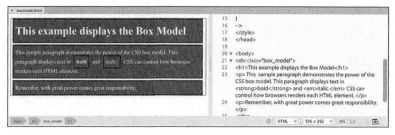

图 3-6

这个文档的 HTML 代码中包含一个标题和两个段落，里面的示例文本做了一定格式化处理，用以阐释 CSS 盒子模型的一些属性。文本显示有边框、背景颜色、边距和填充。比较 CSS 应用前后页面的样子，您能真正见识到 CSS 的强大之处。

❸ 切换到【设计】视图下。从菜单栏中，依次选择【查看】>【设计视图选项】>【样式呈现】>【显示样式】，禁用样式，如图 3-7 所示。

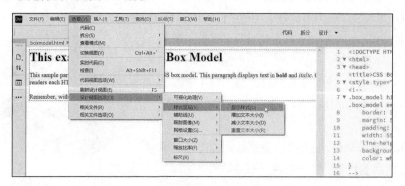

图 3-7

💡**注意** 【样式呈现】命令仅在【设计】视图下可用。

此时，Dreamweaver 中显示的网页没有应用任何样式。当今，网页制作的一条基本原则是把内容（文本、图像、列表等）与展现（格式）分离。取消【显示样式】后，虽然网页文本不是完全没有样式，但是前后比较，我们还是能够明显地感受到 CSS 在格式化方面的强大能力。无论是否格式化网页内容，网页内容的结构和质量都至关重要。如果去掉这些漂亮的样式，人们还会为您的网站着迷吗？

❹ 从菜单栏中，依次选择【查看】>【设计视图选项】>【样式呈现】>【显示样式】，再次启用 CSS 样式。

❺ 关闭所有文件，不保存更改。

3.5　应用 CSS 样式

应用 CSS 样式的途径有 3 种：内联（应用于元素本身）、嵌入（内部样式表）、外联（外部样式表）。CSS 格式化命令叫规则。一条 CSS 规则由两部分组成：选择器、一个或多个声明，如图 3-8 所示。选择器用来指定待格式化的某个元素或某组元素；声明中包含样式信息。CSS 规则可以重定义任何现有 HTML 元素，也可以定义两个自定义修饰符：class 与 id。

一条 CSS 规则可以同时针对多个元素，或者针对页面中元素以独特方式出现的特定情况（比如一个元素嵌套在另一个元素中）组合多个选择器。

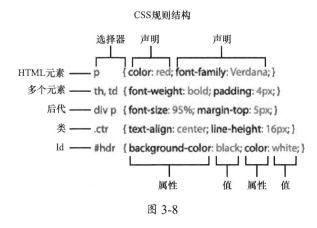

图 3-8

上面这几个例子展示了选择器和声明中使用的一些典型结构。选择器的编写方式决定了样式应用方式和规则之间的相互作用方式。

应用 CSS 规则不像在 Adobe InDesign 或 Adobe Illustrator 中选择一些文本然后应用段落或字符样式那么简单。CSS 规则可以影响单词、文本段落、文本与对象组合。基本上，所有带有 HTML 标签的东西都能格式化，甚至还有一个专门的 HTML 标签（span）用来格式化无标签的内容。

有许多因素会影响 CSS 规则的工作方式。为了帮助大家更好地理解 CSS 的工作方式，接下来几节，我们讲解 CSS 中的 4 个重要概念：层叠、继承、后代、优先级。

3.5.1 层叠

层叠理论描述了样式表或页面中的规则怎样影响样式应用的顺序和位置。换言之，如果两条规则相冲突，哪条规则会起作用？

比如，某个样式表中有如下两条规则：

```
p { color: red; }
p { color: blue; }
```

上面两条规则都用来向 <p> 标签中的段落文本应用一种颜色。但是两条规则格式化的是同一个元素，它们不可能同时起作用。根据层叠理论，当两条规则相冲突时，后声明的（即最靠近 HTML 代码的）规则起作用。上面两条规则中，第二条规则起作用，段落文本显示为蓝色。

确定要遵循的 CSS 规则和要应用的样式时，浏览器一般会遵从如下顺序，其中第 4 条作用最强。

❶ 浏览器默认值。

❷ 外部或嵌入式样式表。若两者同时存在，且发生冲突时，后声明的规则起作用。

❸ 内联样式（位于 HTML 元素中）。

❹ 带有 !important 的样式

CSS 规则语法

CSS 是 HTML 一个强大的格式化工具，能够格式化各种 HTML 元素，但是这种语言对微小的拼写错误或语法错误很敏感。漏掉一个句点、逗号或分号，可能会导致样式代码失效。更有甚者，某条规则中的一个错误可能会导致后续规则或整个样式表失效。

例如，有下面一条简单规则：

```
p { padding: 1px;
    margin: 10px; }
```

上面这条规则用来向 p 元素应用填充和边距，它可以改写成不包含空格的形式：p{padding:1px;margin:10px;}。

上面第一种写法中，空格和换行符其实是不必要的，加上它们只是为了方便我们编写和阅读代码而已。删除多余的空格叫"精简"（Minification），常用来优化样式表。浏览器和处理这些代码的程序不需要这些多余的空格，但是 CSS 代码中的各种标点符号就不是这样了，CSS 代码中的标点符号必须用得准确无误。比如，如果您使用 ( ) 或 [ ] 代替了 { }，那整条规则（甚至整个样式表）就会失效。同样，冒号和分号也必须用准确。

您能找出下列规则中的错误吗？

```
p { padding; 1px: margin; 10px: }
p { padding: 1px; margin: 10px; ]
p { padding 1px,margin 10px,}
```

构造复合选择器时也可能出现类似的问题。例如，在不该放空格的地方放了空格，可能会完全改变选择器的含义。

规则 article.content { color: #F00 } 用来格式化下面 HTML 代码中的 article 元素及其所有子元素：<article class="content"><p>…</p></article>。

而另一方面，规则 article .content { color: #F00 } 对上面 HTML 代码不起作用，只格式化下面代码中的 p 元素：<article class="content"><p class="content">…</p></article>。

CSS 代码中，一个极小的错误就有可能造成很大的错误，产生深远的影响。为确保 CSS 和 HTML 代码正常工作，一个优秀的网页设计师编写代码时应该始终保持专注，避免出现错放空格和错用标点符号等小错误。学习后面课程的过程中，请认真检查代码中是否存在上述错误。前言中提到过，有些命令语句中故意省去了本该有的标点符号，因为用了这些标点符号可能会引起混淆，或者导致代码出错。

3.5.2 继承

继承理论描述了一个元素如何能同时被一条或多条规则所影响。继承可以影响同名规则以及用于格式化父元素（包含其他元素的元素）的规则。请看如下代码。

```
<article>
    <h1>Pellentesque habitant</h1>
    <p>Vestibulum tortor quam</p>
    <h2>Aenean ultricies mi vitae</h2>
    <p>Mauris placerat eleifend leo.</p>
    <h3>Aliquam erat volutpat</h3>
    <p>Praesent dapibus,neque id cursus.</p>
</article>
```

上面代码中包含多个标题元素、段落元素，这些元素都包含在一个名为 article 的父元素中。如果您想把标题和段落文本全部变成蓝色，可以使用如下 CSS 规则。

```
h1 { color: blue;}
h2 { color: blue;}
h3 { color: blue;}
p { color: blue;}
```

显然，上面代码中存在大量重复内容，而这正是大多数网页设计师希望尽力避免的。此时，继承就派上用场了。使用继承，可尽量避免代码重复，从而节省大量时间和精力。借助继承，只使用如下一行代码就能代替上面 4 行代码。

```
article { color: blue;}
```

上面 HTML 代码中，所有标题元素、段落元素都是 article 元素的子元素。如果这些元素本身无样式规则，那它们会继承父元素的样式。借助继承，我们可以大大减少格式化网页需要编写的代码量。但是，继承本身是一柄"双刃剑"。一方面，我们要尽可能多地使用继承来设置元素样式；另一方面，我们也要警惕出现意想不到的结果。

继承不是"万金油"。继承某些属性会带来意料之外的结果。边距、填充、边框、背景样式等属性就不能借助继承来应用。

3.5.3 后代

继承提供了一种同时向多个元素应用相同样式的方法。此外，CSS 还提供了根据 HTML 结构把某种样式应用到特定元素的方法。

后代理论描述了如何根据元素相对于其他元素的位置，把样式应用到特定元素上。使用这种技术时，需要组合多个标签（有时还要用 id 和 class 属性）创建识别特定元素（一个或一组）的选择器。

比如，有如下一段 HTML 代码：

```
<section><p>The sky is blue</p></section>
<div><p>The forest is green.</p></div>
```

上面代码中，两个段落标签位于不同的父元素中，但本身都不带样式或特定属性。假设我们希望向第一行中的 <p> 标签应用蓝色，向第二行中的 <p> 标签应用绿色。此时，我们不能使用单独针对 <p> 标签的一条规则来做。但是，却可以使用后代选择器轻松做到这一点，如下：

```
section p { color: blue;}
div p { color: green;}
```

上面代码中，每个选择器中的两个标签是如何组合在一起的呢？选择器用来识别待格式化的特定类型的元素结构（或层次）。第一行 CSS 代码为 section 标签的子标签 p 设置颜色样式，第二行 CSS 代码为 div 标签的子标签 p 设置颜色样式。实践中，我们常常会在一个选择器中组合多个标签来严格控制样式应用范围和继承深度。

近年来，出现了一系列特殊字符，把这项技术推到了一个新的高度。例如，使用加号（+），比如 section+p，表示仅针对 <section> 标签之后的第一个段落应用样式。使用波浪线（~），比如 h3 ~ ul，表示针对 <h3> 标签之后的无序列表应用样式。但使用这些特殊字符时要小心，许多特殊字符近几年才出现，有些浏览器并不支持。

3.5.4 优先级

两条或多条规则之间出现冲突，是大多数网页设计者的痛苦之源。遇到这种情况时，他们必须花大量时间排查 CSS 样式中的错误。过去，设计师必须花大量时间阅读样式表，一条条检查 CSS 规则，试图找到样式错误的根源。

优先级是说当有两条或多条规则冲突时，浏览器优先选择应用哪条规则。有人也把它称为权重，根据规则的顺序（层叠）、远近、继承、后代关系，确定规则的优先级（权重）。为方便计算一个选择器的权重，给选择器的每个组成部分指定一个数值。

例如，每个 HTML 标签是 1 分，每个类是 10 分，每个 id 是 100 分，内联样式属性是 1000 分。把选择器中各组成部分的数值加起来，就算出该选择器的权重，权重值越大，优先级越高。

确定优先级

会算术，就会算选择器的权重值。看一看下面几个选择器，分别算一算各个选择器的权重，然后根据权重值的大小，确定各条规则的优先级。

```
* (wildcard) { } 0 + 0 + 0 + 0    =    0 分
h1           { } 0 + 0 + 0 + 1    =    1 分
ul li        { } 0 + 0 + 0 + 2    =    2 分
.class       { } 0 + 0 + 10 + 0   =   10 分
.class h1    { } 0 + 0 + 10 + 1   =   11 分
```

```
a:hover      { } 0 + 0 + 10 + 1   =    11分
#id          { } 0 + 100 + 0 + 0  =   100分
#id.class    { } 0 + 100 + 10 + 0 =   110分
#id.class h1 { } 0 + 100 + 10 + 1 =   111分
style=" "    { } 1000 + 0 + 0 + 0 =  1000分
```

前面讲过，CSS 规则一般不会单独针对某一个 HTML 元素应用，而是同时对多个 HTML 元素应用样式，样式可能彼此有重叠或继承。在向网页与网站应用 CSS 样式时，上面提到的每个理论都会影响到样式的应用方式。加载样式表时，浏览器会按照如下顺序（第 4 项效力最强）确定样式的应用方式，尤其是在规则发生冲突时。

❶ 层叠。

❷ 继承。

❸ 后代结构。

❹ 优先级。

当您在页面上发现一个样式表冲突时，如果这个页面有几十条或上百条规则，而且有多个样式表，只了解上面的层次结构并无多大用处。为此，Dreamweaver 提供了两个强大的工具来帮助我们。接下来，我们先介绍第一个工具——代码浏览器。

3.5.5　代码浏览器

Dreamweaver 中有一个代码浏览器工具，通过它，您可以检查 HTML 元素和 CSS 样式。激活代码浏览器后，它会显示用于格式化所选元素的所有内嵌和外联的 CSS 规则，并按照层叠和优先级顺序列出它们。代码浏览器可以在各个视图中正常工作。

❶ 从 lesson03 文件夹中，打开 css-basics-finished.html 文档。

3.4 节中，我们使用的是【拆分】视图。打开一个新文件时，默认应该也是在【拆分】视图下，其中一个是【代码】视图，另一个是【设计】视图。

❷ 在文档工具栏中，选择【实时视图】，如图 3-9 所示。

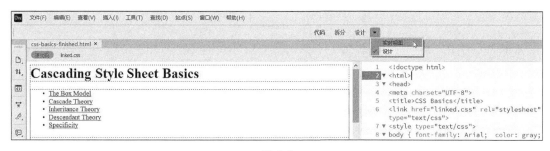

图 3-9

每个人使用的显示器大小可能不一样，您可能需要水平拆分屏幕，才能同时看到整个页面宽度。

❸ 从菜单栏中，依次选择【查看】>【拆分】>【水平拆分】，如图 3-10 所示。

此时，【实时视图】在上，【代码】视图在下。

❹ 在【拆分】视图下，观察 CSS 代码和 HTML 内容的结构。然后，在【实时视图】中，注意观看文本的外观。

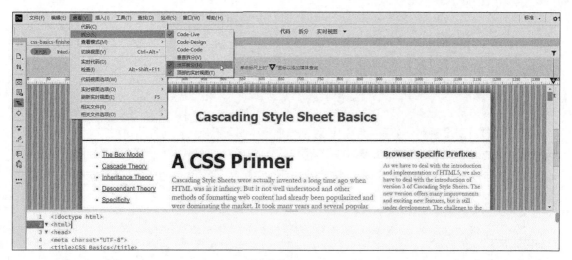

图 3-10

页面中包含标题、段落、列表，它们位于 article、section、aside 等 HTML 结构化元素中，CSS 样式规则位于 <head> 中。

❺ 在【实时视图】中，把光标插入标题"A CSS Primer"。按 Ctrl+Alt+N 或 Cmd+Opt+N 组合键，如图 3-11 所示。

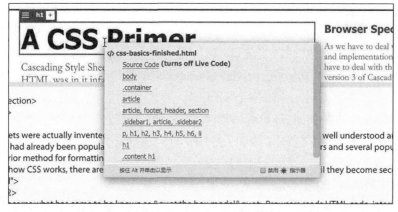

图 3-11

此时，打开一个小对话框，这个小对话框就是【代码浏览器】，其中显示着应用在当前标题上的 8 条 CSS 规则。

除了使用快捷键打开【代码浏览器】之外，还可以右击某个元素，然后从弹出菜单中，选择【代码浏览器】。【代码浏览器】在所有视图下都能正常工作。

把鼠标指针依次放到每条规则上，Dreamweaver 会显示该条规则内定义的属性和值。优先级最高的规则位于列表底部，如图 3-12 所示。

不过，【代码浏览器】中不显示内联样式，因此您必须单独检查这类样式，在脑中想象它们的效果。【代码浏览器】是根据规则的层叠顺序和优先级列出规则的。

当规则相互冲突时，列表中下方的规则生效。请记住，元素可能从一条或多条规则继承样式，也可能受默认样式影响，所有这些都可能在最终呈现中发挥作用。不过，【代码浏览器】并不显示哪些默认样式仍然有效，您必须自己搞清楚。

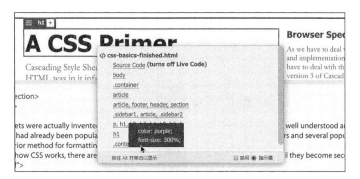

图 3-12

本例中，.content h1 规则出现在【代码浏览器】底部，表示其在格式化 h1 标题元素时具有最高优先级。但是，有许多因素会影响到哪些规则起作用。有时，两条规则的优先级一样，此时，样式表中规则的声明顺序（层叠顺序）决定着哪条规则起作用。

如前所述，更改规则顺序往往会影响到规则的工作方式。有一个简单办法，您可以用它判断一条规则是否凭借层叠顺序或优先级顺序胜出。

⑥ 在【代码】视图中，找到 .content h1 规则（大致在第 13 行），单击行号，选择该行中的所有代码。

⑦ 按 Ctrl+X 或 Cmd+X 组合键，剪切代码。

⑧ 把光标放到样式表开头（第 8 行）。按 Ctrl+V 或 Cmd+V 组合键，把代码粘贴到样式表顶部，如图 3-13 所示。

⑨ 在【实时视图】中单击，刷新。此时，标题样式与以前一样。

图 3-13

⑩ 单击标题文本"A CSS Primer"，将其选中，打开【代码浏览器】，如图 3-14 所示。

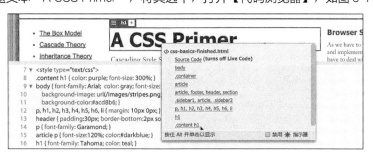

图 3-14

虽然我们把样式代码移动到了样式表顶部（效力最弱），但是其在【代码浏览器】中的位置未变，仍然位于底部。在这里，层叠顺序对规则的效力没什么影响。.content h1 选择器的优先级高于 body 或 h1 选择器，因此，不论位于代码的什么地方，它都会起作用。简单修改一下选择器，您就可以改变它的优先级。

> ♀提示　默认设置下，【代码浏览器】有可能被禁用。当【代码浏览器】可见时，取消勾选【禁用】选项，使其自动显示出来。

⑪ 从 .content h1 选择器中，选择 .content 类，将其删除。

⑫ 在【实时视图】中单击，刷新，如图 3-15 所示。

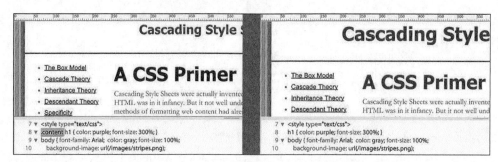

图 3-15

您注意到样式发生了什么变化吗？ "A CSS Primer" 标题恢复成了蓝绿色，其他 h1 标题尺寸放大到了 300%。您知道为何会有这种变化吗？

⑬ 单击 "A CSS Primer" 标题，将其选中，打开【代码浏览器】。从 .content h1 选择器移除类名之后，其与其他 h1 规则地位平等了，但由于它是第一个声明的，所以失去了优先应用权。

⑭ 使用【代码浏览器】，检查与比较应用到 "A CSS Primer" 与 "Creating CSS Menus" 标题上的规则。【代码浏览器】显示应用到两个标题上的规则是一样的，如图 3-16 所示。

图 3-16

前面我们从选择器上删除了 .content 类，此时，规则就不只应用到 article class="content" 元素中的 h1 标题，而是对页面中的所有 h1 元素都起作用。

⑮ 从菜单栏中，依次选择【编辑】>【撤销编辑源】，重新把 .content 类添加到 h1 选择器上。刷新【实时视图】。此时，所有标题恢复到原来的样式下。

⑯ 把光标插入 "Creating CSS Menus" 标题，打开【代码浏览器】。此时，标题样式不再由 .content h1 规则设置。

有点儿明白了吧？！现在不明白也没关系。目前您只需记住，【代码浏览器】中最后出现的规则对特定元素的效力最大。

3.5.6　CSS 设计器

【代码浏览器】比较早地出现在 Dreamweaver 中，它对于排除 CSS 样式错误非常有用。相较于【代码浏览器】，【CSS 设计器】还是个"新兵"，它不仅仅是一个好用的排查工具。【CSS 设计器】不仅用来显示应用到所选元素上的所有 CSS 规则，同时还允许我们创建和编辑 CSS 规则。

借助【代码浏览器】，您只能了解每条规则的相对重要性，您必须自己评估所有规则的效果，才能确定最终效果。有些元素受十几条以上规则的影响，即便是经验丰富的 Web 编码人员，评估起来也不是件容易的事。此时，正是【CSS 设计器】大显身手的时候，它会帮您"计算"CSS 最终显示效果，省去了您自己动手的麻烦。而且，【CSS 设计器】还能计算内联样式效果，这是【代码浏览器】做不到的。

❶ 在【拆分】视图下，打开 css-basics-finished.html 文档。

❷ 从菜单栏中，依次选择【窗口】>【CSS 设计器】，打开【CSS 设计器】，如图 3-17 所示。

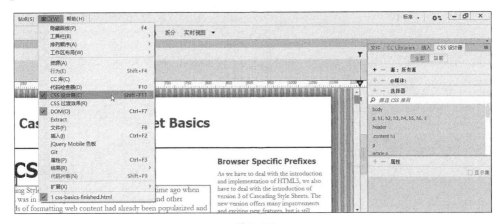

图 3-17

【CSS 设计器】面板中有 4 个窗格：源、@ 媒体、选择器、属性，而且您可以随意调整各个窗格的宽度和高度。【CSS 设计器】面板也是响应式的，当您增加面板宽度时，它会自动变成两列，以便充分利用空闲的屏幕空间。

❸ 向左拖动【CSS 设计器】面板的左边缘，增加其宽度，它会自动变成两列，如图 3-18 所示。

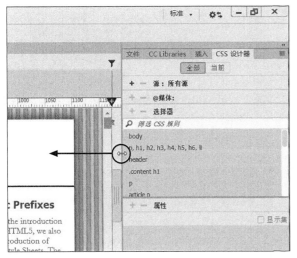

图 3-18

【CSS 设计器】面板变成两列后，左列中显示的是【源】【@ 媒体】【选择器】窗格，右列中显示的是【属性】窗格。每个窗格中分别显示网页样式的某个方面：样式表、媒体查询、规则、属性。

在某个窗格中选择某些项，即可在【CSS 设计器】中检查和编辑现有样式。当您试图找出一条相关规则，或排查一个样式错误时，这个功能非常有用，但是有些页面有成千上万条样式规则。在这样的页面上准确地找到某条规则或某个属性并不容易，针对这种情况，【CSS 设计器】做了专门的设计。

❹ 在【实时视图】下，选择标题 "A CSS Primer"，如图 3-19 所示。

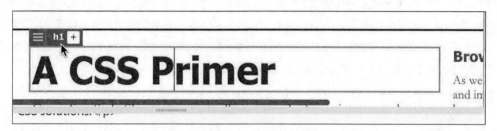

图 3-19

此时，在所选标题周围出现【元素显示框】。选择动作会告诉 Dreamweaver，您打算处理这个元素。

> 💡 **提示** 有时，当您尝试选择文档中的某个元素时，Dreamweaver 高亮显示出来的元素可能不对。遇到这种情况时，先单击页面中另外一个地方的元素，然后再次尝试。

❺ 在【CSS 设计器】中，取消勾选【显示集】复选框，如图 3-20 所示。

 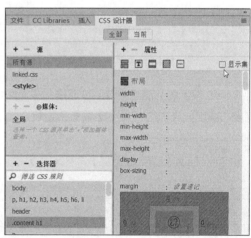

图 3-20

安装好 Dreamweaver 后，默认设置下，【显示集】复选框处于禁用状态。如果您刚学 CSS，建议您保持默认设置，当您熟悉了 CSS 之后，再打开它。取消勾选【显示集】复选框后，【CSS 设计器】中显示的是 CSS 中的主要属性，比如宽度、高度、边距、填充、边框、背景等。

> 💡 **注意** 【CSS 设计器】中并未显示出所有属性，它只显示最常见的属性。如果您要找的属性未显示在窗格中，您可以手动输入它。

Dreamweaver 把整个界面纳入创建和格式化网页的工作之中。您要了解它的工作方式，首先要选择您希望检查或格式化的那个元素。

在【选择器】窗格中，浏览规则列表，您可以找到用来格式化标题的规则，但是这要花不少时间，我们有一种更好的方法。

【CSS 设计器】有两种基本模式：【全部】与【当前】。在【全部】模式下，您可以在面板中查看与编辑所有现有 CSS 规则，还可以创建新规则。在【当前】模式下，您可以在面板中找出并编辑那些已经应用到所选元素上的规则和样式。

> 💡 **注意** 在【全部】模式下，【CSS 设计器】按照规则在样式表中出现的顺序显示它们。而在【当前】模式下，规则是依据优先级顺序显示的。

❻ 在【CSS 设计器】面板中，单击【当前】按钮，如图 3-21 所示。

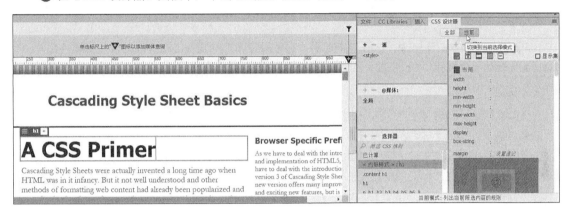

图 3-21

在【当前】模式下，面板中只显示那些影响所选标题的 CSS 规则。在【CSS 设计器】中，效力最强的规则出现在【选择器】窗格顶部，这与【代码浏览器】恰好相反。

❼ 在【选择器】窗格中，单击 .content h1 规则，如图 3-22 所示。

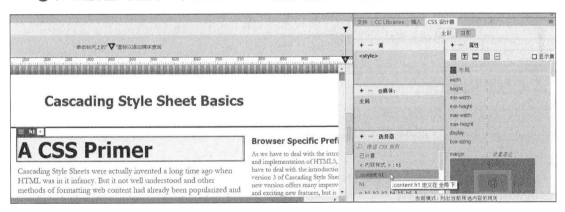

图 3-22

在【显示集】复选框处于未勾选的状态下，【属性】窗格中显示了一个很长的属性列表。当您第一次格式化元素时，这非常有用。但是，当您检查或排查现有样式时，这么长的属性列表会造成混乱，而且查找起来效率低。而且，我们很难区分属性有没有被应用到指定的元素上。好在【CSS 设计器】提供了【显示集】功能，开启该功能，仅显示那些应用到所选元素之上的属性。

❽ 在【CSS 设计器】面板中，勾选【显示集】复选框，启用它，如图 3-23 所示。

启用【显示集】后，【属性】窗格中只显示 CSS 规则中设置过的属性。本例中，只显示字体颜色和大小。

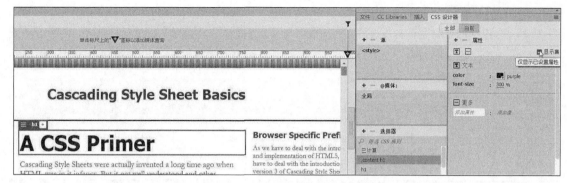

图 3-23

❾ 在【选择器】窗格中，选择各条规则，查看每条规则的属性。有些规则设置的属性相同，有些规则设置的属性不同。为了消除冲突，查看所有规则组合后的结果，Dreamweaver 为我们提供了【已计算】功能。

【已计算】功能会分析所有影响所选元素的 CSS 规则，并生成一个由浏览器或 HTML 阅读器显示的属性列表。相较于【代码浏览器】，【CSS 设计器】功能更强大，它不仅列出相关 CSS 规则，还会计算 CSS 的呈现效果，而且其强大之处还不止如此。

在【代码浏览器】中，您可以选择一条规则，然后在【代码】视图下编辑它。而【CSS 设计器】允许您直接在面板中编辑 CSS 属性。而且，【CSS 设计器】还可以计算和编辑内联样式。

❿ 在【选择器】窗格中，选择【已计算】，如图 3-24 所示。

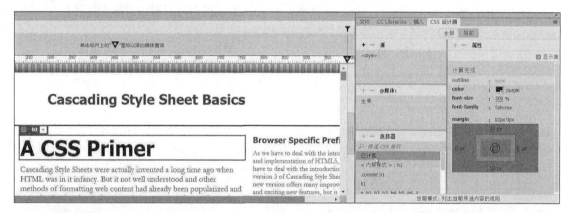

图 3-24

此时，【属性】窗格中仅显示应用到所选元素上的样式。有了这些功能，您就不用花大量时间去检查、比较规则和属性了。不仅如此，【CSS 设计器】还允许您编辑属性。

⓫ 在【属性】窗格中，单击【color】（颜色）属性右侧的【purple】，输入 red，按 Enter 或 Return 键，使修改生效，如图 3-25 所示。

此时，标题文字变成红色。而且用来控制标题颜色的 CSS 规则也发生了变化，颜色值由原来的 purple 变成了 red。

⓬ 在【代码】视图中，滚动到嵌入式样式表，查看 .content h1 规则，如图 3-26 所示。

在样式表中，您可以看到，控制标题颜色的 CSS 规则已经发生了变化。

⓭ 关闭所有文件，不保存修改。

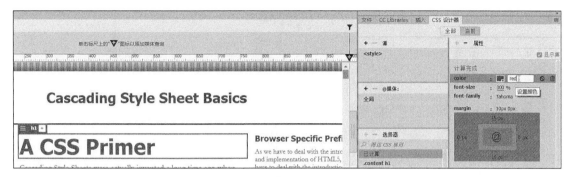

图 3-25

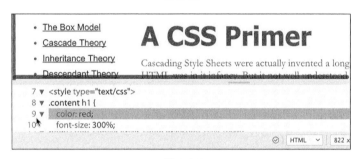

图 3-26

💡 提示　修改颜色值时，除了直接输入颜色名称之外，还可以使用拾色器来选择颜色。

在接下来的内容中，我们会进一步学习【CSS 设计器】，学习更多有关 CSS 的知识。

3.6　多重选择器、类、id

综合运用前面学过的层叠、继承、后代、优先级理论，我们几乎可以对网页上的任意一个元素进行格式化。此外，CSS 还提供了另外几个方法，用于优化和自定义样式，进一步提高工作效率。

3.6.1　向多个元素应用样式

为提高效率，CSS 允许我们同时对多个元素应用样式，只需用逗号把多个选择器罗列在一起就好。比如，有下面一些 CSS 规则。

```
h1 { font-family:Verdana; color:gray; }
h2 { font-family:Verdana; color:gray; }
h3 { font-family:Verdana; color:gray; }
```

针对 3 个标题，应用的样式完全一样，此时，我们可以把样式代码简写为如下形式。

```
h1,h2,h3 { font-family:Verdana; color:gray; }
```

3.6.2　使用 CSS 简写

在 Dreamweaver 中，尽管大部分 CSS 规则和属性都由软件生成，但是有时，我们希望（或需要）自己动手写。在 CSS 中，许多属性都有简写形式。使用简写不仅使 Web 设计工作变得容易，而且能减少下载和处理的代码总数。例如，当上下左右边距（或填充）一样时，代码如下。

```
margin-top:10px;
margin-right:10px;
margin-bottom:10px;
margin-left:10px;
```
我们可以把上面 CSS 代码简写为 margin:10px;。

当上下边距（或填充）与左右边距（或填充）相同时，代码如下。
```
margin-top:0px;
margin-right:10px;
margin-bottom:0px;
margin-left:10px;
```
上面代码可简写为 margin:0px 10px;。

当 4 个属性值各不相同时，代码如下。
```
margin-top:20px;
margin-right:15px;
margin-bottom:10px;
margin-left:5px;
```
我们可以把上面 CSS 代码简写为 margin:20px 15px 10px 5px;。

> **♀ 注意** 在简写形式中，边距与填充的各个值是沿顺时针方向指定的，从盒子模型顶部开始。

从上面 3 个例子中，您可以切身体会到使用简写是多么省力。有关引用和简写的方法有很多，这里无法一一介绍。本书代码中，我们会尽量使用常见的简写形式，看看您是否认得出来。

3.6.3 创建类属性

前面，我们学习了如何创建 CSS 规则，用来控制特定 HTML 元素样式、特定 HTML 元素结构或关系。某些情况下，我们还希望向受一个或多个 CSS 规则控制的元素应用某个独特样式。为了实现这一点，CSS 允许我们自行定义名为 class（类）与 id 的属性。

类属性可以应用到页面中任意多个元素上，而单个 id 属性在每个页面上只能出现一次。如果您是一个平面设计师，可以把类看成 Adobe InDesign 中的段落、字符、表格、对象样式的组合物。

class 和 id 名称可以是一个单词、一个缩写词、字母和数字的任意组合等，但是名称中不能有空格。在 HTML 4 中，id 名称不能以数字开头，但在 HTML5 中似乎没有这种限制。为了保持向后兼容，在设置 class 和 id 名称时，请不要以数字开头。

关于如何创建 class 和 id，目前尚未形成一套严格的规则和参考，但一般来说，类名称应该更普遍，id 名称应该更具体。大家各有一套方法，而且这些方法也没有绝对的对错之分。不过，大家一致认为，class 和 id 名称应该是描述性的，比如"co-address"或"author-bio"，而不是"left-column"或"big-text"。这有助于分析您的网站，有助于搜索引擎了解您的网站结构和组织形式，使您的网站在搜索结果中更靠前。

在 CSS 中声明一个 CSS 类选择器时，需要在类名称之前加一个句点，如下所示。
```
.content
.sidebar1
```
然后，把 CSS 类作为一个属性应用到某个 HTML 元素上，如下所示。
```
<p class="intro">Type intro text here.</p>
```

也可以借助 <span> 标签把类应用到部分文本上，如下所示。

```
<p>Here is <span class="copyright">some text formatted differently</span>.</p>
```

3.6.4 创建 id 属性

HTML 规定 id 属性是唯一的。也就是说，在一个页面中，一个 id 应该只指派给一个元素。过去，很多网页设计师使用 id 属性格式化或识别页面中特定的成分，比如标题、脚注、文章等。在 HTML 5 中，新添加了 header、footer、aside、article 等元素，我们就不太需要使用 id 与 class 来标记它们了。但是，在网页与站点中制作强大的超文本导航时，还是需要使用 id 来标记特定文本、图像、表格的。相关内容，我们将在第 10 课中进一步学习。

在 CSS 中声明一个 id 属性时，需要在 id 名称前添加一个井号（#），如下所示。

```
#cascade
#box_model
```

您可以把一个 id 属性应用到一个 HTML 元素上，如下所示。

```
<div id="cascade">Content goes here.</div>
<section id="box_model">Content goes here.</section>
```

也可以将其应用到元素的一部分上，如下所示。

```
<p>Here is <span id="copyright">some text</span> formatted differently.</p>
```

3.6.5 CSS 特性与效果

CSS3 新增了 20 多个新特性，其中许多特性已经被所有浏览器支持，您可以放心使用它们，但还有一些特性目前处在试验过程中，尚未得到广泛支持。CSS3 的主要新增特性如下。

- 圆角和边框效果。
- 盒子和文本阴影。
- 透明与半透明。
- 渐变填充。
- 多栏文本元素。

现在，在 Dreamweaver 中，您可以实现所有这些功能。必要时，Dreamweaver 还能协助您创建针对特定浏览器的标记。为了让大家领略一下这些酷炫的功能和效果，我们专门准备了一个单独的文件。

❶ 打开 lesson03 文件夹中的 css3-demo.html 文档。

在【拆分】视图下，显示 css3-demo.html 文档，观看其中的 CSS 代码和 HTML 代码。有些新效果无法直接在【设计】视图下预览，需要在【实时视图】或真实的浏览器中才能看到。

❷ 进入【实时视图】，在【实时视图】中预览所有 CSS 效果，如图 3-27 所示。

css3-demo.html 文档中包含了 CSS3 的一些新特性和效果，这些效果可能会让您惊喜不已，但要注意：虽然 Dreamweaver 和现代浏览器都支持这些新特性，但是仍然有很多旧浏览器不支持它们，您的漂亮网站在这些浏览器中会变得一团糟。

即使现在，有些 CSS3 新特性尚未完全标准化，某些浏览器可能无法识别 Dreamweaver 生成的默认标记。这些情况下，我们必须添加特定浏览器前缀（比如 moz、ms、webkit），确保 CSS 代码工作正常。

查看 css3-demo.html 页面代码中的新功能，您能想到在自己的页面中使用其中一些功能的方法吗？

图 3-27

3.6.6　CSS3 概述与支持

　　互联网不可能长期停滞不前。各种相关技术和标准也一直处在发展变化之中。事实上，W3C 的成员们一直致力于使 Web 适应最新需要，比如移动设备、大尺寸平板显示器、高清图像和视频，而且所有这些设备正变得越来越好，越来越经济。这推动着 HTML5 和 CSS3 不断向前发展。

　　许多新标准尚未有官方定义，各个浏览器实现它们的方式也各不一样。但不用担心，Dreamweaver 2021 已经针对最新变化做了更新，包括对 HTML5 元素和 CSS3 属性的融合支持。随着新功能的开发、推出，Adobe 会通过 Creative Cloud 把最新功能尽快推送给用户。

　　相信学完本书后面课程后，您一定会知道如何把这些新技术运用到自己的网页制作中。

3.7　复习题

1 是否应该使用基于 HTML 的样式?

2 CSS 对每个 HTML 元素做什么?

3 如果什么都不做,HTML 元素将不带任何样式或结构? 这么说,对吗?

4 影响应用 CSS 样式的 4 个理论是什么?

5 所有 CSS3 都是实验性质的,千万别用。这么说,对吗?

3.8　答案

1 不应该。基于 HTML 的样式在 1997 年发布 HTML 4 时被废弃。业界最佳做法是,使用基于 CSS 的样式。

2 CSS 会为每个元素添加一个虚拟的盒子。您可以通过边框、背景颜色、图像、填充等为这个盒子及其内容添加样式。

3 不对。即使什么都不做,许多 HTML 元素都有默认的样式。

4 影响 CSS 样式应用的 4 个理论是层叠、继承、后代、优先级。

5 不对。大多数 CSS3 特性已经被现代浏览器支持,您完全可以在网页制作中使用它们。

编写代码

课程概览

本课主要讲解以下内容。

- 使用代码提示和 Emmet 工具编写代码
- 设置 CSS 预处理器、创建 SCSS 样式
- 使用多个光标选择和编辑代码
- 折叠与展开代码项
- 在【实时代码】模式下测试和排查动态代码
- 使用【相关文件】栏访问和编辑附加文件

学习本课大约需要 **90** 分钟

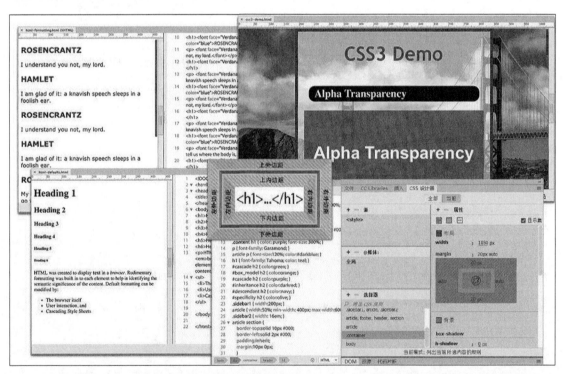

　　Dreamweaver 成名的原因是，它是一款非常优秀的可视化 HTML 编辑器，但它对手动编写代码的支持丝毫不逊于其图形化的 HTML 代码生成能力。换言之，在制作网页时，Dreamweaver 能够同时兼顾专业代码编写人员和开发者的需求，实现良好的平衡。

4.1 编写 HTML 代码

作为业界领先的一款 WYSIWYG（所见即所得）HTML 编辑器，使用 Dreamweaver 制作网页时，虽然背后工作都是由代码完成的，但是您完全可以不用直接跟代码打交道。不过，对许多网页设计师来说，在 Dreamweaver 中手动编写代码有时是非常必要的。

尽管在【代码】视图下制作页面和在【设计】视图或【实时视图】下一样容易，但是有些开发者认为 Dreamweaver 中的代码编辑工具比不上其可视化的设计工具。就旧版本的 Dreamweaver 来说，这种看法还是有一定根据的，但是 Dreamweaver 2021 对面向代码编写人员和开发者的工具和工作流程做了大幅升级与改善。事实上，Dreamweaver 现在已经史无前例地把整个 Web 开发团队统一在了一起，团队中的每一个成员几乎都可以使用 Dreamweaver 这一个工具出色地完成自己的工作。

使用 Dreamweaver 的过程中，您会发现，做某些任务时，使用【代码】视图会比单独使用【实时视图】或【设计】视图更方便。接下来的内容中，我们将学习如何在 Dreamweaver 中轻松地编写代码。

4.1.1 手动编写代码

学习本课及后面课程的过程中，我们会有很多动手查看和编辑代码的机会。如果您是跳学至本课的，那下面的练习会让您对所讲内容有个大致的了解。体验 Dreamweaver 代码编写和编辑工具的第一步是新建一个文件。

❶ 基于 lesson04 文件夹新建一个站点。

❷ 从工作区菜单中，选择【开发人员】，如图 4-1 所示。

图 4-1

每个工作区中所有代码编辑工具都是一样的，但是【开发人员】工作区聚焦于【代码】视图，更适合用来讲解本节内容。

❸ 从菜单栏中，依次选择【文件】>【新建】，打开【新建文档】对话框，如图 4-2 所示。

❹ 依次选择【新建文档】>【HTML】>【无】，单击【创建】按钮，此时，Dreamweaver 自动创建一个基本的网页结构，而且光标出现在代码开头，如图 4-3 所示。

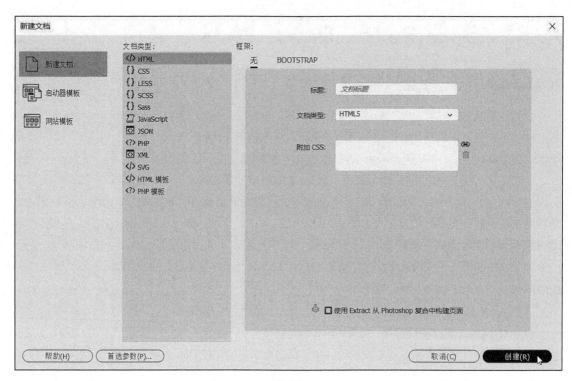

图 4-2

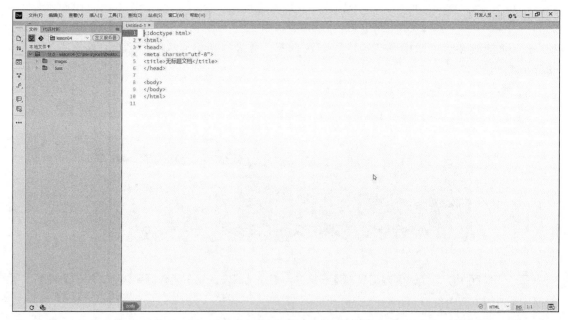

图 4-3

如您所见,在 HTML 代码中,Dreamweaver 提供了不同颜色的标签和标记,方便我们阅读 HTML 代码。而且,它还为 10 种 Web 开发语言(包括 HTML、CSS、JavaScript、PHP 等)提供代码提示功能。

❺ 从菜单栏中,依次选择【文件】>【保存】。

❻ 在【另存为】对话框中,输入文件名 myfirstpage.html,将其保存在 lesson04 文件夹中。

7 把光标移动到 <body> 标签之后。按 Enter 或 Return 键换行，输入 <，如图 4-4 所示。

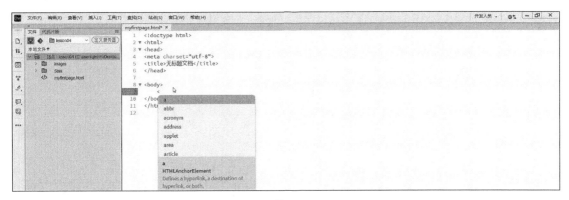

图 4-4

此时，出现代码提示菜单，列出一系列兼容 HTML 的代码，您可以从中做选择。

> **注意** 其实，在 HTML 代码中，换行、缩进、空格都是不必要的，添加这些符号只是为了让 HTML 代码便于阅读和编辑。

8 输入 d。此时，代码提示菜单中只显示以字母 d 开头的元素。您可以继续输入完整的标签名称，也可以从列表中选择所需要的标签。直接从标签列表中选择，可以防止出现输入错误。

9 按向下方向键。此时，在代码提示菜单中，dd 标签被高亮显示出来。

10 继续按向下方向键，直到找到 div 标签，然后按 Enter 键或 Return 键，如图 4-5 所示。

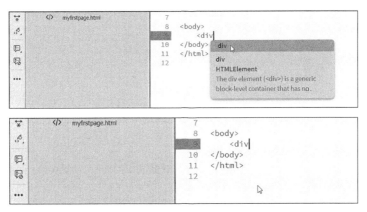

图 4-5

此时，Dreamweaver 把 div 标签插入代码。光标停留在标签名称末尾，等待您继续输入，比如输完标签名称，或者输入各种 HTML 属性。接下来，我们为 div 元素添加一个 id 属性。

> **注意** 在某个设置下，标签会自动关闭，您必须移动光标才能完成下一步。在【首选项】的【代码提示】中，您可以关闭或更改这个行为。

11 按空格键，插入一个空格。此时，代码提示菜单再次被打开，显示一系列 HTML 属性。

12 输入 id，按 Enter 或 Return 键，如图 4-6 所示。

此时，Dreamweaver 为 div 元素添加一个 id 属性，同时在属性后面出现一个赋值号和一对引号。而且，光标出现在引号中，等待用户输入。

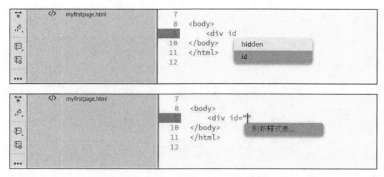

图 4-6

> **注意** 在 HTML5 中，标签属性不再需要加引号。不过，旧浏览器和程序需要有引号才能正确显示代码。使用引号没有什么坏处，同时为了保持兼容，在您的代码中还是使用引号为好。

⑬ 输入 wrapper，按一次向右方向键。此时，光标移动到引号外。

> **注意** 如果您的标签自动关闭，请直接跳到第 14 步。

⑭ 输入 ></，如图 4-7 所示。

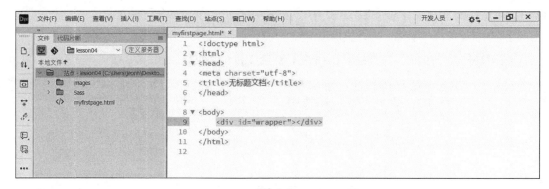

图 4-7

当您输入斜杠（/）时，Dreamweaver 会自动关闭 div 元素。如您所见，在 Dreamweaver 中手动输入代码时，它会提供许多提示，而且还能自动补全代码。

⑮ 从菜单栏中，依次选择【文件】>【保存】。

4.1.2 自动编写代码

Emmet 是嵌入 Dreamweaver 的一个网页开发者工具包，用来帮助大家提升代码编写效率。输入部分字符与操作符，然后按几次按键，Emmet 就会为您添加好整个代码块。跟做下面练习，感受一下 Emmet 的强大之处。

❶ 打开 myfirstpage.html 文档。

❷ 在【代码】视图下，把光标移动到 div 元素内部，按 Enter 键或 Return 键换行。默认设置下，Emmet 是开启的，当在【代码】视图中输入代码时，它就发挥作用。在网站原型中，导航菜单位于页面顶部。HTML5 使用 nav 元素为网站创建导航。

❸ 输入 nav，按 Tab 键，如图 4-8 所示。

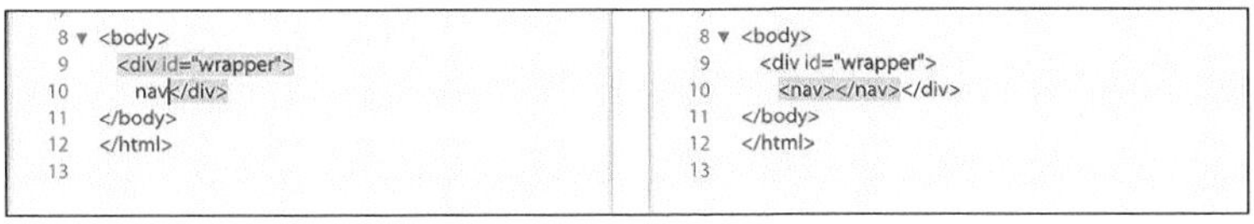

图 4-8

此时，Dreamweaver 一次性地把 nav 元素的开始标签和结束标签全部创建好，而且光标出现在 nav 元素内部，等待您添加另外一个元素或内容。

HTML 导航菜单一般都是基于无序列表的，由带有一个或多个 li 子元素的 ul 元素组成。Emmet 允许您同时创建多个元素，通过使用一个或多个操作符，您可以指定后续元素是跟在第一个元素（+）之后，还是嵌套在其他元素（>）中。

❹ 输入 ul>li，按 Tab 键，如图 4-9 所示。

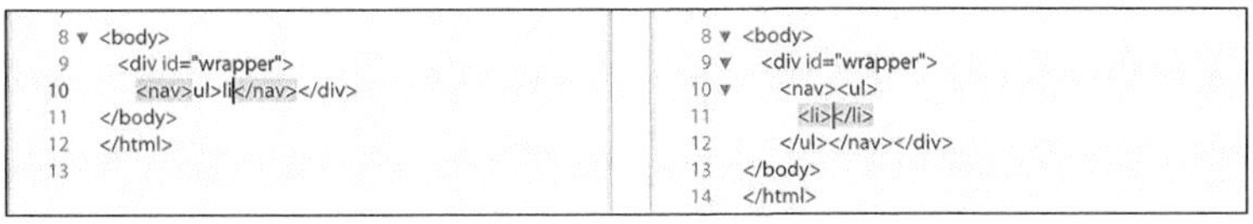

图 4-9

此时，出现 ul 元素，其中包含一个列表项。如您所见，大于符号（>）用来创建父子结构。通过使用另外一个操作符，您可以同时添加多个列表项。

❺ 从菜单栏中，依次选择【编辑】>【撤销编辑源】。

代码恢复成 ul>li 简写形式。接下来，我们修改一下这个简写形式，创建一个包含 5 个菜单项的菜单。

❻ 把 ul>li 修改为 ul>li*5，按 Tab 键，如图 4-10 所示。

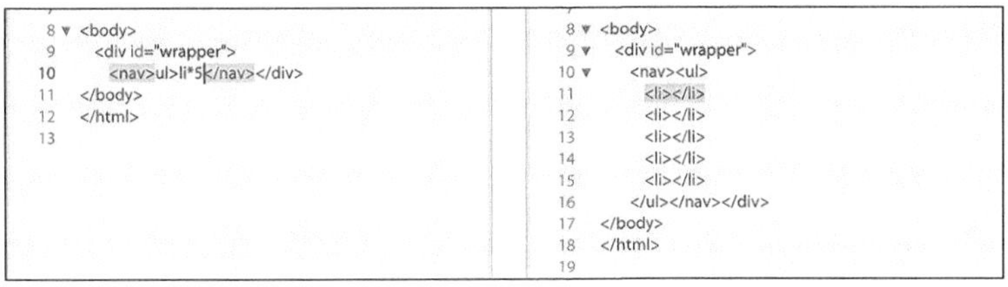

图 4-10

此时，出现一个新的无序列表，其中包含 5 个 li 元素。星号（*）是一个数学符号（乘号），这里表示把 li 元素重复 5 次。制作导航菜单时，除了添加菜单项之外，还需要给每个菜单项添加一个超链接。

❼ 按 Ctrl+Z 或 Cmd+Z 组合键，或者，从菜单栏中，依次选择【编辑】>【撤销编辑源】。此时，代码恢复为 ul>li*5。

❽ 把 ul>li*5 修改为 ul>li*5>a，暂且不要按 Tab 键。此时，若按 Tab 键，Dreamweaver 会在各个菜单项中添加一个超链接。Emmet 还可以用来创建占位符内容。接下来，我们在每个超链接中插入一些文本。

❾ 继续修改代码：ul>li*5>a{Link}。

花括号中的文本就是超链接中包含的内容。此时，按 Tab 键，每个超链接中显示的内容都是一样的，全是"Link"。我们希望给各个超链接一个编号，并通过超链接显示的内容体现出来，比如 Link 1、Link 2、Link 3 等。为此，我们要在超链接内容（Link）之后添加一个美元符号。

❿ 继续修改代码：ul>li*5>a{Link $}。然后，按 Tab 键，如图 4-11 所示。

```
 8 ▼ <body>                              8 ▼ <body>
 9      <div id="wrapper">               9 ▼     <div id="wrapper">
10          <nav>ul>li*5>a[Link $]</nav></div> 10 ▼       <nav><ul>
11      </body>                          11               <li><a href="">Link 1</a></li>
12  </html>                              12               <li><a href="">Link 2</a></li>
13                                       13               <li><a href="">Link 3</a></li>
                                         14               <li><a href="">Link 4</a></li>
                                         15               <li><a href="">Link 5</a></li>
                                         16           </ul></nav></div>
                                         17       </body>
                                         18   </html>
                                         19
```

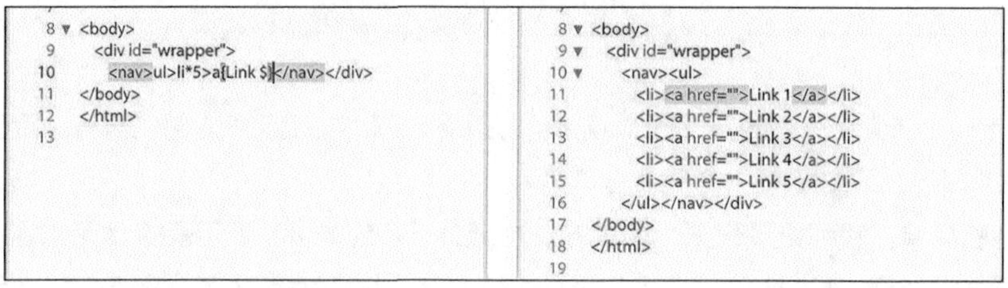

图 4-11

此时，整个导航菜单的结构就搭好了，其包含 5 个菜单项，每个菜单项各包含一个超链接，每个超链接各有一个带编号的占位文本。到这里，整个导航菜单差不多就制作好了，但是还没有设置 href 属性，4.2 节中我们会设置它们。

⑪ 将光标移动到 </nav> 标签之后。按 Enter 键或 Return 键，换行。接下来，我们使用 Emmet 向页面中添加 header 元素。

⑫ 输入 header，然后按 Tab 键。与前面添加 nav 元素时一样，header 的开始标签和结束标签同时出现，而且光标出现在 header 元素内部，等待您插入内容。这里，我们要为文档创建一个页眉，第 6 课中我们会使用它。页眉中包含两个元素，一个是 h2（公司名称），另一个是 p（座右铭）。Emmet 提供了一种方法，不仅可以用来添加标签，还可以用来添加内容。

⑬ 输入 h2{Favorite City Tour}+p{Travel with a purpose}，然后按 Tab 键，如图 4-12 所示。

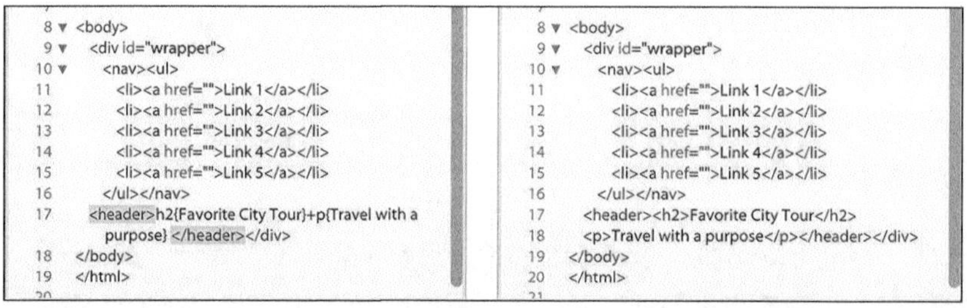

```
 8 ▼ <body>                              8 ▼ <body>
 9 ▼     <div id="wrapper">               9 ▼     <div id="wrapper">
10 ▼       <nav><ul>                     10 ▼       <nav><ul>
11               <li><a href="">Link 1</a></li>  11               <li><a href="">Link 1</a></li>
12               <li><a href="">Link 2</a></li>  12               <li><a href="">Link 2</a></li>
13               <li><a href="">Link 3</a></li>  13               <li><a href="">Link 3</a></li>
14               <li><a href="">Link 4</a></li>  14               <li><a href="">Link 4</a></li>
15               <li><a href="">Link 5</a></li>  15               <li><a href="">Link 5</a></li>
16           </ul></nav>                 16           </ul></nav>
17       <header>h2{Favorite City Tour}+p{Travel with a  17       <header><h2>Favorite City Tour</h2>
             purpose} </header></div>    18           <p>Travel with a purpose</p></header></div>
18   </body>                             19   </body>
19  </html>                              20   </html>
20                                       21
```

图 4-12

此时，页眉中出现了两个元素（h2、p），分别包含公司名称和座右铭。在向各个元素中添加文本时，用到了花括号和加号。加号（+）表示两个元素（h2、p）是同级的。

⑭ 把光标移动到 </header> 标签之后。

⑮ 按 Enter 键或 Return 键，换行。如您所见，Emmet 允许您快速创建复杂的多层父子结构，比如导航菜单、文档页眉，但是其功能不止如此。当使用占位文本把多个元素串在一起时，您甚至还可以添加 id、class 属性。插入 id 属性时，要在 id 名称前加一个井号（#）；添加类时，要在类名前添加一个句点（.）。

⑯ 输入 main#content>aside.sidebar1>p(lorem)^article>p(lorem100)^aside.sidebar2>p(lorem)，然后按 Tab 键，如图 4-13 所示。

注意 在【代码】视图下，上面整个短语可能占多行，请确保其中没有任何空格或换行符。

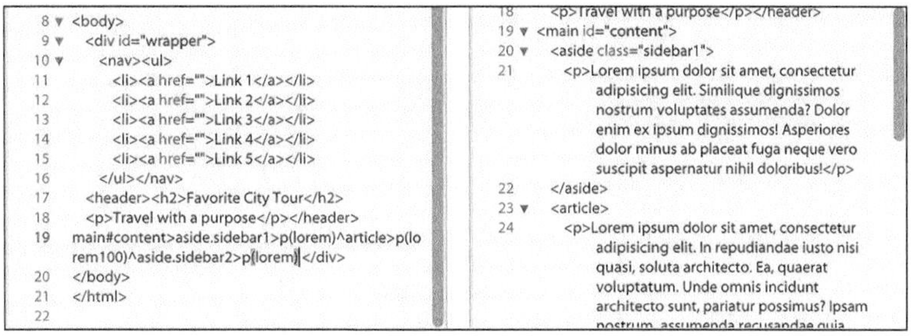

图 4-13

<main> 元素包含 3 个子元素（aside、article、aside），带有 id 与 class 属性。插入符号（^）表示 3 个子元素（article、aside.sidebar2、aside.sidebar1）是平级的。每个子元素中都有一段占位文本。

Emmet 中有一个 Lorem 生成器，用来自动生成占位文本。在某个元素名称后面的括号中添加 lorem（比如 p(lorem)）后，Emmet 就会生成包含 30 个“单词”的占位文本。如果您想调整占位文本的数量，只要在 lorem 后面加数字即可，比如 p(lorem100)，表示生成一段包含 100 个“单词”的占位文本。

最后，我们还要在页面底部插入一个 footer（页脚）元素，用来显示版权信息。

⑰ 把光标移动到 </main> 标签后，按 Enter 或 Return 键，换行。输入 footer{Copyright 2021 Favorite City Tour. All rights reserved.}，然后按 Tab 键，如图 4-14 所示。

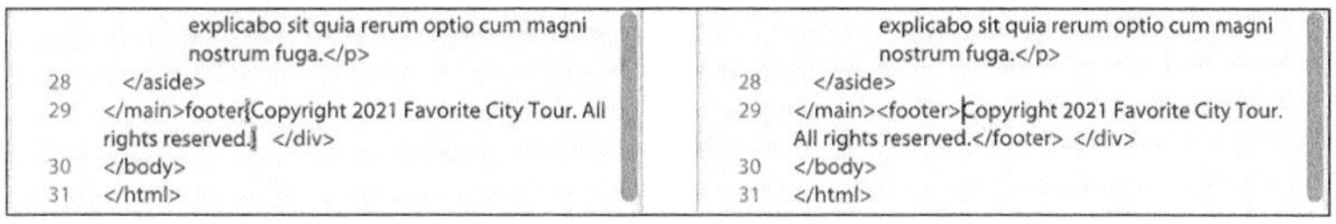

图 4-14

⑱ 保存文件。使用几个速记短语，我们就创建好了一个完整的网页结构和一些占位文本。通过上面这个练习，您应该能够感受到使用 Emmet 编写代码是多么的方便、高效。编写 HTML 代码时，您可以自由地使用 Emmet 这个工具轻松地添加某一个元素，或者某一个复杂的多层面组件。

上面这个练习仅展示了 Emmet 强大功能的一角。Emmet 的功能单靠几页纸可讲不完。但通过上面这个练习，我们已经对其强大的功能有了一个比较好的了解。

4.2 使用多光标支持

您是否有过同时编辑多行代码的想法？为了满足大家这个愿望，Dreamweaver 2021 为编写代码提供了多光标支持功能。在 Dreamweaver 2021 中，您可以同时选择与编辑多行代码，进一步提高代码编写效率。下面我们一起了解一下这个功能。

❶ 打开 myfirstpage.html 文档。这个文档是我们在前面创建的。

myfirstpage.html 文档是一个完整的网页，包含 header、nav、main、footer 几个元素。页面内容是一些占位文本。nav 元素中有 5 个占位文本，一个导航菜单对应一个。当前，超链接的 href 属性是空的。为确保菜单和链接的外观、行为正常，我们需要为每一个链接添加一个文件名、URL 或占位元素。这里，我们暂且使用井号（#）作为占位符，当有了确切的链接目标后，再将其替换掉。

自定义通用工具栏

本课某些代码编写练习中，需要用到的一些工具默认未显示在通用工具栏中。通用工具栏以前叫编码工具栏，只显示在【代码】视图下。现在的通用工具栏出现在所有视图下，但有些工具只有把光标插入【代码】视图中才会显示出来。

当您要用的工具未显示在通用工具栏中时，您需要自定义通用工具栏，把所需要的工具添加到通用工具栏中。自定义通用工具栏时，先单击工具栏底部的【自定义工具栏】图标（ ··· ），然后，在打开的【自定义工具栏】对话框中，勾选相应工具，即可将其显示在通用工具栏中。取消勾选某个工具，可以将其从工具栏中移除，如图 4-15 所示。

图 4-15

❷ 把光标移动到 Link1 href 属性的引号之间。通常的做法是，我们分别给每个 href 属性添加井号占位符。但是，有了多光标支持，操作起来就省事多了，但需要多做些练习，才能熟悉掌握。

> 💡**注意** HTML 代码中，5 个 href 属性在垂直方向上紧密排在一起，而且是对齐的。

❸ 按住 Alt 键（Windows）或 Option 键（macOS），同时按住鼠标左键，向下拖动，经过 5 个 href 属性。按住 Alt 或 Option 键，同时按住鼠标左键拖动，可以同时选择多行代码，或者把光标插入连续的多个行中。

> 💡**注意** 往下拖动时，一定要沿着直线。稍微向左或向右倾斜，可能会选中周围一些标记。停止拖动，释放鼠标左键后，5 个 href 属性中同时出现一个闪动的光标。

❹ 输入 #。此时，5 个 href 属性值中同时出现一个井号（#），如图 4-16 所示。

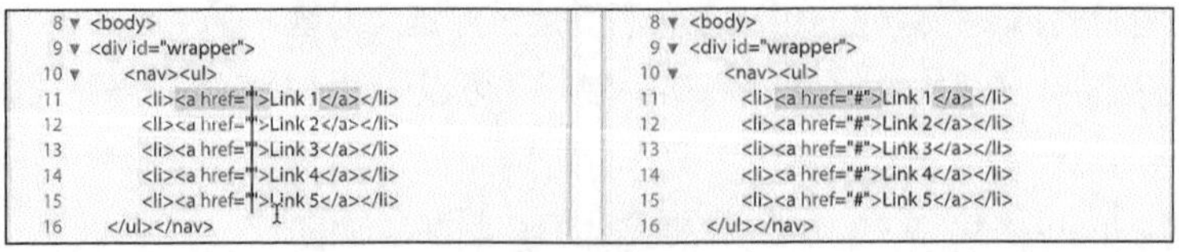

图 4-16

按住 Ctrl 键或 Cmd 键，可以同时选中非连续行中的代码，或者把光标同时插入多个非连续行中。

❺ 在 main 元素中，有 3 个 <p> 标签。按住 Ctrl 键或 Cmd 键，分别在各个 <p> 标签的 p 与 >

之间单击，在 3 个标签中同时插入光标。

❻ 按空格键，插入一个空格，然后输入 class="first"，如图 4-17 所示。

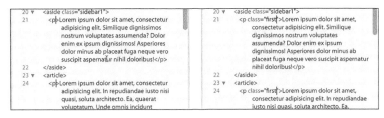

图 4-17

此时，在 3 个 <p> 标签中同时添加上了 class 属性。

❼ 保存文件。编写代码时，借助多光标支持功能，可以节省大量重复编写代码的时间。

4.3 添加代码注释

代码注释用来描述代码功能，或者给其他开发者提供重要信息。

> 💡 **注意** 代码注释是给人看的，浏览器会忽略代码中的注释。编写代码时，我们可以随时手动添加注释。除此之外，Dreamweaver 还有一个内置功能，用来帮助我们快速添加代码注释。

❶ 打开 myfirstpage.html 文档，切换到【代码】视图下。

❷ 把光标移动到 <aside class="sidebar1"> 之后。

❸ 在通用工具栏中，单击【应用注释】图标（ ），如图 4-18 所示。

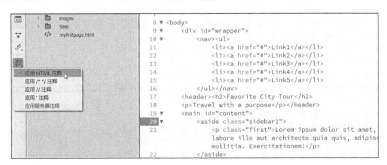

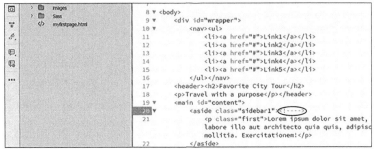

图 4-18

在弹出菜单中，有几个注释选项。Dreamweaver 支持为多种 Web 兼容语言（包括 HTML、CSS、JavaScript、PHP 等）添加注释。

❹ 从弹出菜单中，选择【应用 HTML 注释】。此时，在光标位置出现一个 HTML 注释块，同时光标移动到注释块中间。

❺ 输入 Insert customer testimonials into Sidebar 1，如图 4-19 所示。

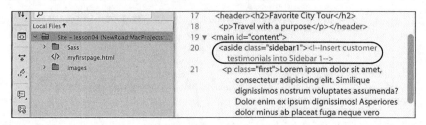

图 4-19

此时，注释内容出现在 <!-- 与 --> 标记之间，且是灰色的。使用【应用 HTML 注释】工具，我们还可以把现有文本变成注释。

❻ 把光标移动到 <aside class="sidebar2"> 之后。

❼ 输入 Sidebar 2 should be used for content related to the tour or product。

❽ 选择刚刚输入的文本。单击【应用 HTML 注释】图标（ ）。出现一个弹出菜单。

❾ 从弹出菜单中，选择【应用 HTML 注释】，如图 4-20 所示。

图 4-20

此时，Dreamweaver 会把所选文本放入 <!-- 与 --> 标记之间。选择某个注释，然后在通用工具栏中，单击【删除注释】图标（ ），可以移除注释标记。

❿ 保存文件。

到这里，我们就制作好了一个基本网页（其中包含占位文本）。接下来，我们该为网页添加样式了。Dreamweaver 2021 支持多个 CSS 预处理器，包括 LESS、Sass（软件中部分为"SASS"）、SCSS。在接下来的内容中，我们将学习如何使用预处理器设置与创建 CSS 样式。

4.4　使用 CSS 预处理器

Dreamweaver 新版本的一大变化是增加了对 LESS、Sass、SCSS 的支持。这些业界响当当的 CSS 预处理器本质上是一些脚本语言，用来扩展 CSS 的功能，包含多种提高生产效率的增强功能，而且能编译成标准的 CSS 文件。对于那些喜欢手动编写代码的设计人员、开发人员来说，使用这些语言有很多好处，比如提升编写代码效率、易于使用，且支持可重用的代码片段、变量、逻辑、计算等。使用这些预处理器并不需要您安装其他软件，Dreamweaver 还支持其他框架，比如 Compass、Bourbon 等。

接下来，我们一起体验一下在 Dreamweaver 中使用预处理器是多么轻松，同时了解一下它们相较于普通的 CSS 有什么优点。

4.4.1 启用预处理器

Dreamweaver 对 CSS 预处理器的支持是站点级别的，我们必须在 Dreamweaver 中为创建的各个站点手动启用它。为了开启 LESS、Sass、SCSS 预处理器，我们必须先定义一个站点，然后在站点定义对话框中开启 CSS 预处理器选项。

❶ 从菜单栏中，依次选择【站点】>【管理站点】，打开【管理站点】对话框。

❷ 在【管理站点】对话框中，选择 lesson04。

在对话框底部，单击【编辑当前选定的站点】图标（ ✎ ），如图 4-21 所示。

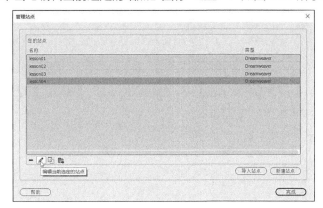

图 4-21

打开 lesson04 的站点定义对话框。

❸ 在站点定义对话框左侧列表中，单击【CSS 预处理器】左侧箭头，将其展开。【CSS 预处理器】下包含 6 个子分类，分别是常规、源和输出，以及各种 Compass 和 Bourbon 框架。您可以去 Dreamweaver 的帮助文档中了解有关这些框架的更多内容。这个练习中，我们只使用 Dreamweaver 本身内置的功能。

❹ 单击【常规】。在【常规】中，包含 LESS、Sass、SCSS 编译器开关，以及这些语言操作方式的选项。这里，我们保持默认设置就好。

❺ 勾选【保存文件时启用自动编译】复选框，启用预处理器，如图 4-22 所示。

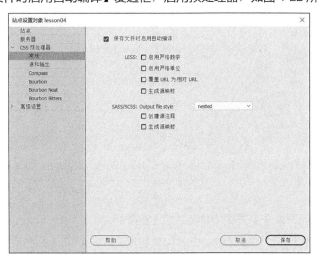

图 4-22

这样，每当保存 LESS、Sass、SCSS 源文件时，Dreamweaver 就会自动编译您的 CSS 代码。有些设计人员和开发人员会使用站点根文件夹进行编译。这里，我们把源文件和输出文件放到不同文件夹中。

是 LESS 还是 Sass，您说了算

LESS 与 Sass 功能类似，那到底应该选哪个呢？这很难说。有些人觉得 LESS 易学，但功能没有 Sass 强大。两种预处理器都能使手动编写 CSS 代码的工作变得更轻松、更快捷，而且也都能为 CSS 代码的后期维护和扩展带来极大便利。关于哪个预处理器更好，有很多不同意见，但最终选哪个还是要看个人的偏好。

Dreamweaver 为 Sass 预处理器提供了两种语法。本课中，我们使用 SCSS（Sassy CSS），它是 Sass 的一种形式，写起来与普通 CSS 很像。

⑥ 单击【源和输出】。在【源和输出】下，您可以为 CSS 预处理器指定源文件夹和输出文件夹。默认设置下，输出文件夹和源文件夹是同一个。

⑦ 选择【定义输出文件夹】选项，如图 4-23 所示。

图 4-23

⑧ 单击【浏览文件夹】图标（ 📁 ）。打开【选择输出文件夹】对话框。

⑨ 转到站点根文件夹，新建一个文件夹。

⑩ 把新文件夹命名为 css，如图 4-24 所示。

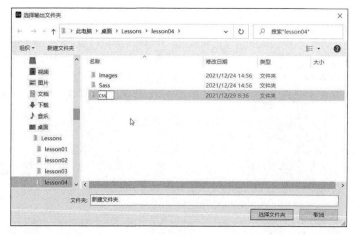

图 4-24

⑪ 选择 css 文件夹，单击【选择文件夹】或【选择】。

⑫ 在【源文件夹】右侧，单击【浏览文件夹】图标。

⑬ 在【选择输入文件夹】对话框中，转到站点根文件夹下，如图 4-25 所示。

图 4-25

选择 Sass 文件夹，单击【选择文件夹】或【选择】。

⓮ 单击【保存】按钮，保存更改。然后，单击【完成】按钮，返回到站点中。

到这里，我们启用了 CSS 预处理器，也指定了源文件夹和输出文件夹。接下来，我们该创建 CSS 源文件了。

4.4.2　创建 CSS 源文件

使用预处理器时，我们不是直接在源文件中编写 CSS 代码，而是编写规则和其他代码，预处理器会把源文件编译成输出文件。接下来，我们创建一个 Sass 源文件，学习一下该语言的一些功能。

❶ 从工作区下拉菜单中，选择【标准】。

❷ 从菜单栏中，依次选择【窗口】>【文件】，显示出【文件】面板。在站点列表中，选择 lesson04。

❸ 打开 myfirstpage.html 文档，切换到【拆分】视图下。此时，网页尚未应用任何样式。

❹ 从菜单栏中，依次选择【文件】>【新建】，打开【新建文档】对话框。在【新建文档】对话框中，您可以创建各类 Web 兼容文档。在【文档类型】中，可以看到 LESS、Sass、SCSS 文件类型。

❺ 依次选择【新建文档】>【SCSS】，单击【创建】按钮，如图 4-26 所示。

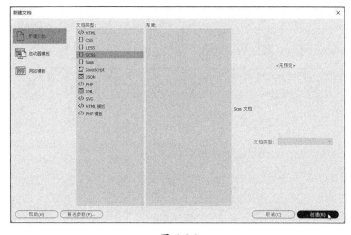

图 4-26

此时，在文档窗口中出现一个 SCSS 空白文档。SCSS 是 Sass 的一种，其语法类似于普通 CSS，大家普遍认为它易学易用。

❻ 把文件以 favorite-styles.scss 为名保存到 Sass 文件夹中，如图 4-27 所示。

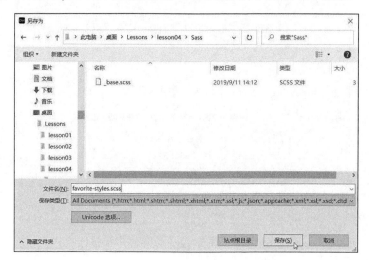

图 4-27

这里，我们不必创建 CSS 文件，Dreamweaver 中的编译器会帮您完成这个工作。做好所有准备工作之后，第一步是定义变量。变量是一种编程结构，您可以把 CSS 属性值保存到其中，以供多次使用，比如站点主题的颜色。

一个变量只需定义一次，即可多次使用。需要修改时，只需在样式表中修改，该变量的所有实例都会自动更新。

❼ 在 favorite-styles.scss 文件中，把光标移动到第 2 行，输入 $logoyellow: #ED6; 之后按 Enter 键或 Return 键换行。这样，您就创建好了第一个变量。该变量用来设置站点主题颜色——黄色。

❽ 接下来，我们再创建几个变量。输入内容如下。

```
$darkyellow: #ED0;
$lightyellow: #FF3;
$logoblue: #069;
$darkblue: #089;
$lightblue: #08A;
$font-stack: "Trebuchet MS",Verdana,Arial,Helvetica,sans-serif;
```

然后，按 Enter 键或 Return 键换行，如图 4-28 所示。

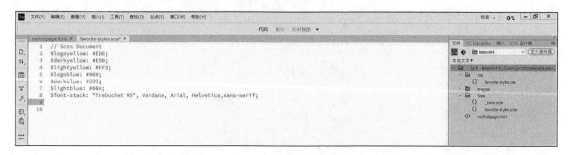

图 4-28

创建多个变量时，请一行创建一个变量，这样有助于阅读、编辑代码，同时又不影响它们正常工作。

一定要在每个变量的末尾添加一个分号（;）。

接下来，我们首先为 body 元素添加样式。大多数情况下，SCSS 标记看起来与普通 CSS 一样，但在使用变量设置字体时就变得有点儿不一样了。

⑨ 输入 body，按空格键。输入 {，按 Enter 键或 Return 键。输入左花括号（{）后，Dreamweaver 会自动为我们添加右花括号（}）。按 Enter 键或 Return 键换行后，光标会有一个缩进，按 Enter 键或 Return 键会把右花括号移动到下一行。此外，您还可以使用 Emmet 快速输入。

⑩ 输入 ff$font-stack，按 Tab 键，如图 4-29 所示。

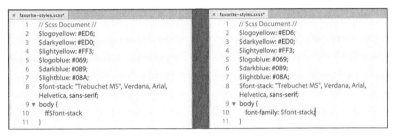

图 4-29

此时，上面简写形式自动变为 font-family: $font-stack;。

⑪ 按 Enter 键或 Return 键换行。输入 c，按 Tab 键，如图 4-30 所示。

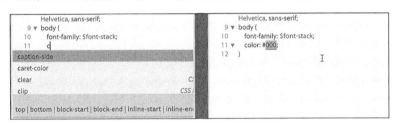

图 4-30

此时，上面简写形式变为 color: #000;。这里，我们使用默认颜色值。

⑫ 按住 Alt 键或 Cmd 键，按向右方向键，把光标移动到当前代码行的末尾。

⑬ 按 Enter 键或 Return 键换行。输入 m0，按 Tab 键，如图 4-31 所示。

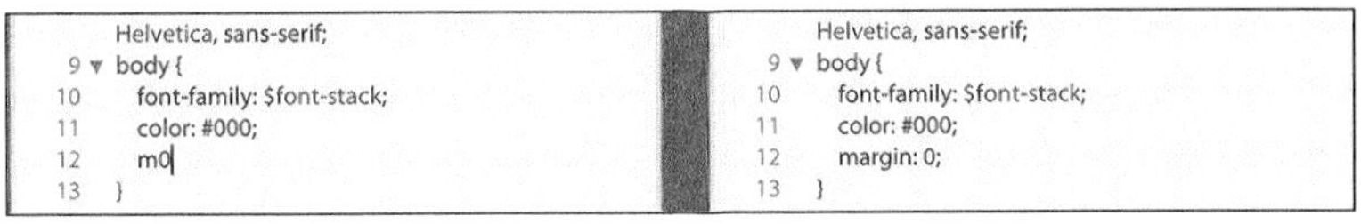

图 4-31

此时，上面简写形式变为 margin: 0;。到这里，我们就为 body 元素添加好了基本样式。保存文件之前，我们还是先了解一下预处理器是如何工作的。

4.4.3 编译 CSS 代码

虽然前面我们已经为 body 元素编写了样式，但这些样式都在一个 SCSS 文件中，它们还不是标准的 CSS 样式。接下来，我们看一下 Dreamweaver 内置的编译器是如何将其转换成标准的 CSS 样式的。

❶ 打开【文件】面板，展开站点文件列表，如图 4-32 所示。

此时，站点中包含一个 HTML 文件和 3 个文件夹：css、images、Sass。

❷ 展开 css 与 Sass 文件夹，如图 4-33 所示。

图 4-32

图 4-33

> **💡 注意** favorite-styles.css 文件是保存 SCSS 文件时由软件自动创建的。如果您看不见 .css 文件，请关闭 Dreamweaver，然后重新启动它。

Sass 文件夹中包含 _base.scss 与 favorite-styles.scss 两个文件。css 文件夹中包含 favorite-styles.css 文件。该文件一开始时并不存在。当您创建好 SCSS 文件，并将其保存到【源文件夹】指定的文件夹中时，Dreamweaver 会自动生成它。当前，CSS 文件中应该什么都没有，我们的网页也没有引用它。

❸ 选择 myfirstpage.html 文档。从菜单栏中，依次选择【查看】>【拆分】>【Code-Live】，如图 4-34 所示。

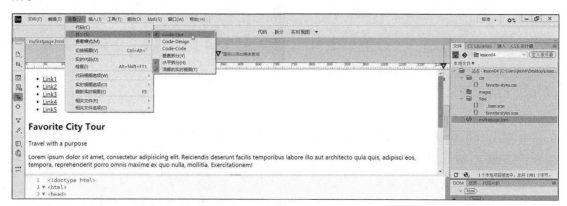

图 4-34

此时，网页只显示默认 HTML 样式。

❹ 在【代码】视图中，把光标移动到 <head> 标签之后，按 Enter 键或 Return 键换行。

❺ 输入 <link，按空格键，弹出代码提示菜单。

❻ 接下来，我们把网页链接到已生成的 CSS 文件。输入 href，按 Enter 键或 Return 键，如图 4-35 所示。

图 4-35

此时，出现 href=""，提示菜单显示【浏览】命令，列出站点中可用的文件夹。

❼ 按向下方向键，选择 css/，按 Enter 键或 Return 键。此时，提示菜单中显示出 css/favorite-styles.css。

❽ 按向下方向键，选择 css/favorite-styles.css，按 Enter 键或 Return 键，如图 4-36 所示。

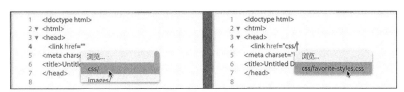

图 4-36

此时，CSS 输出文件的 URL 出现在属性中。同时光标移动到引号之外，等待进一步输入。为确保样式表引用有效，我们还需要添加一个属性。

❾ 按空格键，输入 rel，然后按 Enter 键或 Return 键，如图 4-37 所示。

图 4-37

从提示菜单中，选择 stylesheet。

❿ 把光标移动到引号之外，输入 >，关闭 link 元素。

此时，网页引用到了 CSS 输出文件。在【实时视图】中样式不会有什么变化，但是在【相关文件】栏中，您应该能够看到 favorite-styles.css 文件，如图 4-38 所示。

图 4-38

> **注意** 在这一步之前，如果您无意中保存了 SCSS 文件，您可能会在 HTML 文件中看到样式，并在【相关文件】栏中看到另一个文件名。

⓫ 在【相关文件】栏中，选择 favorite-styles.css。此时，【代码】视图中显示出 favorite-styles.css 文件的内容，当前它是空的。在 favorite-styles.scss 文档选项卡中有一个星号，表示当前这个文件已经发生更改，但尚未保存。

⓬ 从菜单栏中，依次选择【窗口】>【排列顺序】>【垂直平铺】，如图 4-39 所示。

此时，网页与源文件并排显示在软件界面中。

⓭ 把光标放入 favorite-styles.scss 文档窗口中，从菜单栏中，依次选择【文件】>【保存全部】，如图 4-40 所示。

片刻之后，myfirstpage.html 文档发生变化，新字体和边距设置生效。【代码】视图窗口也会随之更新，显示出 favoritestyles.css 中的新内容。每次保存 SCSS 源文件，Dreamweaver 就会更新输出文件。

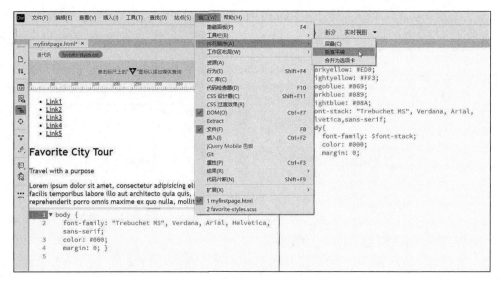

图 4-39

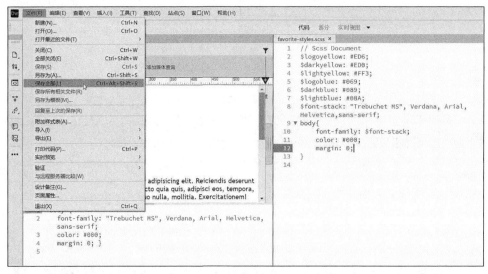

图 4-40

4.4.4 嵌套 CSS 选择器

对网页设计师来说,把 CSS 样式精准地应用到某个元素同时又不影响其他元素并不是件简单的事。为确保样式应用精确,一个常见方法是使用后代选择器。但是,随着网站和样式表的规模越来越大,正确地创建和维护后代结构变得越来越难。为此,各个预处理器都支持某种形式的选择器嵌套。

下面练习中,我们将学习在为导航菜单添加样式时如何嵌套选择器。首先,我们为 nav 元素设置基本样式。

> ♀ 注意 请一定确保操作是在 SCSS 文件中进行的。

❶ 在 favoritestyles.scss 文档窗口中,把光标移动到右花括号({})之后。

❷ 按 Enter 键或 Return 键换行,输入 nav {,然后再按 Enter 键或 Return 键换行。此时,

Dreamweaver 创建 nav 选择器和声明结构，等待您输入。使用 Emmet 简写形式，可加快 CSS 属性的输入速度。

❸ 输入 bg$logoyellow，按 Tab 键。然后，按 Enter 键或 Return 键换行。上面简写形式变为 background: $logoyellow;，其中 $logoyellow 是前面定义的变量。这条 CSS 规则表示把颜色 #ED6 应用到 nav 元素。

❹ 输入 ta:c，按 Tab 键，再按 Enter 键或 Return 键换行。上面简写形式展开为 text-align: center;。

❺ 输入 ov:a，按 Tab 键，再按 Enter 键或 Return 键换行。上面简写形式展开为 overflow: auto;。

❻ 保存源文件，如图 4-41 所示。

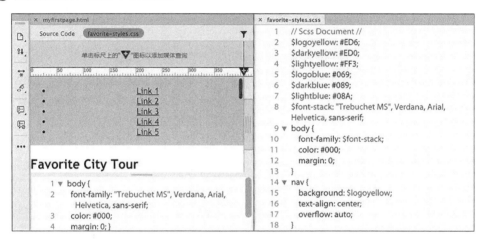

图 4-41

此时，myfirstpage.html 文档中 nav 元素的背景显示为黄色（#ED6）。现在，导航菜单看上去还不太像样，因为我们才开始给它添加样式。接下来，我们给 ul 元素添加样式。请确保光标仍然在 nav 选择器的声明结构中。

❼ 输入 ul {，按 Enter 键或 Return 键换行。此时，在 nav 规则中出现新的选择器和声明结构。

❽ 添加属性：list-style: none; margin: 5px;。这些属性用来重置无序列表的默认样式，移除了项目符号和缩进。接下来，我们为列表项设置样式。

❾ 按 Enter 键或 Return 键换行，输入 li {，再次按 Enter 键或 Return 键换行。此时，在 ul 规则中出现新的选择器和声明结构。

❿ 输入 display: inline-block;，按 Enter 键或 Return 键换行。该属性用来把所有超链接显示在一行中，即在一行中并排显示。最后，我们为 a 元素（超链接）添加样式。

⓫ 输入 a {，按 Enter 键或 Return 键换行，添加如下属性：

```
margin: 0;
padding: 10px 15px;
color: $logoblue;
text-decoration: none;
background: $lightyellow;
```

上面这些规则与声明要完全放在 li 规则内部。导航菜单的每个样式规则以合乎逻辑、直观的方式嵌套在一起，最终产生一个满足需求的 CSS 样式表。

⓬ 保存文件，如图 4-42 所示。

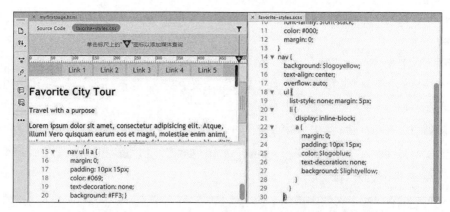

图 4-42

现在，myfirstpage.html 页面中的导航菜单显示在一行中，各菜单项并排显示。CSS 输出文件显示几条新 CSS 规则。新规则不像在源文件中那样嵌套着，它们相互独立，且截然不同。而且，菜单后代结构的选择器已经被重新编写，比如 nav ul li a。如您所见，SCSS 源文件中的嵌套规则省去了我们编写复杂选择器的麻烦。

4.4.5 导入其他样式表

为了更好地管理 CSS 样式，许多设计师把样式表分拆成多个文件，例如，一个用于导航组件，一个用于专题文章，一个用于动态元素等。大型公司一般都会有一个通用的标准样式表，各个部门和子公司可以针对自己的产品与用途编写自己的样式表。最后，把所有 CSS 文件汇集在一起，供网站中的页面调用。但这样可能会产生一个大问题。

每个链接到页面的资源都会产生一个 HTTP 请求，这些请求可能会使页面和资源的加载陷入停顿。这对小网站或访问量少的网站来说不算什么大事，但对于一个访问量很大的网站来说，大量 HTTP 请求可能会导致 Web 服务器过载，甚至造成访问卡顿。这些糟糕的体验会导致大量访客流失。

因此，设计网页时，我们应该尽量减少或消除不必要的 HTTP 调用，如果您负责的是一个大型企业网站或热门网站，更应该这样做。这个过程中，我们最常用的方法是减少每个页面调用的单个样式表的数量。当一个页面需要链接多个 CSS 文件时，我们通常会指定一个主样式表，然后把其他样式表导入其中，创建一个大型样式表。

在一个普通 CSS 文件中，导入多个样式表没什么好处，因为导入命令也会产生 HTTP 请求，而这正是我们需要极力避免的。使用 CSS 预处理器时，导入命令先于 HTTP 请求执行。导入各种样式表，把它们组合在一起，会使最终样式表变大，但是访问者只需下载一次，然后缓存起来在整个访问期间使用，以此加快整个过程。

把多个样式表组合成一个文件非常容易，下面我们一起动手操作一下。

❶ 打开 myfirstpage.html 页面，切换到【拆分】视图。打开 favoritestyles.scss，从菜单栏中，依次选择【窗口】>【排列顺序】>【垂直平铺】。此时，两个文件并排显示在一起，方便编辑 CSS 代码以及查看效果。

❷ 在 myfirstpage.html 页面中，在【相关文件】栏中，单击 favoritestyles.css。【代码】视图中显示的是 favoritestyles.css 的内容，这些内容由 SCSS 源文件中规则编译而来。

❸ 在 favoritestyles.scss 中，把光标移动到 body 之前。输入 @import "_base.scss";，然后按

Enter 键或 Return 键换行。

这个命令会把 _base.scss 文件（存放在 Sass 文件夹中）的内容导入 favoritestyles.scss 文件。
_base.scss 文件是我们事先创建的，用来格式化网页中的其他内容。此时，网页无任何变化，因为我们尚未保存 favorite-styles.scss 文件。

❹ 保存 favorite-styles.scss 文件，查看 myfirstpage.html 页面的变化，如图 4-43 所示。

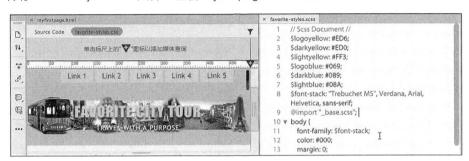

图 4-43

如果前面所有操作准确无误，此时网页应该完全格式化好了。查看 favoritestyles.css 文件，您会看到 body 规则之前插入了多条规则。导入的内容从第 2 行开始添加，即 @import 命令所在的位置。导入完成后，CSS 的优先级就会生效。请一定要把所有规则和文件引用放到变量之后，否则变量不起作用。

❺ 保存并关闭所有文件。

本节中，我们学习了如何创建 SCSS 文件和使用 CSS 预处理器，体验了各种提高工作效率的增强功能和高级功能，而且示例中的用法展示的只是这些强大功能中很小的一部分。

4.4.6 实时代码查错

Dreamweaver 2021 支持实时代码查错功能。默认设置下，实时代码查错功能是开启的，即 Dreamweaver 会实时监控您编写的代码，并把错误标出来。

❶ 打开 myfirstpage.html 页面，切换到【代码】视图下。在【相关文件】栏中，选择【源代码】。

❷ 把光标移动到 <article> 标签之后，然后，按 Enter 键或 Return 键换行。

❸ 输入 <h1>Insert headline here。

> ♀ 注意 Dreamweaver 会同时创建开始标签和结束标签。若如此，请先删除结束标签（</h1>），再做第 4 步中的操作。

❹ 保存文件。第 3 步中，h1 元素缺少结束标签。当 HTML 代码中含有错误时，保存页面时，文档窗口底部就会显示一个红色叉号。

❺ 单击红色叉号（⊗），如图 4-44 所示。

此时，Dreamweaver 会打开【输出】面板，在其中显示代码错误有关信息，包括错误是什么，以及错误发生在哪一行。本例中，Dreamweaver 指出错误是标签未完成配对，并且认为错误发生在第 27 行，但实际错误发生在第 25 行，这是由 HTML 标签的性质和结构造成的。

> ♀ 注意 您可能需要单击【刷新】按钮，才能显示出错误报告。

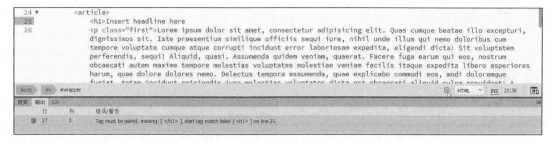

图 4-44

❻ 双击错误信息，如图 4-45 所示。

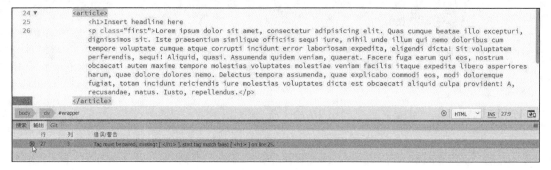

图 4-45

Dreamweaver 在【代码】视图中把焦点放在包含错误的部分。Dreamweaver 试图查找 h1 元素的结束标记，它遇到的第一个结束标记是 </article>，并将其标出，这是错的。Dreamweaver 只能帮您大致确定错误的位置，要想准确地找到错误，还得靠您自己。

❼ 把光标移动到 <h1>Insert headline here 代码之后，输入 </ 。

> 💡 **注意** 第 3 步中，若 Dreamweaver 自动添加了结束标签，输入 </ 将无法关闭标签。在【首选项】中检查【代码改写】设置，并根据需要做相应调整。

此时，Dreamweaver 应该自动关闭了 <h1> 标签。若没有，请自行把结束标签输入完整。

❽ 保存文件，如图 4-46 所示。

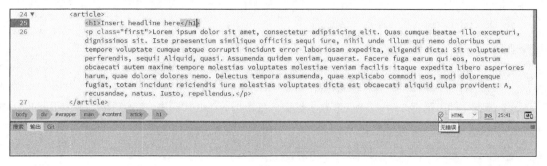

图 4-46

改正错误之后，红色叉号变成绿色对勾（✓）。

❾ 右击【输出】面板名称，从弹出菜单中，选择【关闭标签组】。保存文件时，一定要注意观察有无红色叉号出现。若出现红色叉号，请仔细检查网页代码，找出错误并予以纠正，然后再把网页上传到 Web 服务器。

4.5 选择代码

在 Dreamweaver 中，有好几种方法可用来在【代码】视图下与代码进行交互，以及选择代码。

4.5.1 使用行号

在 Dreamweaver 中，使用光标与代码交互的方法有好几种。

❶ 打开 myfirstpage.html，切换到【代码】视图下。

❷ 向下拖动滚动条，找到 nav 元素（大约在第 11 行）。

❸ 拖选整个元素，包括里面的菜单项。

使用拖选方式，您可以轻松选择代码的某一部分或者全部。但是，使用拖选方式容易出错，导致某些重要的代码未选中。有时，使用行号能够更轻松地选择整行代码，不太会出现漏选代码的情况。

❹ 单击 <nav> 标签左侧的行号，可选中整行代码。

❺ 沿着行号，向下拖动，选择整个 <nav> 元素，如图 4-47 所示。

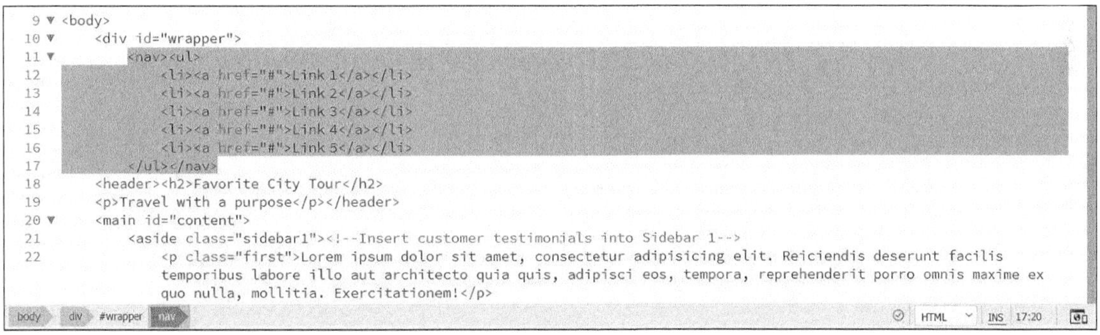

```
 9 ▼ <body>
10 ▼     <div id="wrapper">
11 ▼         <nav><ul>
12                 <li><a href="#">Link 1</a></li>
13                 <li><a href="#">Link 2</a></li>
14                 <li><a href="#">Link 3</a></li>
15                 <li><a href="#">Link 4</a></li>
16                 <li><a href="#">Link 5</a></li>
17         </ul></nav>
18         <header><h2>Favorite City Tour</h2>
19         <p>Travel with a purpose</p></header>
20 ▼     <main id="content">
21             <aside class="sidebar1"><!--Insert customer testimonials into Sidebar 1-->
22                 <p class="first">Lorem ipsum dolor sit amet, consectetur adipisicing elit. Reiciendis deserunt facilis
                    temporibus labore illo aut architecto quia quis, adipisci eos, tempora, reprehenderit porro omnis maxime ex
                    quo nulla, mollitia. Exercitationem!</p>
```
```
body   div   #wrapper   nav                                     ⊘  HTML ⌄  INS  17:20   ▣
```

图 4-47

Dreamweaver 高亮显示 7 行代码。通过行号选择代码能够节省大量时间，避免出现选择错误。但是这种选择方式未考虑代码元素的真实结构，有些元素是在一行的中间开始或结束的。选择带有逻辑结构的代码，使用标签选择器会更好一些。

4.5.2 使用标签选择器

选择代码最简单、最高效的方法是使用标签选择器，后面课程中我们会经常使用这种方法。

❶ 向下拖动滚动条，找到代码：<a href="#">Link 1</a>。

❷ 把光标插入 Link 1 文本之中。

查看文档窗口底部的标签选择器。在【代码】视图中，标签选择器显示的是 <a> 标签及其所有父元素，在【实时视图】或【设计】视图中也是一样。

❸ 单击 a 标签选择器，如图 4-48 所示。

此时，在【代码】视图中，整个 a 元素（及其内容）高亮显示出来。接下来，您就可以轻松地对它做复制、剪切、移动、折叠操作了。标签选择器能够清晰地揭示代码结构，不涉及【代码】视图显示。比如，a 是 li 元素的子元素，li 元素是 ul 的子元素，ul 是 nav 元素的子元素，nav 元素是 div#wrapper 的子元素等。借助标签选择器，我们可以轻松地选择代码的任意一部分。

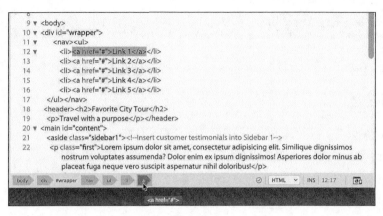

图 4-48

❹ 单击 ul 标签选择器，如图 4-49 所示。

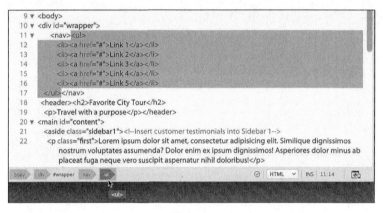

图 4-49

此时，整个无序列表都被选中。

❺ 单击 nav 标签选择器。此时，整个导航栏被选中。

❻ 单击 div#wrapper 标签选择器，如图 4-50 所示。

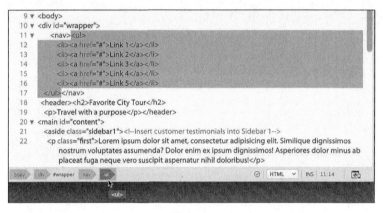

图 4-50

此时，整个页面被选中。借助标签选择器，我们可以轻松地找到与选择页面中任意一个元素的结构，但是使用这种方法时，需要您自己找出并选择父标签。事实上，Dreamweaver 提供了另外一个工具，可以帮您自动完成这项工作。

4.5.3 使用父标签选择器

在【代码】视图中，使用父标签选择器，可以使选择页面层次结构变得更简单。

❶ 从菜单栏中，依次选择【窗口】>【工具栏】>【通用】，显示出通用工具栏。

❷ 把光标插入文本 Link 1 中。

> ♀ **注意** 默认设置下，【选择父标签】工具未显示在通用工具栏中。请先单击【自定义工具栏】图标
> （ ••• ），在【自定义工具栏】对话框中，勾选【选择父标签】，将其添加到通用工具栏中，再往下操作。

❸ 在通用工具栏中，单击【选择父标签】图标（ ⛏ ），如图 4-51 所示。

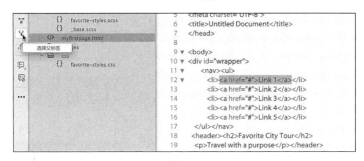

图 4-51

此时，整个 a 元素高亮显示出来。

❹ 再次单击【选择父标签】图标（ ⛏ ），或者按 Ctrl+[或 Cmd+[（左方括号）组合键，选择整个 li 元素。

❺ 单击【选择父标签】图标（ ⛏ ），如图 4-52 所示。

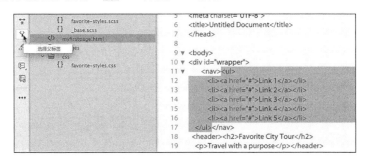

图 4-52

此时，选中整个 ul 元素。

❻ 再按两次 Ctrl+[或 Cmd+[组合键，选中 div#wrapper 元素。每次单击【选择父标签】图标或按 Ctrl+[或 Cmd+[组合键，Dreamweaver 就会选择当前元素的父元素。选择某个元素之后，您会发现处理长段代码并不容易。为此，【代码】视图为我们提供了一些便捷的选项，使得我们可以把一长段代码折叠起来，便于处理。

▍4.6 折叠代码

编写网页代码过程中，把大段代码折叠起来，有助于我们轻松地复制或移动大段代码。当您在页

面中查找特定元素或某段代码，或者希望暂时隐藏某段代码时，您就可以把代码段折叠起来。借助选择或逻辑元素，我们可以把一段代码折叠起来。

❶ 选择 nav 元素中的前 3 个菜单项。此时，在所选代码左侧出现一个折叠图标（▼），表示当前所选代码处在展开状态。

❷ 单击折叠图标（▼），把选择的代码折叠起来，如图 4-53 所示。

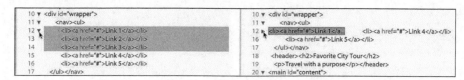

图 4-53

把选择的代码折叠起来之后，只显示第一个 li 元素和一个文本片段。此外，您还可以根据逻辑元素折叠代码，比如 <ul> 或 <nav>。

> 💡**注意** 包含元素开始标签的每一行也显示有折叠图标。

❸ 单击 nav 元素左侧的折叠图标（▼）。此时，在【代码】视图中，整个 nav 元素都折叠了起来，只显示整个元素的一个小片段。上面两种情况下，代码既没有被删除，也没有被毁坏，它们只是被折叠了起来，而且仍能正常发挥作用。另外，只有 Dreamweaver 的【代码】视图支持折叠功能，在浏览器或其他应用程序中，这些代码会正常显示出来。展开代码与折叠代码是一个相反的过程，接下来，我们讲一讲如何展开代码。

4.7　展开代码

代码折叠起来之后，您仍然可以复制、剪切、移动代码，就像与操作其他选中的元素一样。然后，您可以一个个地展开元素，或者一次性全部展开。

❶ 单击 nav 元素左侧的展开图标（▶），如图 4-54 所示。

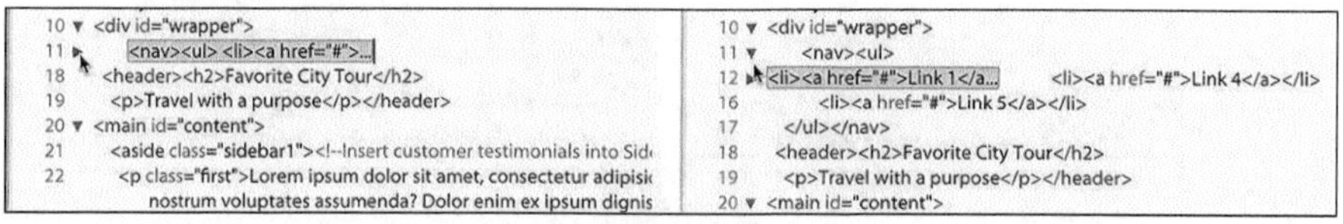

```
10 ▼ <div id="wrapper">                          10 ▼ <div id="wrapper">
11 ▼   <nav><ul> <li><a href="#">...            11 ▼   <nav><ul>
18     <header><h2>Favorite City Tour</h2>       12     <li><a href="#">Link 1</a...        <li><a href="#">Link 4</a></li>
19     <p>Travel with a purpose</p></header>     16     <li><a href="#">Link 5</a></li>
20 ▼ <main id="content">                          17     </ul></nav>
21     <aside class="sidebar1"><!--Insert customer testimonials into Side    18     <header><h2>Favorite City Tour</h2>
22     <p class="first">Lorem ipsum dolor sit amet, consectetur adipisi      19     <p>Travel with a purpose</p></header>
       nostrum voluptates assumenda? Dolor enim ex ipsum dignis             20 ▼ <main id="content">
```

图 4-54

> 💡**注意** 展开 nav 元素之后，其中前 3 个 li 元素仍处于折叠状态。

❷ 单击 li 元素左侧的展开图标（▶）。此时，所有折叠的元素都展开了。而且，前 3 个 li 元素左侧的展开图标也一起消失了。

4.8　拆分【代码】视图

编写网页时，开发人员往往喜欢同时打开两个窗口工作。考虑到这一点，Dreamweaver 为我们提供了拆分【代码】视图功能。在拆分【代码】视图下，您可以同时在两个不同的文档或者在同一个文档的两个不同区域中工作。

❶ 切换到【代码】视图下。

❷ 从菜单栏中，依次选择【查看】>【拆分】>【Code-Code】，如图 4-55 所示。

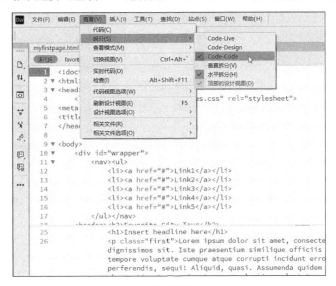

图 4-55

此时，文档中显示出两个【代码】视图视图，两个视图中显示的都是 myfirstpage.html 页面。

❸ 把光标放入顶部视图中，向下拖动视图右侧的滚动条，找到 footer 元素。在拆分【代码】视图下，您可以同时查看和编辑同一个文件的两个不同部分。

❹ 把光标移动到底部视图中，向下拖动视图右侧的滚动条，找到 header 元素，如图 4-56 所示。

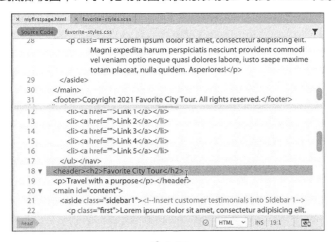

图 4-56

您还可以查看和编辑相关文件的内容。

❺ 在【相关文件】栏中，选择 favoritestyles.css。此时，Dreamweaver 把样式表加载到其中一个视图中。您可以在其中一个视图中做更改，然后实时保存您的更改。当您改动了一个文件，但尚未保存更改时，文件名称旁边就会出现一个星号（*）。从菜单栏中，依次选择【文件】>【保存】，或者按 Ctrl+S 或 Cmd+S 组合键，Dreamweaver 就会保存当前文档（"当前文档"是指光标当前所在

的文档）中的更改。即使文档当前未打开，Dreamweaver 也可以把改动保存到其中。也就是说，在
Dreamweaver 中，您可以编辑和更新那些当前未打开但与网页链接在一起的文件。

4.9　在【代码】视图中预览资源

即便您是一个"顽固"的编码人员或者开发人员，相信您也会喜欢 Dreamweaver 的图形显示功能。
Dreamweaver 在【代码】视图中提供了可视化预览图形资源和某些 CSS 属性的功能。

❶ 打开 myfirstpage.html 页面，切换到【代码】视图下。在【代码】视图下，您只能看到 HTML 代码。
图形资源在 CSS 文件（favoritestyles.css）中只是一些引用。

❷ 在【相关文件】栏中，单击 favoritestyles.css。此时，样式表出现在窗口中。虽然这个样式表
是可编辑的，但是请不要直接编辑它，这是在浪费时间。favoritestyles.css 样式表是 SCSS 源文件编
译后生成的，每次编译 SCSS 源文件，favoritestyles.css 样式表都会被重写。

❸ 找到 header 规则（大概在第 6 行）。header 包含两个文本元素和两幅图像。在 background
属性中，您应该能够看到图像的引用。

❹ 把光标移动到 background 属性中的 url(../images/favcity-logo.jpg)（第 8 行）之上，如图 4-57 所示。

图 4-57

此时，在光标之下出现公司 Logo 图像的缩览图。

❺ 把光标移动到 background-color 属性的颜色（#ED6）上，如图 4-58 所示。

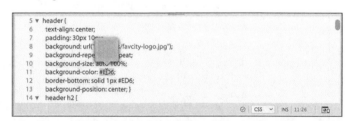

图 4-58

此时，出现一个小色块，显示所指颜色。所有颜色模式的预览方式都是一样的。有了预览功能，
不用进入【实时视图】或浏览器，您就能知道选用的图像和颜色分别是什么。

本课中，我们学习了多种使代码编写轻松和高效的方法，学习了如何使用代码提示和自动补全功
能手动编写代码，如何使用 Emmet 简写形式快速编写代码，如何使用 Dreamweaver 内置的查错功能
检查代码结构，如何选择、折叠、展开代码，以及如何添加 HTML 注释，如何以不同方式查看代码。

总之，不管您是视觉设计师，还是代码编写人员，都能轻松地使用 Dreamweaver 提供的各种强
大功能尽情地创建和编辑 HTML/CSS 代码，而无须做任何妥协。请您牢记这些方法，并恰当地运用到
自己的网页制作实践中。

4.10 复习题

❶ Dreamweaver 为帮助用户编写代码提供了哪些便利功能?

❷ Emmet 是什么,它提供了什么功能?

❸ 为了在 Dreamweaver 中使用 LESS、Sass、SCSS 预处理器,用户需要安装什么?

❹ 保存文件时,Dreamweaver 哪个功能会报告代码错误?

❺ 判断正误:折叠代码展开之前不会出现在【实时视图】或浏览器中。

❻ Dreamweaver 有什么功能可以帮助用户快速访问到文档相关的文件?

4.11 答案

❶ 为了帮助用户编写代码,Dreamweaver 提供了代码提示、自动补全(针对 HTML 标签、属性、CSS 样式)功能,同时还支持 ColdFusion、JavaScript、PHP 等语言。

❷ Emmet 是一个用来创建 HTML 代码的脚本工具包,它能够把用户输入的简写形式转换成完整的元素、占位符、内容等。

❸ 使用 LESS、Sass 或 SCSS 不需要用户安装任何软件或服务。Dreamweaver 本身就支持这些 CSS 预处理器。只要在站点定义对话框中开启编译器即可使用它们。

❹ 每次保存文件,Dreamweaver 的实时代码查错(Linting)功能都会检查 HTML 代码及其结构,当发现错误时,它会在文档窗口底部显示一个红色叉号。

❺ 错。在 Dreamweaver 外部,折叠代码不会对代码的显示或运行产生影响。

❻【相关文件】栏位于文档窗口顶部,在其中可以快速访问与网页有关的 CSS、JavaScript 等文件。某些情况下,【相关文件】栏中显示的文件存储在网络中的远程设备中。虽然在【相关文件】栏中可以查看所有文件的内容,但是编辑时,用户只能编辑存储在本地硬盘中的文件。

网页设计基础

课程概览

本课主要讲解以下内容。

- 网页设计基础知识
- 如何创建页面缩览图和线框图

学习本课大约需要 **30** 分钟

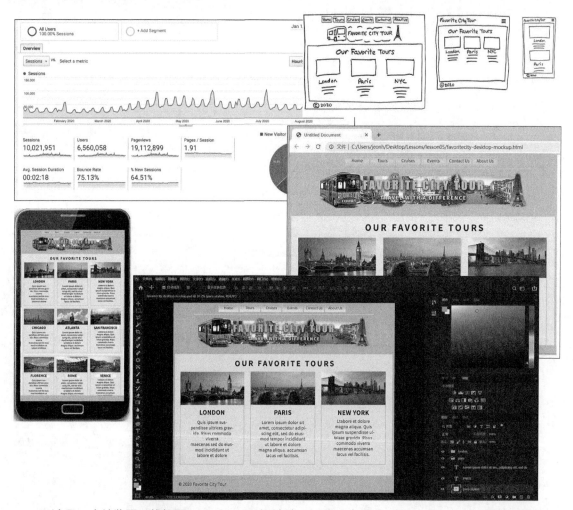

　　无论是一个缩览图、线框图、Photoshop 设计稿，还是一个想法，Dreamweaver 都能快速地帮您把概念设计转换成一个完整的、标准的 CSS 布局。

5.1 开发一个新网站

在您为自己或客户做网页设计项目之前，需要先回答以下 3 个重要问题。

- 网站目的是什么？
- 网站用户是谁？
- 网站用户如何访问网站？

5.1.1 网站目的是什么

您的网站是卖产品的，还是提供服务的？您的网站是用来娱乐的还是玩游戏的？您的网站提供信息或新闻吗？您的网站需要使用购物车或数据库吗？您的网站需要支持信用卡支付或电子支付吗？

搞清楚网站的目的，有助于您弄清开发和使用什么样的内容，以及应用什么样的技术。

5.1.2 网站用户是谁？

弄清楚网站用户对于网站的设计和功能规划至关重要。如果网站用户是孩子，那设计网站时，就要多用一些动画、明快的颜色，多添加一些交互性。成人希望在网站中看到一些严肃的内容和深入的分析，而老人则希望网站字体大一些，提供一些增强访问便利性的设计。

制作网站时，如果您不知道怎么做，那就去看同行的网站。网上有卖相同产品或提供类似服务的网站吗？这些网站做得很成功吗？您可以借鉴那些做得很成功的网站，但是千万别抄袭。谷歌和雅虎提供的基本服务一样，但是它们的网站设计有很大的不同，如图 5-1 所示。

图 5-1

5.1.3　用户如何访问网站

就互联网来说，乍一听，这是个很奇怪的问题。但是，与访问实体店一样，用户访问您的网站的方式也有很多种。例如，他们访问您的网站时，使用的是台式机、笔记本电脑、平板电脑，还是智能手机？上网方式是高速网线、无线网络，还是拨号服务？使用的最多的浏览器是什么，显示器的大小和分辨率是多少？

回答这些问题，有助于您弄清用户希望从您的网站获得怎样的体验。使用拨号网络或智能手机的用户不希望在您的网站中看到太多图片或视频，而使用大屏显示器和高速网络的用户则希望在您的网站中看到高清大图或视频。

那么，您从哪里获得这些信息呢？有些信息必须经过大量研究和统计分析才能得到，有些信息您可以根据自己的知识和对市场的了解合理推测得到，还有些信息您可以直接从网上获取。例如，W3School 会记录大量关于网站访问情况的统计信息，这些统计信息会定期进行更新。

重新设计现有网站时，您的网站托管服务商可能会提供一些有价值的统计信息，比如历史访问量，以及一些访客信息。如果您是自己管理网站，您可以在网站代码插入一些第三方统计工具（比如Google Analytics 或 Adobe Analytics）来跟踪获取一些有用信息，如图 5-2 所示。

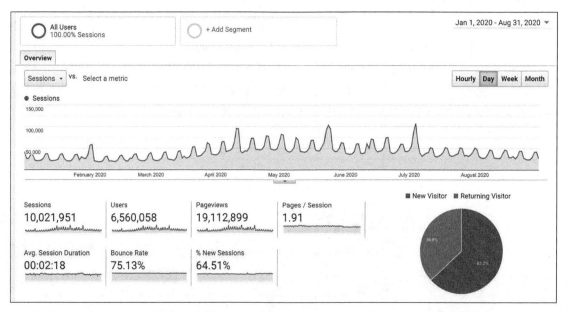

图 5-2

截至 2020 年夏，Windows 台式机仍是上网主力（74%），用户使用的最多的浏览器依次是Chrome（81%）、Firefox（9.2%）、Edge/Internet Explorer（3.3%）。绝大多数桌面浏览器（98%）的分辨率高于 1280 像素 ×800 像素。

如果使用平板电脑和智能手机上网的用户还没占据主导地位，那这些统计数据对大多数网页设计师和开发人员来说是个好消息。因为设计一个在桌面计算机和智能手机上浏览的、漂亮又好用的网站并非易事。

5.2　一个虚构的旅游网站

出于学习的需要，在接下来的课程中，我们会为 Favorite City Tour 公司（一家虚构的旅游公司）开发一个网站。这个网站中包含各种各样的旅游服务信息，网站由各种类型的网页组成，比如使用 jQuery（一个快速、简洁的 JavaScript 框架）等技术制作的动态页面。

您的网站的用户群体可能是多样化的，涵盖各个年龄段，从年轻人一直到老年人，他们大都有一定的收入，而且受过良好的教育。他们希望从旅游中寻求一种全新的体验，他们对旅游也有着自己独特的看法与认识。

市场研究表明，大多数网站访客使用的是台式机或笔记本电脑，用的是高速宽带上网服务。据推测，访客中只有 20% ～ 30% 的人使用智能手机或其他移动设备上网，其他访客只是偶尔用一下移动设备上网，比如在旅行过程中。

为简化 Dreamweaver 的学习过程，我们将使用 Dreamweaver 内置的初始布局来创建网站，这个过程中，我们会学习如何把您的设计主题与现有框架结合起来。

5.3　使用缩览图和线框图

回答了前面 3 个问题（网站用途、访客分布、访问方式）之后，接下来，我们就该确定网站中网页的数量、各个网页的用途，以及各个网页的外观了。

响应式网页设计

现在，使用智能手机和移动设备上网的人越来越多了，而且有些人使用这些设备上网的次数大大超过了台式机。这给网页设计师带来一些挑战。首先，智能手机屏幕很小，您应该如何把两栏或三栏的页面设计塞进一个三四英寸（1 英寸 =2.54 厘米）的屏幕中呢？

过去 5 年间，设计网页时，我们通常会根据一个最优的尺寸（以像素表示的高度与宽度）来设计页面，然后按照这些规格来创建整个网站。但是今天，这种做法已经很少见了。现在制作网站，开始之前，我们必须先做一个决定：您的网站是要能根据各种显示器的尺寸自动做调整（响应式），还是只支持少数几种台式机和移动设备的显示器（适应式）？

做决定时，我们要考虑网站呈现的内容以及访问设备的性能。如果不对访客的显示器尺寸和访问设备的性能做大量研究，想设计出一个支持音频、视频，以及其他动态内容且吸引人的网站是很困难的。"响应式网页设计"这个说法最早是由美国波士顿的一位网页开发者伊桑·马科特（Ethan Marcotte）提出的。他在《响应式网页设计》（2011 年）一书中描述了设计能够自动适应多种屏幕尺寸的页面的想法。本书中，除了学习标准技术之外，我们还会学习各种响应式网页设计的技术，以及如何在您的网站和设计中应用这些技术。

许多平面设计中的概念并不适合应用在网页中，因为您无法控制用户体验。例如，平面设计师预先知道他们要设计的页面尺寸。当您从纵向旋转成横向时，打印的页面及其内容不会发生变化。另外，那些专为标准大屏显示器精心设计的网页在智能手机上基本是没法用的，如图 5-3 所示。

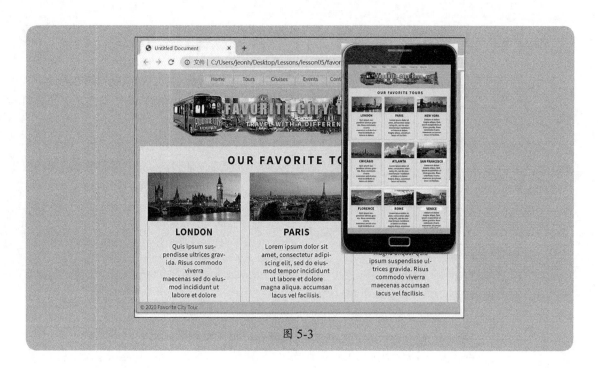

图 5-3

5.3.1　制作缩览图

正式动手设计网页之前，许多网页设计师一般都会先使用铅笔在纸张上画一些缩览图。这些缩览图就是我们要制作的网页。借助这些缩览图，我们能够大致明确整个网站的导航结构。缩览图之间的连线显示了网站中的各个页面是如何组织在一起的，如图 5-4 所示。

大多数网站都有多层结构。通常，第一层结构是从主页开始的，包含主导航菜单中的所有页面，访客从主页可以直接抵达这些页面。第二层中包含的页面，您只能从特定动作或特定位置访问到，比如购物车或产品详情页。

图 5-4

5.3.2　设计页面

搞清楚了网站中有哪些页面，以及呈现什么样的产品和服务之后，接下来，我们就应该具体设计这些页面了。找来纸、笔，把每个页面中包含的组件写下来，比如页头、页脚、导航、主体区域、边栏等，确定每个页面包含的必需组件，有助于设计出符合需求的网页，如图 5-5 所示。除了这些之外，还需要考虑其他因素吗？如果您设计的网站需要考虑用户使用移动设备访问的情形，那您还得考虑上面这些组件在移动设备中是不是必要的。有些页面组件能够根据用户使用的移动设备的屏幕自动调整尺寸，而有些组件则必须重新进行构思和设计。

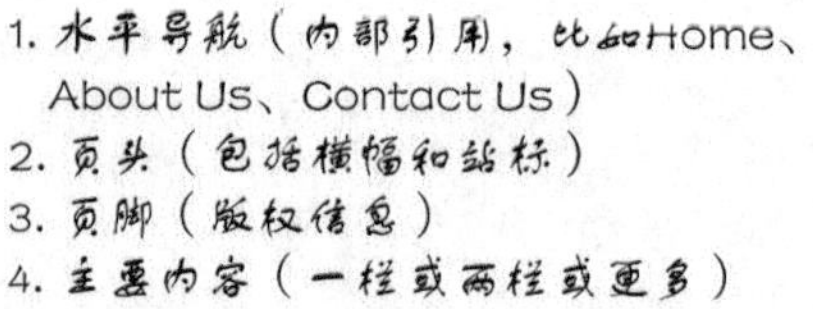

您的公司有没有徽标、企业标识、图形意象，或者指定的颜色主题？或者，您的公司是不是有现成的出版物、宣传册或广告作品？通常，这些材料在网站建设之

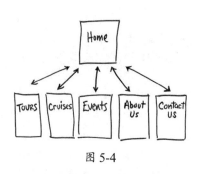

1. 水平导航（内部引用，比如Home、About Us、Contact Us）
2. 页头（包括横幅和站标）
3. 页脚（版权信息）
4. 主要内容（一样或两样或更多）

图 5-5

前就已经有了。把这些资料收集一下，用作网站建设的参考。通过分析这些资料，您能从中确定网站的主题。反过来，在某些情况下，您设计的网页也可以成为印刷品的一部分。

5.3.3 桌面计算机还是移动设备

确定好每个页面包含的组件之后，您可以继续为这些组件粗略地勾画几种布局。然后，根据访客的统计信息，确定您的设计主要针对桌面计算机，还是移动设备（比如平板电脑、智能手机等）。

设计网页时，大多数设计师都会选择一种能够同时兼顾灵活性和美观性的网页设计方案。有些网站的设计偏向于应用多种基本布局。设计网页时，一定要克制住单独设计每一个页面的冲动。请尽量减少网页设计布局的数量，这样不但会让您的网站显得专业统一而且易于管理。某些领域的专业人员（如医生、飞行员）会穿统一的制服也是这个原因。制作网页时，使用统一的页面设计（或模板）会让访客觉得您的网站很专业，而且值得信赖。确定网页外观时，首先必须确定基本组件的尺寸和位置。组件的摆放位置与其作用和实用性密切相关。

平面设计中，版面的左上角是最吸引人眼球的地方，通常我们会把一些重要元素（比如标志、标题）放在这个位置。这是因为我们阅读时一般都是按照从左到右自上而下的顺序进行的。此外，版面的右下角也是一个重要区域，因为当我们阅读完毕后我们的眼睛就停留在这个位置。

但是，上面这个理论在网页设计中却不怎么有效，原因很简单，那就是您永远不知道网站用户是通过什么来观看您的设计的：他们用的是 20 英寸的平板电脑，还是 3 英寸的智能手机？

大多数情况下，您唯一可以确定的是，用户能够看到每个页面的左上角。在这个位置，是放公司徽标好，还是放导航菜单好？这正是网页设计师需要做的决定。设计网页时，您是追求漂亮，还是实用，抑或在两者之间寻求一种平衡？

5.3.4 绘制线框图

确定好设计之后，接下来，我们就可以绘制线框图来描述网站中每个网页的结构了。线框图类似于缩览图，但比它大一些。在每页的线框图中，您可以看到相关组件的更多细节，比如链接名称、主标题，但是这些组件的设计和样式都是极简的。这一步有助于我们提前发现一些问题，这样我们编写代码的时候就能做到心中有数、有的放矢了。绘制线框图时建议您手绘，手绘几分钟就能画好的线框图用数字工具制作可能得花几个小时甚至几天。绘制线框图时，您可以轻松尝试不同的页面设计，快速找到满意的设计方案，避免编写代码时浪费时间，如图 5-6 所示。

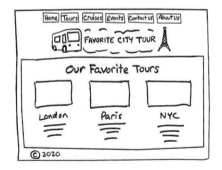

图 5-6

最终设计的线框图应该包含所有组件，以及有关内容、颜色、尺寸的特定信息，如图 5-7 所示。

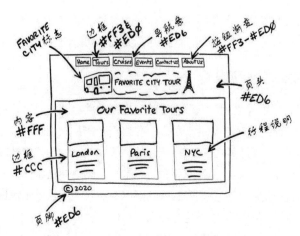

图 5-7

　　确定好基本设计之后，许多设计师还会多做一步，那就是使用 Photoshop、Adobe Illustrator 等软件做一个全尺寸的原型。其实，这样做是很有必要的，因为客户一般不会仅凭您的几张手绘稿就认可您的设计或者拨给您预算。而且，在这些软件中制作好原型之后，您可以把原型导出为全尺寸图像（JPEG、GIF、PNG），然后在浏览器中预览它们，就像看真的网页一样。这样的原型看起来与真实的网页差不多，而且制作起来也花不了多少时间。

　　为了给大家演示如何制作原型，我使用 Photoshop 制作了一个示例页面，您可以在第 5 课的 resources 文件夹中找到它。下面我们一起看一看。

> 💡 **注意**　您可以使用任何一个版本的 Photoshop 打开示例页面。但是，如果您使用的 Photoshop 版本与这里的不一样，那么您看到的 Photoshop 的面板、菜单可能与图中不太一样。

❶ 启动 Photoshop 2021。

❷ 打开 lesson05/resources 文件夹中的 favoritecity-desktop-mockup.psd 文档，如图 5-8 所示。

图 5-8

这个 PSD 文档中包含的 Favorite City Tour 站点原型针对的是配有平面显示器的桌面计算机。文档中包含各种设计组件和图像，它们分别位于不同图层上，设计中还使用了不同颜色和渐变。您可以自由地开关各个图层，了解一下各个组件是怎么创建的。

> ♡ 注意 如果您的计算机中没有安装 Photoshop 软件，那您可以打开同名的 HTML 文件看一看。

5.3.5　为移动设备设计页面

根据需求和访客统计数据，有时我们还得为那些使用智能手机和平板电脑访问网站的用户设计网页。因为这些访问设备的屏幕尺寸各不相同，有的只有几百个像素，有的大小与桌面计算机的显示器差不多。许多网站的主要用户就是使用移动设备的用户。如果您的网站就是这样的，那么设计网页时，就要采用"移动优先"的策略。

"移动优先"策略要求设计师设计网页时优先考虑那些使用智能手机和平板电脑用户的需求，然后再考虑桌面设备用户的需求。通过专门为这些访客做设计和优化，可以提升网站的用户体验，从而给网站带来更多的流量和收入。

智能手机和平板电脑的屏幕尺寸有限，要在有限的屏幕上有效地显示网页内容，就必须重新考虑网页设计方案。例如，在为大尺寸的横向平面显示器设计网页时，为了强调网页中的图形和图片，很多设计师一般都会把图形和图片的尺寸设置得很大。但是，这种做法无法应用到智能手机屏幕上，因为智能手机的屏幕一般都比较小，而且是纵向的，用来显示图形和图片的区域往往也只有几英寸。

在大屏幕上，网页中的标题和正文能够同时显示出来，但在智能手机上必须滚动好几屏才能看全。为移动设备用户编写有效的网站代码不是件容易的事。有时，我们还得为使用不同类型设备的用户提供不同内容。然后借助 PHP、ASP、JavaScript 等编程语言，判断用户使用的设备类型，并根据用户所用设备的屏幕尺寸显示相应内容。

5.3.6　第三种策略

设计网站的第三种策略是同时兼顾桌面设备用户和移动设备用户。您会发现，许多网站用户会交替使用桌面设备和移动设备访问网站，有时在同一天里也会频繁地更换访问设备。他们在家里和办公室里使用桌面计算机或笔记本电脑，而当他们外出时就会换用智能手机和平板电脑。

这种策略实施起来最简单，代价也最小，它不需要另外做编程或开发，本书中我们会采用这个策略。为了给大家展示这个过程，我还为示例网站的移动设备版本创建了原型。

❶ 启动 Photoshop 2021，进入 lesson05/resources 文件夹，打开 favoritecity-tablet-mockup.psd 文档，如图 5-9 所示。

这个 PSD 文档中包含的网站原型针对的是平板电脑。

❷ 打开 favoritecity-phone-mockup.psd 文档，如图 5-10 所示。

这个 PSD 文档中包含的网站原型针对的是智能手机。

这些网站原型都可以在 Photoshop 或 Dreamweaver 软件中打开。单击文档窗口顶部的选项卡，可以在它们之间自由切换，观察不同布局并进行比较，了解每种设计时是如何展现相同内容并根据访问设备改变大小和格式的。

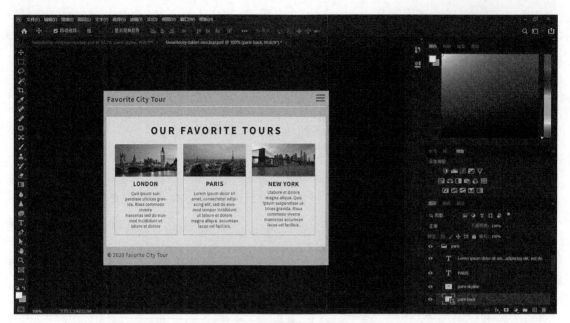

图 5-9

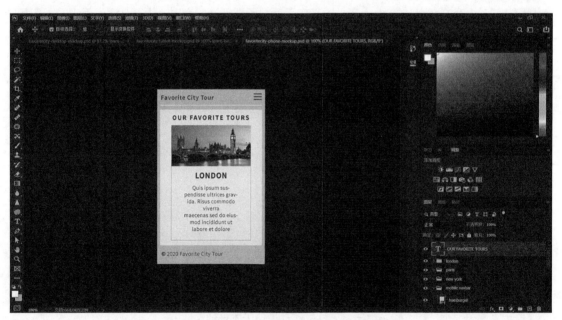

图 5-10

Favorite City Tour 网站原型中包含各种基于矢量的设计组件和图像，它们分别位于不同图层上，设计中还使用了不同颜色和渐变。您可以自由地开关各个图层，了解一下各个组件是怎么创建的。

除了常用功能之外，Photoshop 还专门为网页设计师提供了一些功能以帮助他们更轻松地制作网页原型。使用 Photoshop 的过程中，您可以使用 Adobe Generator 实时创建图像资源。第 6 课中，我们将学习如何根据创建好的网站原型修改 Dreamweaver 中内置的模板。

5.4　复习题

❶ 动手设计网站之前，需要先回答哪 3 个问题？

❷ 为什么要制作缩览图和线框图？

❸ 设计网页时，为什么要考虑使用智能手机和平板电脑的用户？

❹ 什么是响应式设计，为什么 Dreamweaver 用户要关注它？

❺ 为什么要使用 Photoshop、Illustrator 等软件制作网站原型？

5.5　答案

❶ 3 个问题分别是：网站目的是什么？网站用户是谁？用户如何访问网站？搞清这 3 个问题的答案有助于确定网站的设计、内容、策略。

❷ 缩览图和线框图用来快速描述网站的设计和结构，提前发现问题，解决问题，确定好设计方案，避免编写网页时浪费大量时间。

❸ 移动设备用户增长迅猛，大量访问者经常使用移动设备访问网站。专为桌面计算机设计的网页在移动设备上显示效果不佳，移动设备用户无法顺利访问这样的网站。

❹ 响应式设计是一种使网页及其内容得到最有效利用的方法，它可以让网页自动适应不同类型的屏幕和设备。

❺ 相较于在 Dreamweaver 中写代码，使用 Photoshop 与 Illustrator 能够快速设计出网页和原型。用户还可以轻松地把设计好的原型导出成图片，供客户在浏览器中查看，以便获得他们的认可。

创建页面布局

课程概览

本课主要讲解以下内容。

- 根据设计原型确定网页结构
- 基于预定义布局创建页面布局
- 向 Creative Cloud 上传 Photoshop 原型
- 从 Photoshop 原型中提取样式、文本、图像
- 把提取的样式、文本、图像应用到 Dreamweaver 的初始布局上

学习本课大约需要 **2** 小时

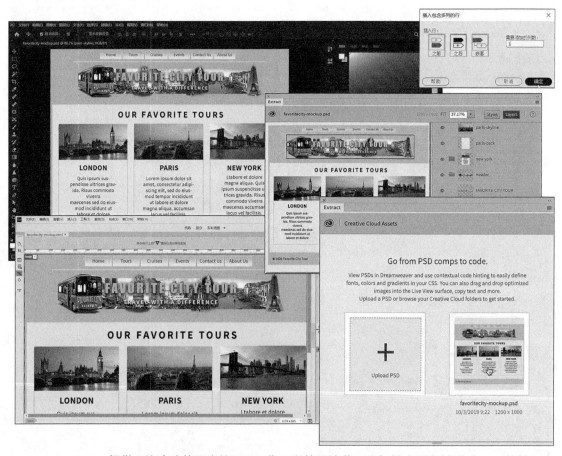

　　Dreamweaver 提供了许多功能强大的工具，您可以使用这些工具轻松应用在其他 Adobe 软件（比如 Photoshop）中创建的样式、文本、图像资源。

6.1　评估网页原型

第 5 课中，我们一起了解了制作网站时如何确定网站的页面、组件和结构。网站的最终设计方案一定是在各种因素（比如访客类型及其访问方式）之间达成了某种平衡。本课中，我们将学习如何在基本网页布局中实现这些结构和组件。

实现一个设计的方法多种多样，接下来，我们要创建一个具有简单结构的页面，并确保其使用的 HTML5 元素数最少。其实，这样的页面设计很容易实现与维护。首先我们把第 5 课中提到的网页原型打开，把握一下网页的基本结构。

❶ 在 Dreamweaver 中，打开 lesson06 文件夹中的 favoritecity-mockup.html 文档。这个 HTML 文档中包含一张图片，它是 Favorite City Tour 网站的设计原型，我们已经在第 5 课中见过了。我们可以把整个页面拆分成几个基本组件：页头、页脚、导航、主体内容。

当我们熟练掌握了构建页面布局的技能之后，我们就可以在 Dreamweaver 中从零开始实现任意一种设计。但是在此之前，我们还是先从使用 Dreamweaver 内置的网页布局开始学吧。

❷ 关闭 favoritecity-mockup.html，不保存任何修改。

接下来，我们了解一下 Dreamweaver 内置的布局，然后从中选择一个开始设计我们的网页。

6.2　使用预定义布局

长久以来，Dreamweaver 一直致力于为网页设计师提供最新的工具和工作流程，确保每一位网页设计师无论水平如何都能轻松地使用这些工具和流程。例如，多年来，Dreamweaver 一直在提供一系列预定义好的模板、各种页面组件，以及代码片段，确保网页设计师能够轻松、快速地完成网页设计工作。

通常，建站的第一步是浏览 Dreamweaver 内置的预定义布局，从中找一找是否有一个满足您需求的预定义布局。

Dreamweaver 2021 延续了这个传统，提供了多种 CSS 布局和 Web 框架，让您可以使用它们轻松创建不同类型的项目。我们可以从【文件】菜单中访问这些 CSS 布局和 Web 框架。

❶ 从菜单栏中，依次选择【文件】>【新建】菜单，打开【新建文档】对话框。除了使用 HTML、CSS 和 JavaScript 创建的文档外，Dreamweaver 还允许您创建各种兼容 Web 的文档。【新建文档】对话框中显示了许多文档类型，包括 PHP、XML、SVG，还有一些预定义好的布局、模板、框架。

❷ 在【新建文档】对话框中，依次选择【启动器模板】>【基本布局】。【基本布局】下包含 3 种布局，分别是【基本 - 单页】【基本 - 多列】【基本 - 简单网格】。

截至本书写作之时，Dreamweaver 2021 提供了 3 种基本布局、6 种 Bootstrap 模板、4 种电子邮件模板、3 种响应式启动器布局。随着时间的推移，这些布局的数量会不断增加，届时 Creative Cloud 会自动推送更新。这些更新是悄无声息的，您可以随时关注这个列表中出现的新变化。

所有布局都是响应式设计，采用的是兼容 HTML5 的结构，这将有助于您获得有关新标准的宝贵经验。只要不需要支持旧的浏览器（比如 IE5、IE6），您完全可以放心大胆地使用这些新设计的布局。

❸ 选择【基本 - 多列】，观察对话框右侧的预览图片，如图 6-1 所示。

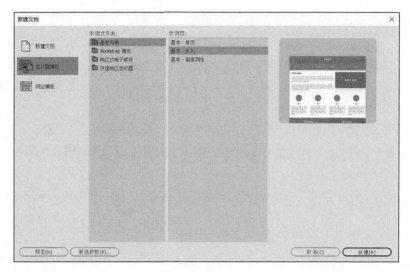

图 6-1

此时，预览区域中显示出的是包含多个列的网页。

④ 选择【基本 - 简单网格】，如图 6-2 所示。

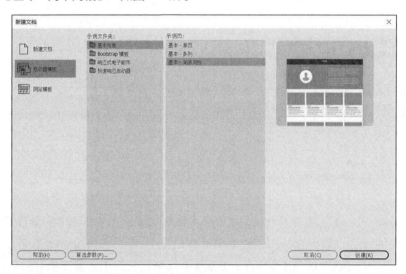

图 6-2

此时，预览区域中显示的是一个基于网格的页面。

⑤ 依次选择每一个类别中的每一种设计。在对话框的预览区域中，观察每个设计的样子。一种模板对应一种特定用途的网站。浏览所有模板之后，发现只有【Bootstrap- 电子商务】模板与我们的网站原型最接近。

⑥ 依次选择【Bootstrap 模板】>【Bootstrap- 电子商务】。

⑦ 单击【创建】按钮，结果如图 6-3 所示。

这个文件是单列布局，包含导航、主体内容、页脚组件。做下一步操作之前，我们先把文件保存一下。

⑧ 从菜单栏中，依次选择【文件】>【保存】。第一次保存新文件时，选择【保存】和【另存为】都可以，因为此时这两个命令的作用是一样的。如果某个文件已经保存过，使用【另存为】命令可以把这个文件以一个新名称保存或者保存到另外一个文件夹中。

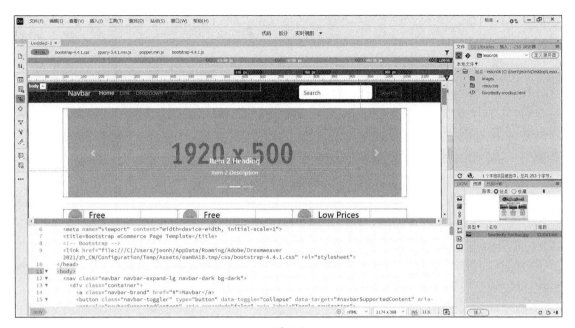

图 6-3

❾ 在【另存为】对话框中，输入新名称 mylayout.html，将其保存到 lesson06 文件夹之下，如图 6-4 所示。

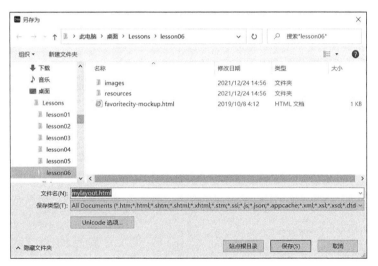

图 6-4

💡提示　若有必要，您可以单击【站点根目录】按钮，转到 lesson06 站点根目录下。

保存文件时，Dreamweaver 会自动把各种资源（图像占位符、CSS、JavaScript 库）添加到站点文件夹中，以支持模板的 Bootstrap 功能。您可以在【文件】面板中看到这些新资源。

💡注意　【文件】面板会自动更新，但需要花一点儿时间。

查看新网页，您会发现它与我们的网站原型有点儿类似了。接下来，我们继续根据网站原型调整布局，创建出将要使用的站点模板。

6.3　为预定义布局设置样式

一旦掌握了布局设置相关技能，从零开始创建一个网页布局就变成一件很简单的事。接下来，我们在 Dreamweaver 中选择一个启动器模板，构建网站模板。

❶ 打开 lesson06 文件夹中的 mylayout.html 文档，使其最大化显示（至少 1200 个像素宽）。这个网页基于完全响应式的 Bootstrap 启动器模板，其样式会随着 Dreamweaver 文档窗口的宽度和方向而变化。为确保您看到的结果和这里的一样，除非有特别说明，否则请一定确保文档窗口的宽度不少于 1200 像素。关于如何调整窗口尺寸，请阅读第 1 课中的相关内容。

第一步是根据我们的网站原型修改页面布局。通常，我们的传统做法是手动修改 CSS。这里，我们的网站原型是使用 Adobe Photoshop 制作的，Dreamweaver 提供了一个内置的 Extract 功能，该功能可以直接从网站原型中提取一些样式。

Extract 功能是 Dreamweaver 前几个版本才加入的，其位于 Creative Cloud 云端，在 Dreamweaver 中需要单独打开一个面板才能访问它。

> ♀注意　打开【Extract】面板之前，必须运行 Creative Cloud 桌面程序，并且使用自己的账户成功登录。

❷ 从菜单栏中，依次选择【窗口】>【Extract】，打开【Extract】面板。【Extract】面板会连接到您的 Creative Cloud 账户，并且显示您的资源中的所有 Photoshop 文件。为了使用我们制作好的网站原型，首先必须把它上传到 Creative Cloud 服务器。

❸ 单击【Upload PSD】按钮，如图 6-5 所示。

此时，打开一个文件对话框。

❹ 在 lesson06/resources 文件夹中，选择 favoritecity-mockup.psd 文件，单击【打开】按钮，结果如图 6-6 所示。

图 6-5

图 6-6

此时，该文件会被复制到本地的 Creative Cloud Files 文件夹中，然后同步到 Creative Cloud 远程存储设备中。文件上传成功后，您就可以在 Extract 面板中看到它了。

❺ 在【Extract】面板中，单击加载 favoritecity-mockup.psd 文件，结果如图 6-7 所示。

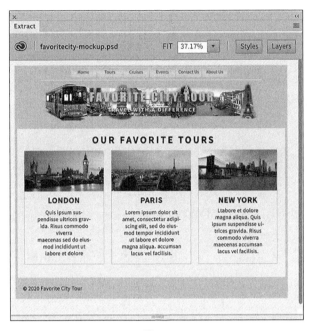

图 6-7

网站原型加载成功后会充满整个面板。在【Extract】面板中，您可以访问网站原型并获取样式信息、图像资源，以及文本。

6.4　使用【Extract】面板设置元素样式

使用【Extract】面板，我们可以轻松地从 Photoshop 文件获取图像资源和样式数据。这里，我们只对样式数据感兴趣。我们先从页面顶部开始，首先获取背景颜色。

❶ 在【Extract】面板中，单击页面的黄色背景，如图 6-8 所示。

单击预览图像，弹出一个对话框，您可以在这个对话框中选择希望从原型中获取的数据。弹出对话框顶部的按钮指示所选组件中有哪些可用数据，比如 CSS、文本、图像资源等。在这里，【Copy CSS】与【Extract Asset】按钮是可用的，这表示样式和图像资源是可用的。【Copy Text】按钮是灰色的，表示没有可供下载的文本内容。

对话框中列出了 CSS 样式，每个样式左

图 6-8

侧都有一个复选框。勾选某个复选框时，其对应的样式就会被复制到程序内存中。弹出对话框中显示的 CSS 样式包括宽度、高度、背景颜色属性。您可以选择所有属性，也可以只选择那些感兴趣的属性。

❷ 取消勾选 width、height 属性复选框，勾选 background-color 属性复选框。

❸ 单击【Copy CSS】按钮，如图 6-9 所示。

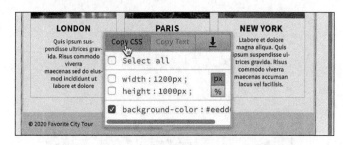

图 6-9

复制了某些属性设置之后，您可以直接在 Dreamweaver 中把它们应用到页面布局中。应用这些数据的最简单方法是使用【CSS 设计器】。

❹ 从菜单栏中，依次选择【窗口】>【CSS 设计器】，打开【CSS 设计器】面板，勾选【显示集】复选框，单击【全部】按钮。首先，我们希望把复制的设置应用到当前布局的顶部导航菜单上。在【选择器】窗格中选择相应规则，或者在【实时视图】中选择相应元素来选择导航菜单。

当前网页布局是完全响应式的，样式是根据文档窗口的宽度和方向来应用的。为了获得正确的样式，必须确保文档窗口把原型设计完全显示出来，窗口宽度不少于 1200 个像素。

❺ 在【实时视图】中，单击选择顶部导航菜单，如图 6-10 所示。

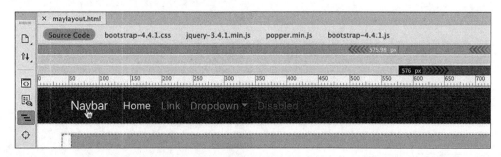

图 6-10

某些情况下，当在文档窗口中选择一个元素时，Dreamweaver 最初选择的元素可能不是您想要的。为了确保元素选择正确，我们应该使用标签选择器栏。

❻ 在标签选择器栏中，选择 nav 标签选择器，如图 6-11 所示。

此时，元素显示窗口中显示出 nav 元素。这个元素有 4 个类，分别是 .navbar、.navbar-expand-lg、.navbar-dark、.bg-dark。【CSS 设计器】会把网站中定义的所有 CSS 规则显示出来，包括控制 navbar 的样式，但是不太容易找得到它们。

跟踪元素的当前样式时，您会发现该样式可以直接应用到 nav 元素，应用到所指定的任何一个类，或者在两个或多个规则之间。这里，我们的目标是找出样式来源，然后替换或覆盖它。

❼ 在【CSS 设计器】中，单击【当前】按钮，如图 6-12 所示。

第 3 课中讲过，【当前】下显示的是应用到所选元素上的所有样式。【CSS 设计器】的【选择器】窗格中显示的是应用到当前导航菜单上的 CSS 规则，包括 .bg-dark、.navbar-expand-lg、.navbar。

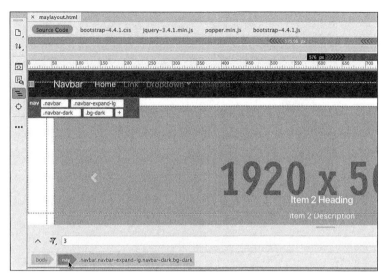

图 6-11

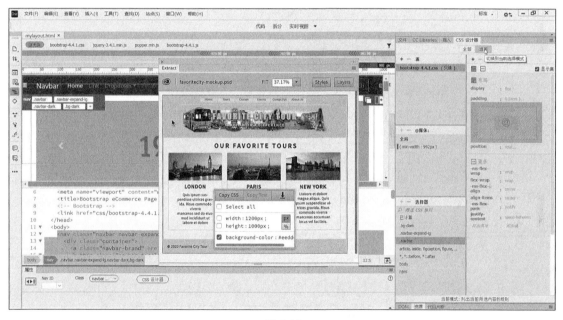

图 6-12

其中一个规则用来把背景颜色应用到 nav 元素上。单击某个选择器，您可以查看它的属性。在【CSS 设计器】中，列表顶部的规则效力最大。当出现冲突时，第一条规则中的属性会覆盖其他规则中的属性。

❽ 选择 .bg-dark，查看【属性】窗格，如图 6-13 所示。

这条规则把背景颜色设置为 #343a40。若普通样式表中包含这条规则，则您可以使用网站原型中的背景颜色替换现有颜色。但是这个页面的样式表是以 Bootstrap 框架创建的，而且在【CSS 设计器】中是只读的，所以在【CSS 设计器】中规则和属性都是灰色的。如果您希望覆盖现有样式，就必须另外创建一个样式表，然后把您创建的所有样式添加到新样式表中。

> 💡 注意 有些 Windows 用户反馈说，Bootstrap 的样式表是可以编辑的。不管怎样，我建议您不要改动 Bootstrap 样式表，按照这里的讲解去做。

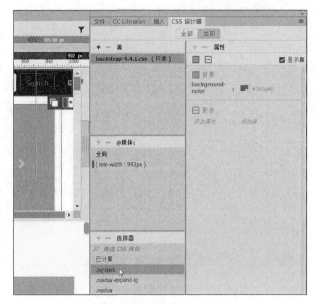

图 6-13

只读与可编辑

Bootstrap 样式表是只读文件，这是为了防止您意外修改 Bootstrap 框架的样式。有时，您会在屏幕顶部看到一条警告信息，告诉您 Bootstrap 样式表是只读文件，但是您可以把它变为可编辑状态，如图 6-14 所示。

图 6-14

单击警告条右端的关闭图标（⊗），关闭警告信息。在警告条中，有一个【设置为可写】选项，单击它，可以把样式表变为可编辑状态。但是，我强烈不建议您把 Bootstrap 样式表转换成可编辑状态。

❾ 在【CSS 设计器】的【源】窗格中，单击【添加 CSS 源】图标（ + ），在下拉菜单中，您可以选择【创建新的 CSS 文件】、【附加现有的 CSS 文件】，或者【在页面中定义】。

❿ 从下拉菜单中，选择【创建新的 CSS 文件】，打开【创建新的 CSS 文件】对话框。

⓫ 在【创建新的 CSS 文件】对话框中，输入 favorite-styles.css，单击【确定】按钮，新建样式表，如图 6-15 所示。

图 6-15

单击【确定】按钮后，在【CSS 设计器】的【源】窗格中，就会增加一条对新样式表的引用。虽然新的 CSS 文件尚未被创建出来，但是在网页的 head 元素中已经可以看到对新样式表的引用了。当您创建好第一条规则并保存文件时，Dreamweaver 会自动创建样式表文件。然后，【CSS 设计器】面板自动切换到【全部】模式下，同时选择新创建好的样式表。这一点很重要，因为在【当前】模式下我们是无法新建选择器和属性的。

⑫ 在【源】窗格中，单击 favorite-styles.css，如图 6-16 所示。

当前，【@ 媒体】和【选择器】窗格都是空的，也就是说，目前 favorite-styles.css 文件中尚未定义任何 CSS 规则或媒体查询。您可以在这张"白纸"上添加一些设计或者对现有设计进行修改。虽然我们不会直接修改 Bootstrap 样式表，但是我们可以根据需要在 favorite-styles.css 文件中做相应的修改和设置。

图 6-16

向 nav 元素应用当前背景颜色的规则是 .bg-dark。为了覆盖这个样式，我们需要在新样式表中创建一条一模一样的规则。

⑬ 在【选择器】窗格中，单击【添加选择器】图标（ ➕ ）。此时，在【选择器】窗格中出现一个输入框，请在其中输入新选择器的名称。其实，Dreamweaver 可以根据文档窗口中选择的元素为我们自动生成一个名称。这里，选择器名称用到了 nav 元素的 4 个类。由于用来设置背景颜色的规则只使用了其中一个类，所以新规则也应该如此，以避免任何意想不到的后果。

⑭ 输入 .bg，如图 6-17 所示。

图 6-17

自动选择器被高亮显示出来，它完全被新的文本所取代。请不要忘记，在 CSS 中定义类名时，需要以句点（.）开始。提示菜单中列出了 HTML 或 CSS 选择器中使用的所有类。在列表中，您应该可以看到 .bg-dark。

⑮ 在提示菜单中，选择 .bg-dark，按 Enter 键或 Return 键。此时，.bg-dark 选择器出现在 favorite-styles.css 样式表中，但尚未定义任何属性。一旦创建好选择器，您就可以应用从原型中提取的样式了。

⑯ 把鼠标指针移动到 .bg-dark 选择器上，右击。此时，弹出菜单中提供了编辑、复制、粘贴

CSS 样式的命令。这里，我们希望粘贴从【Extract】面板提取的样式。

⓱ 从弹出菜单中，选择【粘贴样式】，如图 6-18 所示。

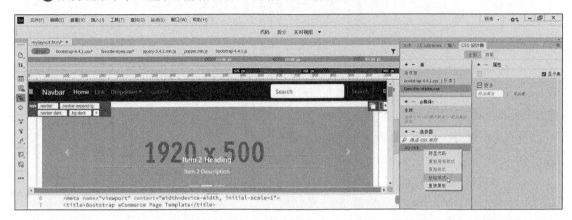

图 6-18

此时，原型的背景颜色属性出现在新的 CSS 规则中。但这里有一个问题，导致导航栏的背景仍然是黑色的。制作网页时，不同样式表规则之间发生冲突很常见。对于网页设计师来说，能够排查样式表中的错误是很重要的。同时，Dreamweaver 也为我们提供了许多有用的错误排查工具。

6.5　排查 CSS 中的冲突

迄今为止，这是我们遇到的第一个 CSS 样式冲突，但肯定不是最后一个，相信后面我们还会遇到。为了帮助我们轻松找出这些冲突，Dreamweaver 提供了各种各样的排查工具。

❶ 在【CSS 设计器】中，单击【当前】按钮。

❷ 单击 nav 标签选择器。【选择器】窗格中列出了许多规则，用来格式化导航栏及其父元素。窗格中的第一个选择器是 .bg-dark。

💡提示　先在文档窗口中选择导航栏或它的某个组件，您才能看到 nav 标签选择器。

❸ 在【选择器】窗格中，单击 .bg-dark，查看其属性，如图 6-19 所示。

【属性】窗格列表第一个显示的是 .bg-dark 规则，其中有您刚刚添加的 background-color 属性。通常，这表示这条规则有着较高的优先级，会覆盖其他样式。但在这里，background-color 属性上有一条黑色删除线，表示出于某些原因，这条规则被禁用了。Dreamweaver 内置的排错功能远不止如此。

❹ 在【CSS 设计器】中，把鼠标指针移动到 background-color 属性之上，出现工具提示，如图 6-20 所示。

工具提示指出 background-color 属性被禁用的

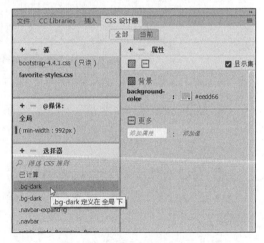

图 6-19

原因是，Bootstrap 模板中的 background-color 属性带有 !important 标记。这个 CSS 属性通常只在紧急情况下使用，用于覆盖无法用其他方式修复的冲突样式。

针对这个问题，我们有两种解决方法：一是删除 Bootstrap 模板中 background-color 属性的 !important 标记；二是给新属性添加 !important 标记。由于 Bootstrap 样式表是只读的，所以我们应该选用第二种方法。

❺ 右击 .bg-bark 规则，从弹出菜单中，选择【转至代码】，如图 6-21 所示。

图 6-20　　　　　　　　　　　　　　　　　　图 6-21

文档窗口水平拆分，底部是【代码】视图，显示 favorite-styles.css 样式表，当前聚焦在 .bg-dark 规则。

❻ 把光标移动到颜色值（#eedd66）之后，分号（;）之前。

❼ 按空格键，插入一个空格，输入！，如图 6-22 所示。

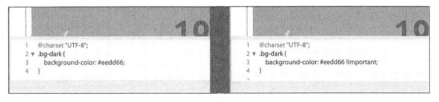

图 6-22

> ♀ 注意　不论是否插入空格，都不会影响代码正常工作。插入空格仅仅是为了方便我们阅读和编辑代码。

Dreamweaver 会自动补全 !important 属性。一旦样式表中有了这个属性，导航栏就拥有了原型中的样式。也许您已经注意到了，!important 属性并未出现在【CSS 设计器】中。当您排查其他 CSS 问题时，请务必记住这一点。

❽ 从菜单栏中，依次选择【文件】>【保存全部】。

使用【保存全部】命令，我们可以把所有改动保存到网页中，并在站点文件夹中创建 favorite-styles.css 文件。接下来，我们使用【Extract】面板从原型中提取文本内容。

6.6　从 Photoshop 原型提取文本

在【Extract】面板中，我们可以轻松地从原型中提取文本样式以及文本本身。接下来，我们就一起动手试一试。

❶ 打开 lesson06 文件夹中的 mylayout.html 文件，进入【实时视图】下。此时，文档窗口的宽度应该不少于 1200 像素。

❷ 从菜单栏中，依次选择【窗口】>【Extract】，打开【Extract】面板。此时，【Extract】面板中应该显示出网页原型。若非如此，请从资源列表中选择它。

> 💡 提示　【Extract】面板可能会遮住当前正在处理的页面。您可以随意调整【Extract】面板的位置，或者把它停靠到某个不影响视线的地方。

❸ 查看位于原型顶部的导航菜单。导航栏中有 6 个菜单项，分别是 Home、Tours、Cruises、Events、Contact Us、About Us。Bootstrap 布局中的导航栏完全不一样，它有 4 个菜单项，其中一个是下拉菜单，其下包含更多选项，还有一个带按钮的搜索框。使用第三方模板时，尽快删除那些不需要的项目，免得碍事。

Bootstrap 菜单中的第一个项目是文本 Navbar，它是一个超链接，并非菜单的一部分。在针对桌面计算机的网站原型中没有这样的项目，但是在针对平板电脑与智能手机的设计中却有文本元素。在小屏幕上，文本元素会代替页首与标志图像。

❹ 选择 Navbar 元素。此时，Navbar 元素周围出现橙色边框，表示其文本是可编辑的。

❺ 双击单词"Navbar"。此时，整个单词处于高亮状态。

❻ 输入 Favorite City Tour，如图 6-23 所示。

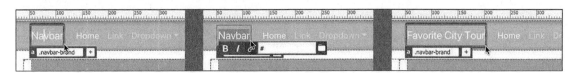

图 6-23

使用智能手机与平板电脑访问这个页面时，这个公司名称会显示出来，但在使用桌面计算机访问时，它会隐藏起来。我们暂时让它保持可见。

接着，我们看一看 Home 菜单项。也许您注意到了，其样式与其他菜单项不一样。出现这样奇怪的样式一般是因为没有把 CSS 类指定给其他项。

❼ 选择 Home 菜单项，如图 6-24 所示。

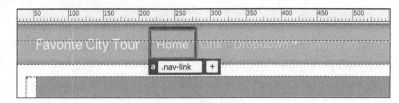

图 6-24

【元素显示框】中显示出 a 元素，同时元素周围出现一个橙色边框。这个元素没什么特别之处。接下来，我们一起看一看 li 元素。改变【元素显示框】中的内容时，您可以使用标签选择器、鼠标，或键盘。这里，我们使用键盘。

❽ 按 Esc 键。此时，a 元素的边框颜色变成蓝色。此外，您还可以使用键盘改变文档窗口中的焦点。

❾ 按向上方向键，如图 6-25 所示。

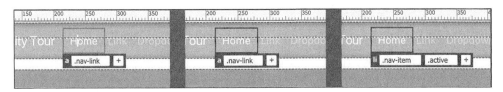

图 6-25

此时，【元素显示框】中显示出 li 元素，它指定了两个类：.nav-item、.active。

> **注意** 当元素周围出现蓝色边框时，按上下方向键，【元素显示框】中的内容发生变化，把焦点放在文档对象模型中出现的元素上。

❿ 把鼠标指针移动到类 .active 之上，单击【删除类 /ID】图标（✕），如图 6-26 所示。

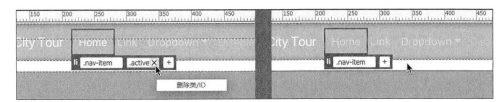

图 6-26

一旦删除 .active 类，Home 菜单项的样式就与 Link 菜单项一样了。

在网页原型中，接下来的一个菜单项是 Tours。在【Extract】面板中，我们可以从原型中提取文本内容及样式。

⓫ 在【Extract】面板中，选择第二个菜单项 Tours。请确保您选择的是文本，而非按钮。此时，弹出一个对话框，对话框顶部的 3 个按钮都处于可用状态，这表示您可以从所选部分提取样式、文本、图像资源。

⓬ 单击【Copy Text】按钮，如图 6-27 所示。

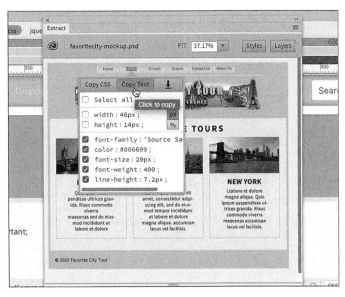

图 6-27

⑬ 在【实时视图】下，双击 mylayout.html 中的 Link。此时，文本高亮显示，而且周围出现一个橙色边框，表示当前处在文本编辑模式下。

⑭ 右击选择的文本。在弹出菜单中，您可选择执行剪切、复制、粘贴文本等操作。

⑮ 从弹出菜单中，选择【粘贴】，如图 6-28 所示。

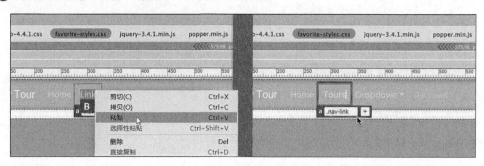

图 6-28

此时，Tours 文本就代替了 Link 文本。在 Bootstrap 菜单中，下一个菜单项是下拉菜单。由于网页原型中没有这样的菜单项，所以我们得把它删掉。

> ♀提示 实际上，文本提取功能原本是用来提取大段文本的。类似菜单项这样简短的文本，其实您可以直接手动输入。

6.7 删除模板中的某些组件与属性

若模板中存在不需要的组件，您尽可以把它们删除。删除组件时，一定要删除整个元素，不要落下任何 HTML 代码。

❶ 在文档窗口中，选择 Dropdown 菜单项。此时，显示出【元素显示框】。大多数情况下，【元素显示框】中显示的是菜单项的 a 元素。

大部分导航菜单都是由无序列表组成的，使用的 3 个 HTML 元素分别是 ul、li、a。通常，下拉菜单使用无序列表下的一个列表项创建。

删除下拉菜单时，您既可以删除充当下拉菜单的列表项，也可以删除包含它的父元素。最简单的方法是删除其父元素。无论何时删除页面中的元素，请一定使用标签选择器确保选中了所有相关标记。

❷ 选择充当 Dropdown 菜单项的 li 标签选择器，如图 6-29 所示。

此时，【元素显示框】中显示的是 li 元素，同时 li 元素周围出现橙色边框，表示您可以直接编辑元素内容。这是 Dreamweaver【实时视图】功能下的一个明显改进。

在旧版本的 Dreamweaver 中，您可以直接在【实时视图】中删除某个元素，但是必须双击元素才能进入编辑模式。在 Dreamweaver 2021 中，您可以直接编辑元素，但是必须再选一次，才能删除它们。

❸ 当前【元素显示框】中显示的是充当 Dropdown 菜单项的 li 元素，单击【元素显示框】，如图 6-30 所示。

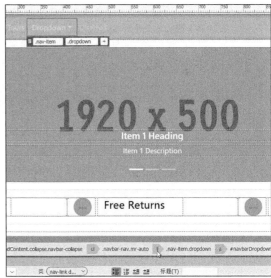

图 6-29

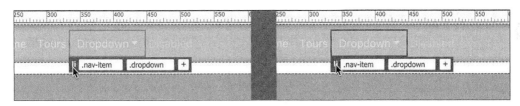

图 6-30

此时，元素边框变成蓝色，表示当前选中的是元素本身，而非元素内容。

❹ 按 Delete 键，结果如图 6-31 所示。

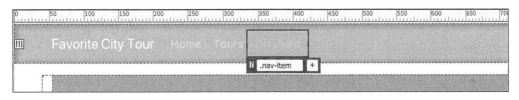

图 6-31

此时，Dropdown 菜单项及其子标签全部被从页面中删除。删除所选元素后，【元素显示框】自动显示下一个菜单项——Disabled 菜单项，而且其周围也出现蓝色边框。Disabled 菜单项的颜色比其他菜单项浅，这是因为它应用了一个名为 .disabled 的特殊类。删除 .disabled 类之后，其样式就与其他菜单项一样了。

.disabled 类应用在 a 元素上，但是 a 元素在【实时视图】和标签选择器中是不可见的。在【实时视图】中，选择这些不可见元素的方法有好几种。如果您能在【实时视图】中看见蓝色边框，您可以使用前面介绍过的 DOM 选择法。

❺ 按键盘上的向下方向键，如图 6-32 所示。

此时，【元素显示框】中显示出 a 元素，同时显示出应用到 a 元素上的 .disabled 类。

❻ 在【元素显示框】中，把鼠标指针移动到 .disabled 类上，单击【删除类/ID】图标（☒），如图 6-33 所示。

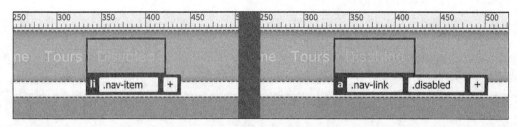

图 6-32

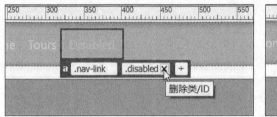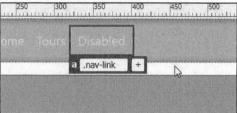

图 6-33

删除 .disabled 类之后，Disabled 菜单项的样式就与其他菜单项一样了。

❼ 双击文本 Disabled，输入 Cruises。这样，第 3 个菜单项就制作完成了。继续创建其他菜单项之前，我们先清理一下模板导航栏中的其他组件。网页原型中不包含搜索框，所以我们需要把它删除。

❽ 选择【Search】按钮。查看标签选择器，您会发现【Search】按钮包含在一个更大的组件中。搜索组件分别由 form、input、button 3 个 HTML 元素组成，其中 form 元素是父元素。

❾ 选择 form 标签选择器，如图 6-34 所示。

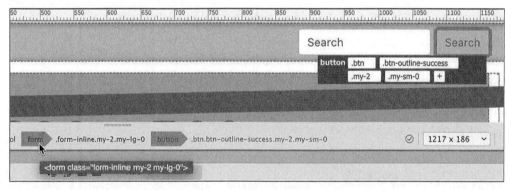

图 6-34

此时，【元素显示框】中显示出 form 元素，同时元素周围出现橙色边框。

> ♀注意 选择 form 元素后，其周围可能出现蓝色边框。若如此，请直接跳到第 11 步。

❿ 单击【元素显示框】，如图 6-35 所示。

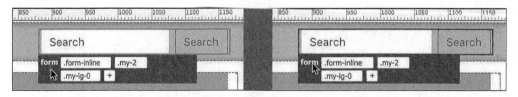

图 6-35

此时，元素边框变成蓝色。

⓫ 按 Delete 键，如图 6-36 所示。

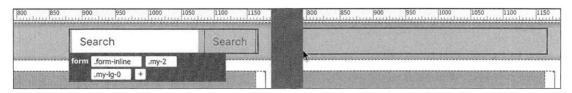

图 6-36

此时，整个搜索组件被从页面中删除了。

到这里，我们就删除了搜索组件，并且创建好了 3 个菜单项，接下来，我们还要创建 3 个菜单项。

6.8 插入新菜单项

前面讲过，水平菜单由一个无序列表组成。在 Dreamweaver 中，添加一个菜单项是很容易的。

❶ 在文档窗口中，选择第 3 个菜单项——Cruises。大多数情况下，当您选择一个菜单项时，Dreamweaver 会显示出 a 元素，同时 a 元素周围出现橙色边框。a 元素有一个名为 .nav-link 的类。

❷ 按 Esc 键。此时，选中的对象由元素内容变成元素本身。为了创建新的菜单项，我们必须复制当前的 HTML 结构。

❸ 按键盘上的向上方向键，结果如图 6-37 所示。

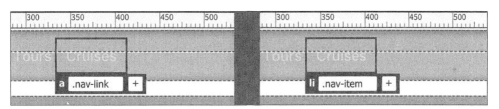

图 6-37

此时，【元素显示框】中显示出 li 元素，它有一个名为 .nav-item 的类。在 Dreamweaver 中，创建新菜单项的方法有好几种。

❹ 从菜单栏中，依次选择【插入】>【列表项】，弹出定位辅助面板。

❺ 选择【之后】，如图 6-38 所示。

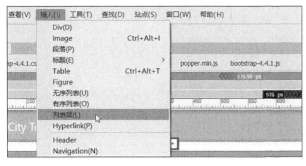
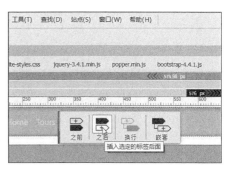

图 6-38

此时，出现一个新的菜单项，其中包含占位文本。

⑥ 选择占位文本"Content for li Goes Here"，输入 Events，如图 6-39 所示。

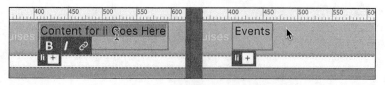

图 6-39

此时，新菜单项的样式与其他菜单项都不一样，其他菜单项都有 .nav-item 类。接下来，我们向 Events 菜单项添加 .nav-item 类。

⑦ 在【元素显示框】中，单击【添加类 /ID】图标（+）。

⑧ 输入 .nav-item，然后按 Enter 键或 Return 键，如图 6-40 所示。

图 6-40

在您输入时，Dreamweaver 会打开一个提示菜单，其中显示着 HTML 文档或样式表中定义的类。在提示菜单中，选择某个类，即可将其添加到所选元素上。此时，新菜单项的样式与其他菜单项还是不一样，因为它还缺少一个超链接组件。当前菜单项的链接目标还没确定下来，我们可以暂时使用井号（#）作为链接目标。

⑨ 选择菜单项文本 Events。此时，弹出文本格式框。在文本格式框中，您可以选择向所选文本添加粗体、斜体和超链接样式。

⑩ 单击【超链接】图标（🔗），输入井号（#），然后按 Enter 键或 Return 键，如图 6-41 所示。

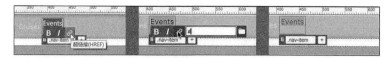

图 6-41

此时，【元素显示框】中显示出 a 元素。若非如此，则您必须单击选择它。

⑪ 单击菜单项文本中的 Events，选择 a 元素。在【元素显示框】中，单击【添加类 /ID】图标。

⑫ 输入 .nav-link，然后按 Enter 键或 Return 键，如图 6-42 所示。

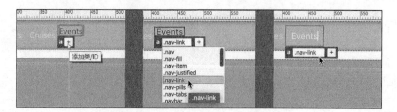

图 6-42

向 a 元素添加好 .nav-link 类之后，Events 菜单项的样式就与其他菜单项一样了。除了上面方法之外，我们还可以使用【DOM】面板创建新的菜单项。

6.9 使用【DOM】面板新建菜单项

【DOM】面板中显示着网页的整个 HTML 结构，包括类、id，但不显示网页内容。不仅如此，您还可以在【DOM】面板中调整页面结构，包括编辑、移动、删除、新建元素。

> ♀注意　本节内容承接 6.8 节内容。若您是跳读到本节的，请先在【实时视图】下选择 Events 菜单，然后再学习本节内容。

❶ 从菜单栏中，依次选择【窗口】>【DOM】，打开【DOM】面板。此时，【DOM】面板中高亮显示文档窗口中选择的元素，即 Events 菜单项的 a 元素。为了插入另外一个菜单项，我们必须先选择 li 元素。

❷ 在【DOM】面板中，选择充当 Events 菜单项的 li 元素，如图 6-43 所示。

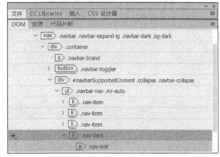

图 6-43

❸ 在【DOM】面板中，单击【添加元素】图标（ ➕ ）。

❹ 选择【在此项后插入】，如图 6-44 所示。此时，在【DOM】面板中出现一个新的 div 元素，并且新元素处于高亮显示和可编辑状态。若按 Enter 键或 Return 键，div 元素就会被创建出来。但是，这里我们需要的是 li 元素。

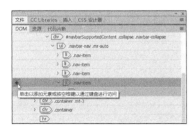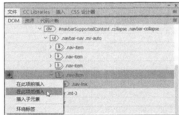

图 6-44

❺ 输入 li，然后，按 Tab 键。此时，li 元素把 div 元素替换掉。同时，光标移动到属性输入框中。在【DOM】面板中，您可以轻松地添加 HTML 元素、类、id。

❻ 输入 .nav-item，按 Enter 键或 Return 键，如图 6-45 所示。

图 6-45

此时，文档窗口中出现新的菜单项，其中包含占位文本。

❼ 选择占位文本，输入 Contact US，如图 6-46 所示。

图 6-46

❽ 选择文本 Contact US，显示出文本格式框。

❾ 单击【超链接】图标（），输入 #，按 Enter 键或 Return 键，如图 6-47 所示。

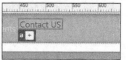

图 6-47

❿ 向 a 元素添加 .nav-link 类，如图 6-48 所示。

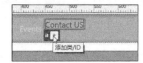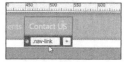

图 6-48

到这里，Contract Us 菜单项就添加好了。接下来，我们添加最后一个菜单项，选用最简单的方法：复制与粘贴。

6.10　使用复制粘贴添加菜单项

前面添加菜单项的方法多少都有点儿麻烦。下面我们使用最简单的一种方法（复制粘贴）添加最后一个菜单项。

❶ 选择 Contact Us 菜单项。

❷ 选择 li 标签选择器，如图 6-49 所示。

图 6-49

此时，【元素显示框】中显示的是 li 元素，同时其周围出现橙色边框。

❸ 按 Esc 键，如图 6-50 所示。

图 6-50

> 💡 提示　按 Esc 键后，若元素边框颜色没有变成蓝色，请单击【元素显示框】。

此时，元素边框颜色从橙色变成蓝色，表示当前选中的是元素本身。

❹ 右击 Contact Us 上的【元素显示框】，从弹出菜单中，选择【拷贝】。

> 💡 注意　使用弹出菜单时，请务必把光标放到【元素显示框】中的标签之上。有时【元素显示框】中显示的内容会变成 a 元素，执行粘贴操作时，会引发错误。

在文档窗口中，选择一个元素时，执行粘贴命令会把新元素作为同级元素直接插入所选元素之后。

❺ 右击 Contact Us 上的【元素显示框】，从弹出菜单中，选择【粘贴】，如图 6-51 所示。

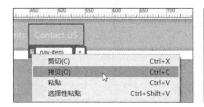 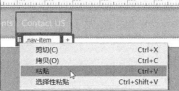 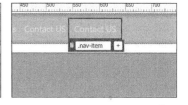

图 6-51

此时，在 Contact Us 菜单项右侧出现一个一模一样的菜单项，它们的样式也是一样的。

> 💡 注意　与前面一样，从弹出菜单中选择【粘贴】命令时，一定要确保光标在【元素显示框】中的标签之上。

❻ 双击新菜单项中的文本 Contact。

❼ 输入 About，然后按 Esc 键，如图 6-52 所示。

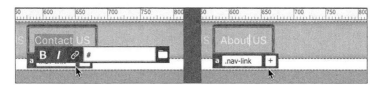

图 6-52

到这里，所有菜单项就全部添加好了。

❽ 从菜单栏中，依次选择【文件】>【保存全部】。菜单内容添加好之后，接下来，我们该给菜单中的文本和按钮添加样式了。

6.11 提取文本样式

当前，导航栏中的文本是白色的。当导航栏是黑色背景时，使用白色文本，辨认效果非常好。但是，当把导航栏背景颜色变成黄色时，再使用白色文本，辨认效果就不太好了。本节中，我们学习如何使用【Extract】面板从原型中提取文本样式，以及按钮样式。

应用从原型提取的样式之前，必须有一个地方可以粘贴样式。Bootstrap 样式表是只读的，也就是说，我们必须先创建规则，才能粘贴样式。

❶ 打开 mylayout.html 文档，确保文档窗口宽度不少于 1200 个像素。

❷ 从导航菜单中，选择一个菜单项。

导航菜单由 5 种 HTML 元素组成，分别是 nav、div、ul、li、a。文本样式可以应用到其中任意一个元素上，或者同时应用到 5 个元素上。这里，我们的目标是使用原型中的样式覆盖掉 Bootstrap 样式表中的设置。

> 💡 **注意** 选择文本时，请确保当前显示的是 a 元素。一般需要单击两到三次，才能显示出正确的元素。

❸ 在【CSS 设计器】中，单击【当前】按钮。【选择器】窗格中显示出控制着所选文本样式的 CSS 规则。位于列表顶部的 CSS 规则效力最强，这通常也是我们的目标。此时，【源】窗格中以粗体显示着 bootstrap-4.4.1.css，表示格式化所选元素的所有规则都保存在这个文件中。

> 💡 **注意** Bootstrap 版本号可能会发生变化，但不会另行通知。所以，您看到的 Bootstrap 版本号可能和这里不一样。

虽然位于【选择器】窗格顶部的 CSS 规则效力最强，但是它不一定是格式化所选元素的规则。导航菜单这类动态元素默认有 4 种 CSS 格式化状态：链接、已访问、悬停、活动。相关内容我们将在第 10 课中详细讲解。这里，我们只需提取菜单项的默认状态——链接。

❹ 右击选择器 .navbar-dark .navbar-nav .nav-link，结果如图 6-53 所示。

在弹出菜单中有一些命令，其中有些处于灰色不可用状态。若当前 Bootstrap 样式表不是只读的，则您可以选择【直接复制】命令把需要的选择器复制到 favorite-styles.css 中。接下来，我们会设法绕开这一限制，以便得到相同的结果。

图 6-53

❺ 从弹出菜单中，选择【转至代码】，结果如图 6-54 所示。

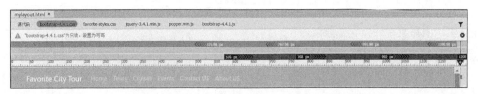

图 6-54

有些 Windows 用户反映，他们的 Bootstrap 样式表不是只读的。

文档窗口水平拆分，【代码】视图位于底部，其中显示着 Bootstrap 样式表，并聚焦到目标规则上。您可能需要稍微向上滚动一下，才能看到选择器。在文档窗口顶部，出现一条信息，指出 Bootstrap 样式表当前是锁定的，但同时给出了一个【设置为可写】选项，选择它，可以把样式表变为可编辑状态。

❻ 选择并复制选择器，如图 6-55 所示。

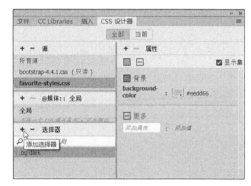

图 6-55

复制好用于格式化菜单项默认状态的选择器之后，接下来，我们需要在 favorite-styles.css 中重建它。

❼ 在【CSS 设计器】中，单击【全部】按钮。此时，文档窗口的焦点在【代码】视图上，其中显示的是 Bootstrap 样式表。为了在【CSS 设计器】中显示 favorite-styles.css，我们必须把焦点放到【实时视图】上。

❽ 在【实时视图】中，选择任意一个菜单项。

❾ 在【源】窗格中，选择 favorite-styles.css。

❿ 单击【添加选择器】图标（ + ）。此时，打开一个输入框，用来输入新选择器名称，里面有一个示例选择器。

⓫ 按 Ctrl+V 或 Cmd+V 组合键，如图 6-56 所示。

图 6-56

此时，前面第 6 步中复制的选择器替换掉了示例选择器。

⓬ 按 Enter 键或 Return 键，添加好选择器。

⓭ 接下来，我们从原型中提取文本样式。在【Extract】面板中，从导航菜单中任选一个菜单项，弹出菜单中显示着各个提取选项。

⓮ 在弹出菜单中，勾选 font-family 与 color 属性复选框，取消勾选其他属性复选框，如图 6-57 所示。

⓯ 单击【Copy CSS】按钮。从原型复制好 CSS 之后，还必须在模板中找出那些用来格式化菜单项文本的规则。这可不太容易，因为有时候文本样式十分复杂，而且一个文本元素可能会受到多条规则的控制。当然，这并不是说您无法顺利格式化一个项目，而只是提醒您在应用新样式时必须加倍小心。

⑯ 右击第 12 步中创建的规则，从弹出菜单中，选择【粘贴样式】，如图 6-58 所示。

图 6-57

图 6-58

此时，【属性】窗格中显示出 color 与 font-family。现在，6 个菜单项中的文本样式与原型中保持一致了。接下来，我们格式化菜单按钮。

6.12 使用 Extract 创建渐变背景

导航栏中的按钮带有渐变背景，自上而下，从深黄色逐渐变为淡黄色，这一点您在【Extract】面板的预览图中不太容易发现。

与菜单文本一样，我们必须找出那些用来为菜单项创建背景颜色的规则。大多数情况下，这些样式规则都是应用到 li 或 a 元素上的。

❶ 打开 lesson06 文件夹中的 mylayout.html 文件，进入【实时视图】下，确保文档窗口宽度不少于 1200 像素。

❷ 从导航菜单中，任选一个菜单项。单击某个菜单项时，默认选择的一般是 a 元素。由于 a 元素是 li 元素的子元素，因此您可以通过选择该元素来查看应用到菜单项上的所有样式。

❸ 单击标签选择器，如图 6-59 所示。

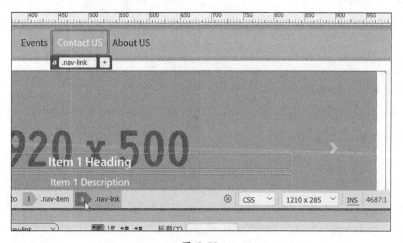

图 6-59

④ 单击【当前】按钮。

⑤ 在【CSS 设计器】中，勾选【显示集】复选框。

⑥ 在【选择器】窗格中，依次单击每条规则。查看每条规则时，【属性】窗格会显示应用到菜单结构上的所有样式。从 a 元素开始，最终显示应用到 li 与 ul 元素上的样式。接下来，查找所有背景属性。

查看每一条规则之后，您会发现，菜单元素上没有设置任何背景属性。您可以选择向 li 元素或 a 元素应用样式。这里，我们选择向 li 元素应用按钮样式。首先，我们创建应用样式的规则。按照下面步骤，确保正确创建新规则。

⑦ 单击 li 标签选择器，如图 6-60 所示。

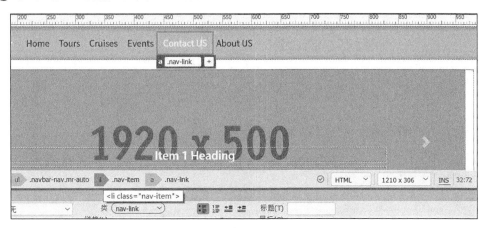

图 6-60

⑧ 在【CSS 设计器】中，单击【全部】按钮。

⑨ 在【源】窗格中，选择 favorite-styles.css。

⑩ 单击【添加选择器】图标（ + ）。打开选择器输入框，里面是 Dreamweaver 自定义的选择器。默认设置下，这些选择器的优先级很高，您可以按键盘上的向上或向下方向键，改变它们的优先级。我们希望选择器"对准到"菜单项，但是并不需要过分冗长。

⑪ 不断按向上方向键，直到出现选择器：.navbar-nav .mr-auto .nav-item。

> ♀ 注意　有时，必须按向下方向键，才能找到所需要的选择器。

⑫ 把选择器修改为 .navbar-nav .nav-item，按 Enter 键或 Return 键，如图 6-61 所示。

此时，按钮样式规则就已经准备好了。

⑬ 从菜单栏中，依次选择【窗口】>【Extract】，选择 favoritecity-mockup.psd。

⑭ 选择模型中的任意一个菜单按钮，如图6-62所示。

接下来，我们要提取背景和边框样式。

⑮ 在弹出窗口中，勾选 width，取消勾选 height。

⑯ 单击【Copy CSS】按钮，如图 6-63 所示。

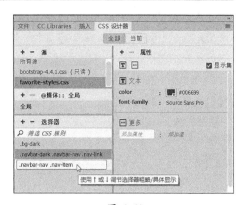

图 6-61

图 6-62

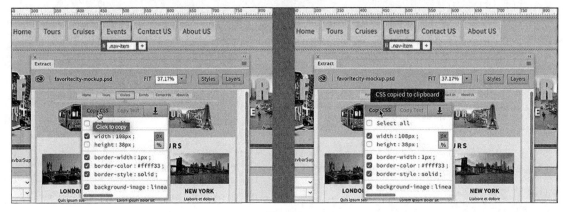

图 6-63

⓱ 右击 .navbar-nav .nav-item 规则，从弹出菜单中，选择【粘贴样式】，如图 6-64 所示。

此时，从原型中复制的样式出现在【属性】窗格中。同时，各个菜单项有了与原型一样的渐变背景，清晰的边框、宽度，如图 6-65 所示。但是，我们还需要对按钮做一点儿调整。

⓲ 在【CSS 设计器】中，取消勾选【显示集】复选框。取消勾选【显示集】复选框后，【属性】窗格会显示应用到某个元素上的所有 CSS 属性。当前，.navbar-nav .nav-item 规则应该仍处于选中状态。原型中，按钮之间有一些空隙，但是 Photoshop 并不支持这种样式，因此我们必须自己创建它。

图 6-64

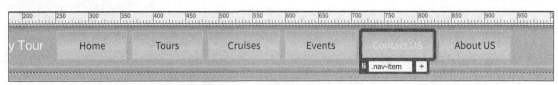

图 6-65

⑲ 在【属性】窗格中，单击【布局】图标（▦），如图 6-66 所示。

图 6-66

⑳ 把左边距和右边距设置为 4px，如图 6-67 所示。

图 6-67

㉑ 在【属性】窗格中，单击【文本】图标（Ｔ）。

㉒ 在【text-align】中，选择【center】，如图 6-68 所示。

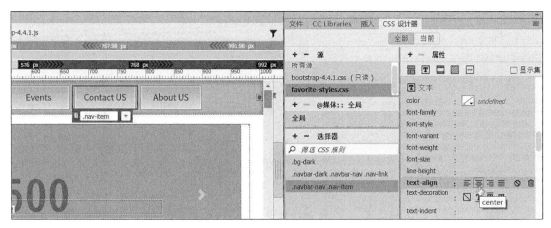

图 6-68

此时，按钮中的文本是居中对齐的。

㉓ 从菜单栏中，依次选择【文件】>【保存全部】。

到这里，导航菜单就制作好了。接下来，我们要在导航菜单下面添加一幅 Logo 图像。通常，我们要把这样的图像插入 header 元素。Bootstrap 模板中没有这个元素，我们需要自己添加它。

6.13 从原型中提取图像资源

公司 Logo 位于导航菜单下。下面我们从原型中提取图像，然后添加一个 header 元素，把提取的图像放入其中。

❶ 在【Extract】面板中，选择 Logo 图像，如图 6-69 所示。

图 6-69

虽然我们选择的是 Logo 图像，但不要认为 Extract 只能导出图像。若图像属于某个 Photoshop 编组，而且这个编组中还包含文本、效果等，Extract 会把它们同图像一起导出。执行导出操作之前，最好检查一下图像是怎么构成的。检查时，不需要使用 Photoshop 检查所选元素的组成情况。【Extract】面板能够读取和显示 Photoshop 文件中的图层内容。

❷ 单击【Layers】按钮，如图 6-70 所示。

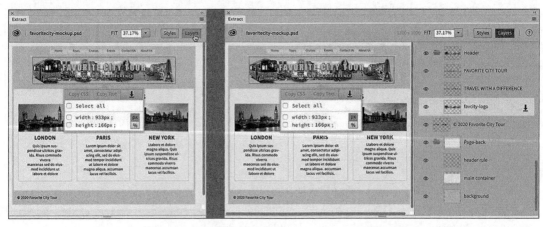

图 6-70

请注意面板中选择的图层。Logo 是 Header 图层的一部分，Header 图层中包含公司名称和座右铭。若选择 Header 图层，Extract 会创建一个包含文本的图像，某些情况下，这正是我们希望的，但这里不需要。在网页中插入文本，有助于搜索引擎建立索引，从而提高搜索排名。

❸ 选择 favcity-logo 图层，如图 6-71 所示。

图 6-71

❹ 单击【Extract Asset】图标（⬇）。

> 💡 **注意**　若在站点定义对话框的高级设置中指定了默认图像文件夹，则站点图像文件夹就会成为目标文件夹。

此时，在【Extract】面板中，弹出一个界面，在其中可以设置图像名称、输出图像类型，以及保存位置。第 9 课中，我们会详细讲解 Web 兼容图像的方方面面，以及如何使用它们。这里，我们选择 JPEG 格式输出图像。

❺ 在弹出界面的【Folder】中，选择 lesson06 中的 images 文件夹。此时，【Save as】中显示的应该是 favcity-logo，该名称来自 Photoshop 中的同名图层。如果显示的不是 favcity-logo，请一定检查一下是否选错了图层。

❻ 单击【JPG】按钮。

> 💡 **注意**　【Extract】面板只能输出 PNG 和 JPEG 格式的图像。

❼ 把【Optimize】值设置为 80，如图 6-72 所示。

❽ 单击【Save】按钮。

若定义 lesson06 站点时指定了图像文件夹，Logo 图像就会被自动保存到其中。接下来，我们添加 header 元素。

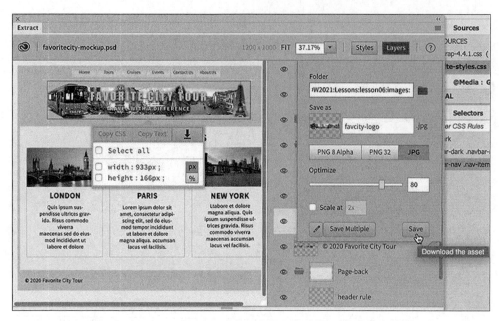

图 6-72

6.14　添加 header 元素

从原型中可以看到，页面头部与导航栏一样都是横贯整个屏幕，而其他页面组件并非如此。Bootstrap 使用行与列来分割屏幕。向导航栏添加一行，网页头部会自动使用相同宽度。Dreamweaver 简化了向 Bootstrap 组件添加新行的过程，只需要单击一下就行了。

❶ 在导航栏中，选择任意一个菜单项。

❷ 选择 nav 标签选择器，如图 6-73 所示。

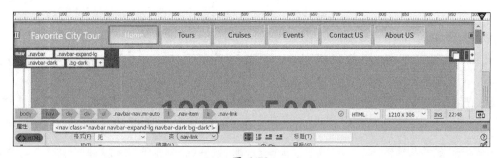

图 6-73

此时，【元素显示框】中显示的是 nav 元素。

❸ 单击【元素显示框】，或者按 Esc 键。然后，从菜单栏中，依次选择【窗口】>【插入】，打开【插入】面板。

❹ 在【插入】面板中，从下拉菜单中，选择【Bootstrap 组件】。您可以把各种 Bootstrap 组件添加到网页布局中。这些 Bootstrap 组件同时支持桌面计算机、平板电脑和智能手机，而且"开箱即用"。

❺ 单击【Grid Row With Column】。此时，弹出【插入包含多列的行】对话框。

❻ 单击【之后】，在【需要添加的列数】中，输入 1，如图 6-74 所示。

图 6-74

❼ 单击【确定】按钮，结果如图 6-75 所示。

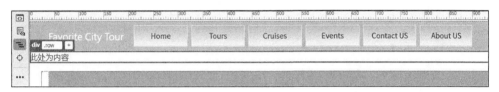

图 6-75

此时，在导航栏之下出现一个 div.row 元素，其中含有占位文本。制作网页头部时，使用 div 元素完全没有问题，但是 HTML5 专门提供了一个 header 元素，该元素比 div 元素更有语义价值。

❽ 按 Ctrl+T 或 Cmd+T 组合键，打开【编辑标签】工具。

❾ 把 div 修改为 header，按 Enter 键或 Return 键，如图 6-76 所示。

图 6-76

此时，div .row 变为 header .row。

❿ 选择占位文本，输入 FAVORITE CITY TOUR。这段文本没有应用任何 HTML 元素。从语义上说，公司名称应该是一个标题。根据实践经验，网页应该只有一个 h1 标题，而且这个标题应该是主页标题。因此，我们的公司名称应该使用 h2 标题。格式化文本最简单的方法是使用【属性】面板。

⓫ 从菜单栏中，依次选择【窗口】>【属性】，在【属性】面板的【格式】中，选择【标题 2】，如图 6-77 所示。

> 💡注意 若【属性】面板显示为浮动面板，您可以把它停靠到文档窗口底部。

⓬ 在【Extract】面板中，单击【Layers】按钮，关闭【Layers】面板，选择公司名称。

⓭ 取消勾选 font-weight 与 line-height，单击【Copy CSS】按钮，如图 6-78 所示。

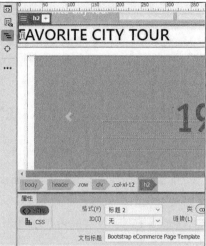

图 6-77

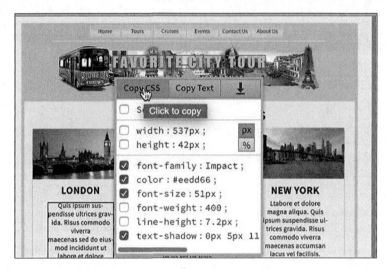

图 6-78

复制好样式之后，接下来，我们还要为公司名称创建一条规则。

⓮ 在【CSS 设计器】中，选择 favorite-styles.css。新建一个选择器 header h2，然后粘贴第 13 步中复制的样式，如图 6-79 所示。

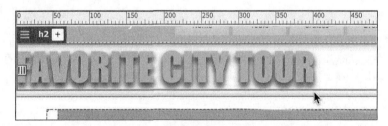

图 6-79

此时，公司名称得到了很好的格式化，但是是左对齐的。

⓯ 选择规则 header h2。

⓰ 在【CSS 设计器】的【属性】窗格中，单击【文本】图标（T）。

⓱ 在【text-align】中，选择【center】，如图 6-80 所示。

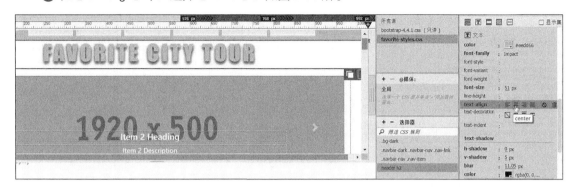

图 6-80

⓲ 在【Extract】面板中，选择 TRAVEL WITH A DIFFERENCE，取消勾选 line-height，复制 CSS。

⓳ 在公司名称后插入光标。

⓴ 按 Enter 键或 Return 键换行。

㉑ 输入 TRAVEL WITH A DIFFERENCE。

㉒ 新建一条规则：header p。

㉓ 把样式复制到新规则上，添加属性 text-align: center，如图 6-81 所示。

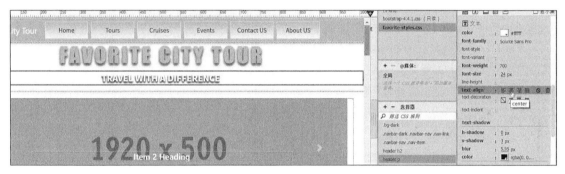

图 6-81

到这里，网页头部中的文本就添加好了，可能还需要做一点儿调整，但是这里我们暂时不做。

㉔ 从菜单栏中，依次选择【文件】>【保存全部】。

接下来，我们向网页头部添加背景图像——公司 Logo。

6.15 向 header 添加背景图像

公司名称和座右铭不能出现在同一个地方，但是我们可以把文本添加到图像上，或者把图像作为背景插入。背景由一幅或多幅图像和至少一种整体颜色组成。当堆叠多种效果时，必须确保属性顺序正确。

❶ 在【实时视图】下，打开 mylayout.html 文件，并确保文档窗口宽度不低于 1200 像素。

❷ 在【CSS 设计器】中，选择【全部】，取消勾选【显示集】复选框。

❸ 新加一条规则：header。

④ 在新规则中，单击【背景】图标（）。

⑤ 在 background-color 中，输入 #ED5，按 Enter 键或 Return 键，如图 6-82 所示。

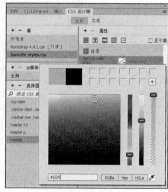

图 6-82

此时，<header> 背景颜色与导航栏一样了。接下来，我们添加 Logo 图像。

⑥ 在 background-image 属性中，单击【浏览】图标（），如图 6-83 所示。

⑦ 从 lesson06 下的 images 文件夹中，选择 favcity-logo.jpg，单击【确定】按钮，如图 6-84 所示。

此时，Logo 图像出现在 header 中，但是底部被截断，而且沿水平方向有重复。默认设置下，背景图像会在水平方向和垂直方向上有重复。某些情况下，我们需要背景有重复，但这里我们不需要。接下来，我们调整一下 CSS，让背景得到更好的展现。

图 6-83

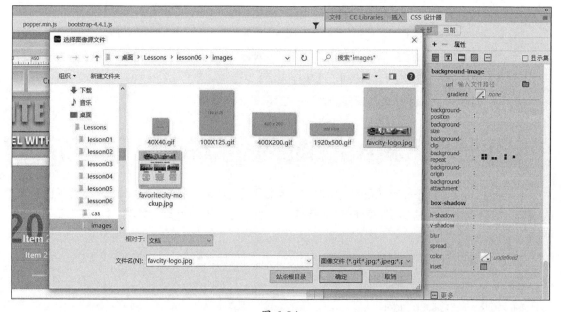

图 6-84

⑧ 在 header 规则中，添加如下属性，如图 6-85 所示。

```
background-position: center center;
background-repeat: no-repeat;
background-size: 80% auto;
```

此时，背景图像看上去好看多了，但是底部和顶部仍有截断。

⑨ 单击【布局】图标（▤）。

⑩ 在 header 规则中，添加如下属性，如图 6-86 所示。

```
height: 212px;
```

此时，网页头部高度增加，把整个 Logo 完整显示出来。相对于背景图像，公司名称和座右铭在垂直方向上未居中。接下来，继续处理文本元素和 header。

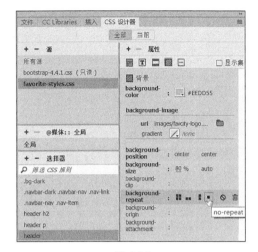

图 6-85

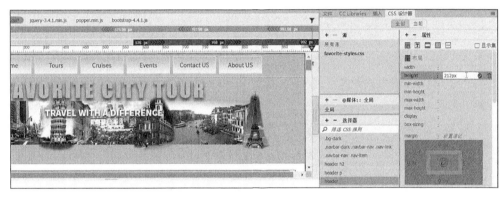

图 6-86

⑪ 在 header h2 规则中，修改或添加如下属性，如图 6-87 所示。

```
margin-top: 1em;
font-size: 350%;
line-height: 1em;
letter-spacing: 0.12em;
```

图 6-87

这些属性使公司名称和原型中的公司名称一致。接着，我们再调整一下座右铭。

⓬ 在 header p 规则中，修改或添加如下属性，如图 6-88 所示。

```
font-size: 150%;
line-height: 1em;
letter-spacing: 0.4em;
```

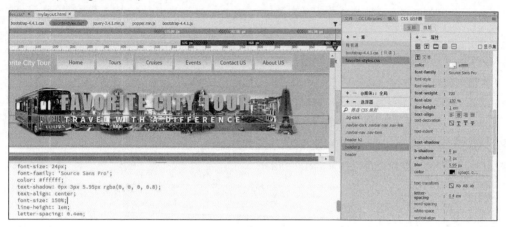

图 6-88

此时，座右铭出现在背景图像之上，且与模型中一样字母有了间距。原型中，导航菜单与网页头部之间有一条淡黄色的线条。

> **注意** 这条淡黄色线条两端并未延伸到页面边缘。为了添加这样的淡黄色线条，我们需要在页面中找到拥有同样宽度的元素。

页面中，页面头部左右延伸到页面边缘，但是导航菜单没有。这样提醒之后，您应该知道怎么做了吧！

⓭ 在导航菜单中，单击任意一个菜单项。div.container 包含整个导航菜单，适合做淡黄色水平线。

⓮ 选择 div.container 标签选择器。此时，【元素显示框】中显示 div.container，它没有延伸到页面左右边缘。

⓯ 创建规则：nav.container。在 nav 元素后面要添加一个空格。

⓰ 在新规则中，添加如下属性，如图 6-89 所示。

```
padding-bottom: 10px;
border-bottom: 2px solid #FF3;
```

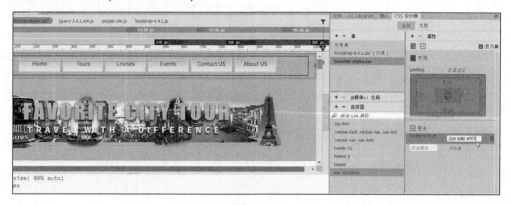

图 6-89

到这里，针对桌面计算机显示器的网页头部就制作完成了。

⓱ 从菜单栏中，依次选择【文件】>【保存全部】。

后面课程中，我们将学习如何调整页面组件使其适合桌面计算机、智能手机和平板电脑屏幕。

6.16 最后调整

最后，我们对页面布局做几处调整。这些都是小调整，很快就可以完成。

❶ 在【实时视图】下，打开 mylayout.html 文件，确保文档窗口宽度不少于 1200 像素。在原型中，页面左右两侧都有边框。由于边框延伸到屏幕边缘，所以我们最好选择使用 body 元素来做。

❷ 在 favorite-styles.css 中，添加规则：body。

❸ 在 body 规则中，添加如下属性，如图 6-90 所示。

```
border-right: 15px solid #ED5;
border-left: 15px solid #ED5;
```

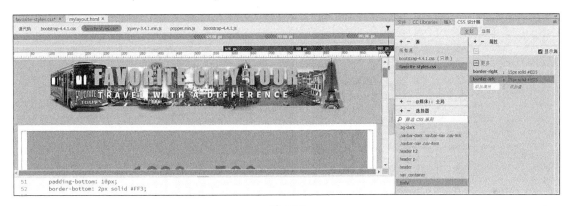

图 6-90

此时，在页面左右两侧出现边框。

第 7 课中，我们会添加页面的主要内容。此时，我们需要调整一下页脚文本。首先，从原型中获取页脚文本。

❹ 在【Extract】面板中，选择与复制页脚文本。

❺ 在 mylayout.html 中，选择页脚中的占位文本，粘贴上一步复制的页脚文本，如图 6-91 所示。

图 6-91

当前，页脚文本是居中对齐的。默认设置下，HTML 中的文本是左对齐的。也就是说，某个设置覆盖了默认设置。

❻ 选择 footer 标签选择器。footer 元素的类是 .text-center，正是它把页脚文本居中对齐了。

❼ 从 footer 元素删除类 .text-center，如图 6-92 所示。

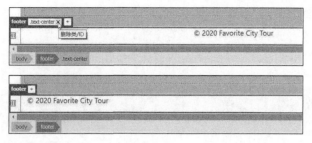

图 6-92

此时，页脚文本靠左对齐。最后是应用背景颜色。

⑧ 在 favorite-styles.css 中，添加规则：footer。

⑨ 在 footer 规则中，添加如下属性，如图 6-93 所示。

```
padding-top: 5px;
color: #069;
background-color: #ED5;
```

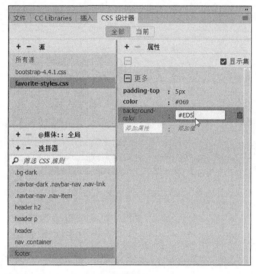

图 6-93

⑩ 从菜单栏中，依次选择【文件】>【保存全部】。

恭喜您！到这里，本课内容就全部学完了。本课中，我们学习了如何从 Photoshop 模型提取样式，以及把它们应用到预定义的 Bootstrap 模板上。后面课程中，我们会继续调整和格式化网页内容，学习各种 HTML、CSS 小技巧。第 7 课中，我们会把这个 Bootstrap 启动器布局转换成 Dreamweaver 站点模板。

6.17 复习题

❶ Dreamweaver 为初学者提供了哪些辅助设计功能?

❷ 使用响应式启动器布局有什么好处?

❸ 【Extract】面板有什么用?

❹ 【Extract】面板能用来下载 GIF 图像资源吗?

❺ 判断对错:【Extract】面板生成的所有 CSS 属性都是精确的,均可用来格式化网页和内容。

❻ 一个元素可以应用多少个背景图像?

6.18 答案

❶ 为了帮助初学者设计网页,Dreamweaver 2021 提供了 3 种基本布局、6 种 Bootstrap 模板、4 种电子邮件模板和 3 种响应式启动器布局。

❷ 响应式启动器布局提供了完整的布局,包括预定义的 CSS 和占位内容,有助于我们快速着手网站设计或布局设计。

❸ 借助【Extract】面板,我们能够从页面原型(使用 Adobe Photoshop 与 Adobe Illustrator 制作)中轻松获取 CSS 样式、文本内容,以及图像资源。

❹ 不能。【Extract】面板只支持 PNG、JPEG 图像格式。

❺ 错。虽然许多 CSS 属性完全可用,但是 Photoshop、Illustrator 中的样式是用来做打印输出的,有些并不适合 Web 应用。

❻ CSS 可以向一个元素应用多个背景图像,但是只能应用一种背景颜色。

第 7 课

使用模板

课程概览

本课主要讲解以下内容。

- 创建 Dreamweaver 模板
- 插入可编辑区域
- 制作子页面
- 更新模板与子页面

学习本课大约需要 **2** 小时

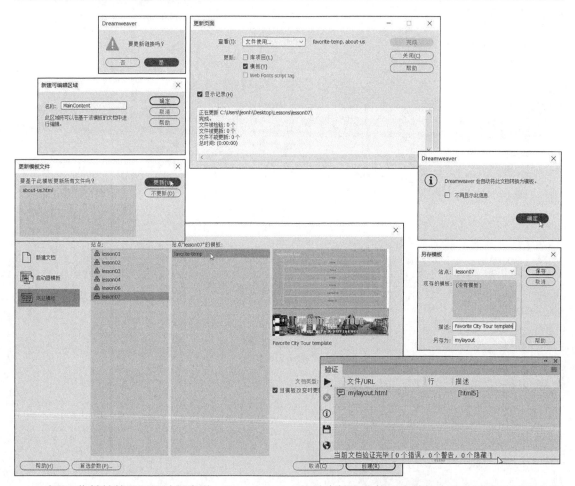

对于工作繁忙的网页设计师来说，Dreamweaver 的站点管理功能和高效的生产力工具是其最大的优势，也是其大受欢迎的主要原因。

7.1 创建 Dreamweaver 模板

Dreamweaver 模板是一种页面母版，您可以基于它创建多个子页面。使用 Dreamweaver 模板能够确保整个网站的外观、风格一致，同时帮助我们快速、轻松地生产网站内容。在 Dreamweaver 中，模板与常规的 HTML 页面不一样。

在普通网页中，您能使用 Dreamweaver 编辑整个页面。但是在模板中，指定的区域被锁定，无法进行编辑。模板可以用在团队项目中，允许多个团队成员创建和编辑网页内容，同时允许网页设计师控制页面设计和特定元素，确保它们不发生变化。

下面我们看一个布局示例，找出页面中哪些区域被锁定，哪些区域可编辑。

❶ 启动 Dreamweaver 2021。

❷ 打开 lesson07 文件夹中的 mylayout.html 文件，进入【实时视图】下，确保文档窗口宽度不低于 1200 像素，如图 7-1 所示。

图 7-1

❸ 自上而下，查看页面布局。整个页面被划分成具有不同用途的多个区域，比如导航、企业标识、可编辑内容、联系信息、版权声明。在一个网站的大多数页面中，这些元素会重复出现，而且保持一致。通常，人们把这些元素称为"样板"，因为它们构成了每个网页的基本结构。

在这个模板中，有 3 种不同类型的内容模块：图像轮播区域、卡片式图像区域、基于列表的文本区域。这些模块中都包含可编辑内容。

在每个页面中，只有可编辑的内容是可更改的。在基于模板创建的页面中，样板区域被锁定，在 Dreamweaver 中不允许编辑。

在把页面布局转换成 Dreamweaver 模板之后，包含可编辑内容的区域会变成可编辑区域。但在这么做之前，我们还有一些工作要做。模板一般都比较精简，仅包含必要组件，但当前我们的网页布局太拥挤了，需要删除一些不必要的组件。

7.2　删除不必要的组件

模板应该是非常精简的，一般只包含少量基本元素或占位符。这样，创建子页面时，可以最大限度地降低清理的工作量。接下来，我们先从创建卡片式区域开始。

如果您的文档窗口宽度不小于1200像素，您应该能够看到分成两行排列的6个卡片元素。后面课程中，我们会使用这些元素添加旅游描述信息。但是，模板中不需要同时保留6个元素，只留下3个就够了。

❶ 单击第二行第一个元素中的400×200占位图像，将其选中，如图7-2所示。

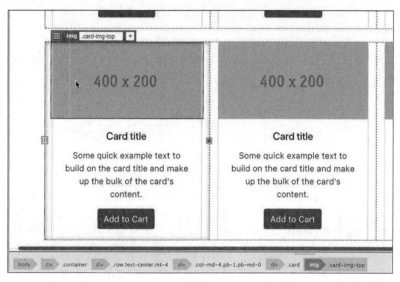

图 7-2

此时，【元素显示框】中显示的是img元素。查看标签选择器，您会发现占位图像有4个div父元素。分析HTML内容的结构时，标签选择器是最有力的工具之一。

❷ 选择占位图像的第一个父元素——div.card，如图7-3所示。

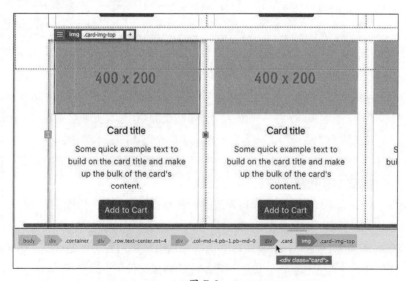

图 7-3

此时，【元素显示框】中显示出 div.card。从蓝色边框可以看出，第一个卡片元素的大部分被选中了。这里，我们的目标是选择整行元素。

❸ 单击 div.col-md-4.pb-1.pb-md-0 标签选择器。单击该标签选择器后，第一个卡片整体被选中。

❹ 单击 div.row.text-center.mt-4 标签选择器。此时，第二行卡片被整体选中，但是这个标签选择器之上还有一层标签选择器 div.container。

❺ 单击 div.container，如图 7-4 所示。

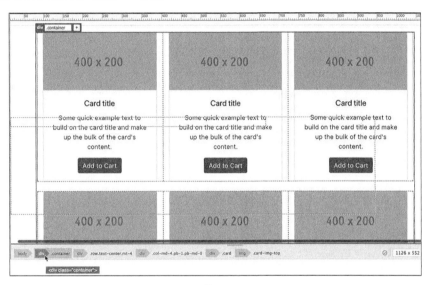

图 7-4

单击 div.container 标签选择器之后，整个卡片区域都被选中。这里，我们不要选择整个卡片区域。我们需要回到上一次选择下。大多数情况下，最后一个标签选择器仍然是可见的。

❻ 单击 div.row.text-center.mt-4 标签选择器，如图 7-5 所示。如果在标签选择器栏中看不到这个标签选择器，请重复步骤 1 ～ 4，将其选中。

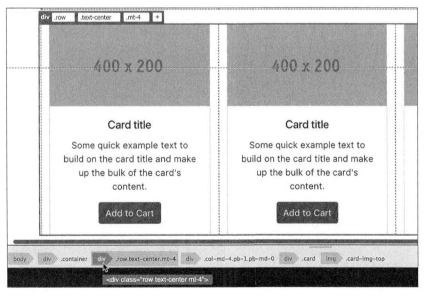

图 7-5

此时，第二行卡片再次被选中。

⓻ 按 Delete 键。

> ♡ **注意** 删除元素时，请确保元素周围有蓝色边框。当元素周围出现橙色边框时，表示当前选中的是元素的内容，而非元素本身。

　　此时，第二行卡片被整体删除，页面上只剩下一行卡片。接下来，我们处理基于列表的内容。基于列表的区域与卡片区域不太一样。删除这些元素的方法与前述方法稍微有点儿不同，但是使用的仍然是标签选择器。基于列表的区域中有 3 行元素，这里我们只需要留下一行。

⓼ 单击第三行第一个元素的占位图像，如图 7-6 所示。

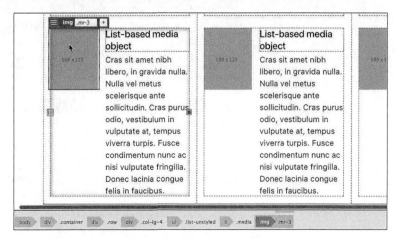

图 7-6

　　查看标签选择器栏，您会发现，占位图像位于一个无序列表中。但是，我们不能通过删除无序列表来删除第三行。

⓽ 单击 ul 标签选择器，如图 7-7 所示。

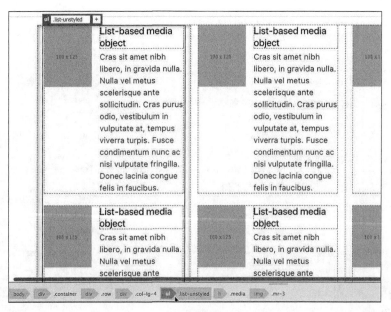

图 7-7

此时，【元素显示框】中显示的是列表区域的整个第一列。实际上，3 行就是 3 个无序列表，每个无序列表中的列表项都是垂直排列的。为了删除第二行和第三行，我们必须把每个列表的最后两个列表项删除。与之前一样，第一个无序列表中的第三个列表项（li 标签选择器）应该是可见的。

💡 提示　若看不见 li 标签选择器，请从第 8 步开始重新选择。

⑩ 选择 li 标签选择器，按 Delete 键，如图 7-8 所示。

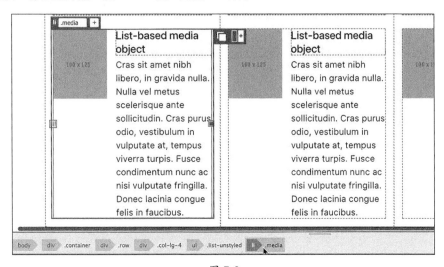

图 7-8

此时，第一无序列表中的第三个列表项就被删除了。

⑪ 重复第 10 步，删除每个无序列表中的第二个和第三个列表项，如图 7-9 所示。

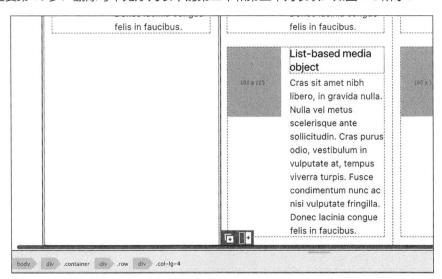

图 7-9

此时，基于列表的区域中只含有一行元素。接下来，我们处理一下页面底部。页脚上方区域包含 3 列链接和一个地址块。

⑫ 单击第一列中的最后一个链接锚，查看标签选择器，如图 7-10 所示。

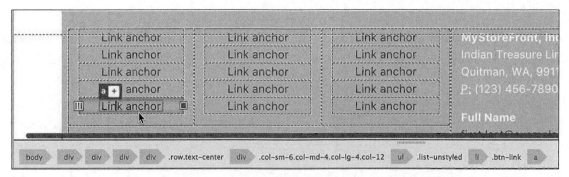

图 7-10

与基于列表的区域一样，链接包含在 3 个垂直排列的无序列表中。在【实时视图】中，为使每列只有一个链接，我们必须逐个删除多余链接。这在【DOM】面板中操作起来更快捷。

⓭ 从菜单栏中，依次选择【窗口】>【DOM】，打开【DOM】面板。

⓮ 选择 li 标签选择器，如图 7-11 所示。

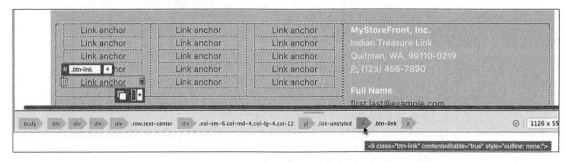

图 7-11

在文档窗口中选择列表项（li元素）之后，【DOM】面板会自动将其高亮显示出来。此时，在【DOM】面板中，无序列表的最后一个列表项被选中。

⓯ 按住 Shift 键，单击列表中的第二个列表项，如图 7-12 所示。

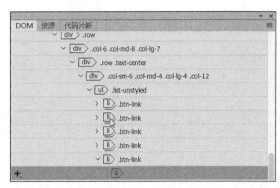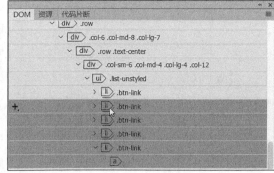

图 7-12

此时，4 个列表项同时被选中。

⓰ 按 Delete 键，如图 7-13 所示。

此时，前面选择的 4 个列表项被删除。

⓱ 重复步骤 14 ～ 16，删除所有不需要的链接，如图 7-14 所示。

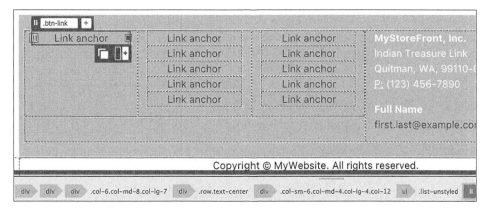

图 7-13

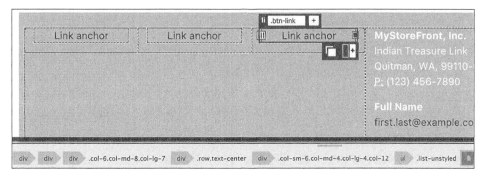

图 7-14

⓲ 保存文件。删除不必要的链接之后，页面左下方出现大片空白区域。如果3个链接横跨页面底部，看起来会更好看。接下来，我们学习如何调整 Bootstrap 页面布局。

<h1>7.3　调整 Bootstrap 页面布局</h1>

Bootstrap 使用行与列来控制元素分割页面的方式，其以一个12列的网格为基础，每个元素分配一定数量的列。不仅如此，您还可以为查看页面的各种尺寸的显示屏分配列数。

Bootstrap 使用存放在样式表中的预定义类来分配列。这些预定义类一般会被指派给用来包裹内容的 div 元素。在当前网页中，您可以看到大量用作包装的 div 元素。在【DOM】面板中，仔细观察我们刚刚编辑的结构，您应该能够找出3个无序列表的 Bootstrap 父元素。

❶ 在【DOM】面板中，选择 div.col-6.col-md-8.col-lg-7，如图 7-15 所示。

图 7-15

❷ 在【CSS 设计器】中，单击【当前】按钮。在【属性】窗格中，勾选【显示集】复选框。在【CSS 设计器】中，您可以在【选择器】窗格中看到指派的类。

❸ 选择 .col-6 规则，如图 7-16 所示。

这条规则是用来做什么的呢？它用来把 div 宽度设置为 6 列。由于 Bootstrap 使用的是 12 列的网格，所以 div 的宽度是其父元素的一半。

在【CSS 设计器】的【@ 媒体】窗格中，您可以看到【全局】是以粗体显示的，表示上面规则设置的是元素的默认尺寸。若没有其他规则把上面的规则覆盖掉，则不管屏幕尺寸是多少，div 元素总是占 6 列。

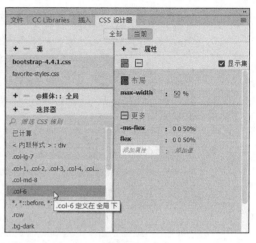

图 7-16

❹ 选择 .col-md-8 规则，如图 7-17 所示。

这条规则用来把 div 的宽度设置为 8 列。但这条规则还有另外一个修饰符：md，它是"medium"（中）的缩写，更准确地说，它指的是中等尺寸的屏幕。

前面提到 Bootstrap 使用网格来分割屏幕，接下来的问题是：屏幕尺寸多大？ Bootstrap 定义了几种默认的屏幕尺寸：xs（超小）、sm（小）、md（中）、lg（大）。单击各个选择器后，您可以在【@ 媒体】窗格中看到这些尺寸。单击 .col-md-8 规则，在【@ 媒体】窗格中会突出显示 min-width:768px，表示当屏幕宽度最小为 768 像素时，这个类就会被激活。

❺ 选择规则 .col-lg-7，如图 7-18 所示。

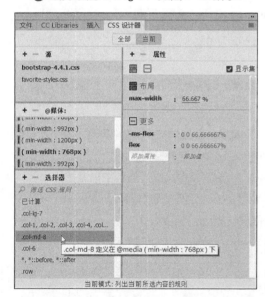

图 7-17

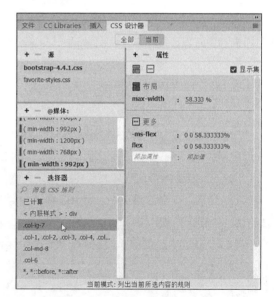

图 7-18

这条规则用来在大屏幕上把 div 的宽度设置为 7 列（最小宽度为 992 像素）。

> ♀ 注意　这条规则出现在选择器列表的顶部。当文档窗口宽度不低于 1200 像素时，这条规则就会发挥作用，覆盖掉其他规则。

为了更改链接区域的宽度，我们必须更改应用于大屏幕的类。

⑥ 在【元素显示框】中，把 .col-lg-7 修改为 .col-lg-12，然后按 Enter 键或 Return 键，使修改生效，如图 7-19 所示。

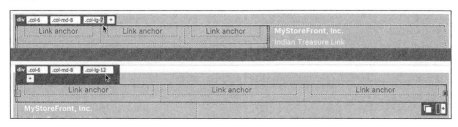

图 7-19

此时，链接区域延伸到整个页面底部。同时地址区域因无法继续待在页面右侧而移动到下一行，但是占据的区域仍和以前一样。

这就是 Bootstrap 的工作方式。每个元素都占用一定数量的列，不管其他元素怎么样，它们都保持这一宽度。接下来，我们继续调整地址区域的宽度。

⑦ 单击 address 元素。

在标签选择器栏或【DOM】面板中，您应该能够看到 Bootstrap 包装器。

⑧ 选择div.col-md-4.col-lg-5.col-6标签选择器，如图 7-20 所示。在大屏幕上，这个地址区域占5列。为使其填满右侧空间，我们需要修改一下 lg 类。

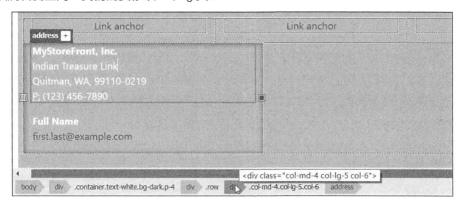

图 7-20

⑨ 把 .col-lg-5 修改为 .col-lg-12，按 Enter 键或 Return 键，使修改生效，如图 7-21 所示。

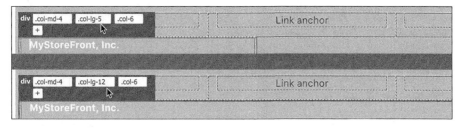

图 7-21

经过修改之后，div 包装器延伸到了整个页面宽度。虽然地址区域变宽了，但是其中地址是纵向排列的，这浪费了大量空间。地址区域中包含两个地址，上方是街道地址，下方是电子邮件地址。借助 Bootstrap 类，我们可以让两个地址横向排列，将右侧空间充分利用起来。

通常，Bootstrap 类是要指派给 div 包装器的，但是也可以把它们直接应用到一个元素上。

⑩ 单击公司地址，选择 address 标签选择器。此时，【元素显示框】中显示出 address 元素。

⑪ 单击【添加类 /ID】图标（＋），输入 .col-lg-6，按 Enter 键或 Return 键，如图 7-22 所示。

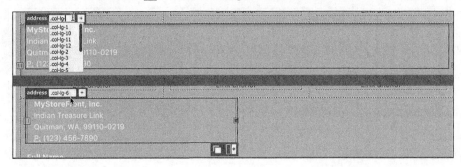

图 7-22

此时，address 元素的宽度变为父元素的一半。接下来，我们对电子邮件地址应用相同样式。

⑫ 单击电子邮件地址，选择 address 标签选择器。

⑬ 添加 .col-lg-6 类，如图 7-23 所示。

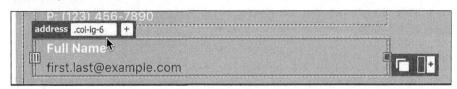

图 7-23

此时，电子邮件地址元素的宽度也变为父元素的一半。但是，当前两个 address 元素仍然是纵向排列的。上面向这两个元素添加的类只用来控制它们的宽度，并不控制其在页面中的排列方式。

检查链接或其他多列区域，您会发现，在它们的包装器元素上都有一个 .row 类。

⑭ 选择 div.col-md-4.col-lg-12.col-6 标签选择器，如图 7-24 所示。

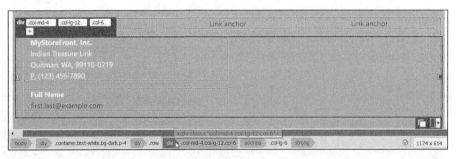

图 7-24

这个 div 包含了两个 address 元素，但没有 .row 类。

⑮ 向选中的 div 元素添加 .row 类，如图 7-25 所示。

图 7-25

此时，两个 address 元素并排显示了。

到这里，页面布局问题就暂时解决了，但是地址文本仍然是白色的，改成深色会更合适一些。

7.4 修改 Bootstrap 元素中的文本样式

修改某个元素的样式时，第一步是先找出控制这个元素样式的规则。

❶ 单击公司地址，选择 address 标签选择器。

❷ 在【CSS 设计器】中，单击【当前】按钮。此时，【选择器】窗格中显示出格式化 address 元素的所有规则。自上而下检查规则，找到控制颜色的规则。

规则 .text-white 用来应用白色（#fff），但是这个类并未应用到 address 元素上。我们一起看看这个类应用到了哪里。

❸ 从标签选择器栏中，找到带有 .text-white 类的元素，如图 7-26 所示。

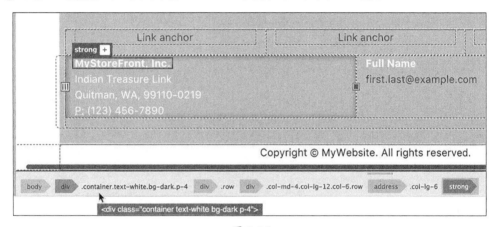

图 7-26

.text-white 类出现在 div.container.text-white.bg-dark.p-4 上，这个 div 包裹着链接区域和地址区域。

❹ 选择 div.container.text-white.bg-dark.p-4 标签选择器，如图 7-27 所示。

图 7-27

这个区域被格式化为 Logo 颜色。这里，不再需要使用白色文本颜色，为此只要把 .text-white 类删除即可。

❺ 单击【删除类 /ID】图标（✖），如图 7-28 所示。

图 7-28

删除 .text-white 类之后，地址文本颜色变成黑色。根据站点主题，我们需要把地址文本颜色改成蓝色，为此我们需要添加一条新规则。

❻ 选择 address 标签选择器。

❼ 在【CSS 设计器】中，单击【全部】按钮。

❽ 选择 favorite-styles.css，单击【添加选择器】图标（ + ），出现自定义选择器名称。

❾ 添加选择器名称：address。该选择器只针对 address 元素起作用。

❿ 在 address 规则中，添加属性 color: #069，如图 7-29 所示。

图 7-29

此时，地址文本颜色变成蓝色。到这里，我们的页面布局样式就与原型一样了。

⓫ 从菜单栏中，依次选择【文件】>【保存全部】。

为了创建 Dreamweaver 模板，我们还得添加样板和占位内容。

7.5 添加样板和占位内容

在把一个网页布局转换成一个 Dreamweaver 模板之前，我们必须先添加好样板和占位内容。有些样板已经添加好了，比如顶部导航菜单。当前，地址区域是可见的，我们先从它入手。

❶ 打开 lesson07 文件夹中的 mylayout.html 文件，进入【实时视图】下。确保文档窗口宽度不低于 1200 像素。

❷ 选择文本 MyStoreFront,Inc，输入 Favorite City Tour，将其替换。

❸ 选择文本 Indian Treasure Link，输入 City Center Plaza，将其替换。

❹ 选择文本 Quitman,WA,99110-0219，输入 Meredien,CA 95110-2704，将其替换。

❺ 选择文本 (123) 456-7890，输入 (408) 555-1212，将其替换，如图 7-30 所示。

到这里，第一个地址元素修改好了。

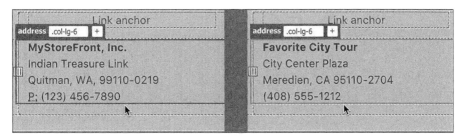

图 7-30

⑥ 选择文本 Full Name，输入 Contact Us，将其替换。

⑦ 选择文本 first.last@example.com，输入 info@favoritecitytour.com，将其替换，如图 7-31 所示。

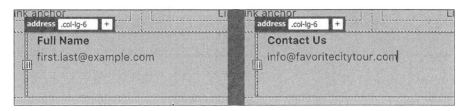

图 7-31

至此，两个地址都修改好了。接下来，我们回到页面顶部的导航菜单。在导航菜单中，公司名称是白色的。第 10 课会介绍更多有关超链接的内容，到时我们再处理它的样式。目前，我们暂且不动它。下一个样板位于轮播图像之下，在 Free Shipping、Free Returns、Low Prices 文本中。虽然原型中没有出现类似文本，但是我们可以通过这些链接进一步改善原有的概念设计。

⑧ 选择文本 Free Shipping，输入 Get a Quote，如图 7-32 所示。

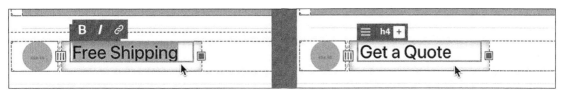

图 7-32

⑨ 把 Free Returns 修改为 Book a Tour，Low Prices 修改为 Bargain Deals。

⑩ 选择标题 RECOMMENDED PRODUCTS，输入 INSERT HEADLINE HERE，如图 7-33 所示。

图 7-33

⑪ 在第一个卡片元素中，选择文本 Card title，输入 Product Name，替换它。

⑫ 在卡片描述中，选择文本 Card title，将其修改为 product name，把 card's content 修改为 product description。

⑬ 选择按钮文本 Add to Cart，输入 Get More Info，替换它，如图 7-34 所示。

这样，第一个卡片元素就制作好了。

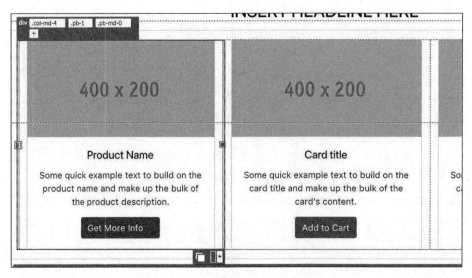

图 7-34

⓮ 重复步骤 11 ～ 13，对其他卡片元素做同样的处理，如图 7-35 所示。

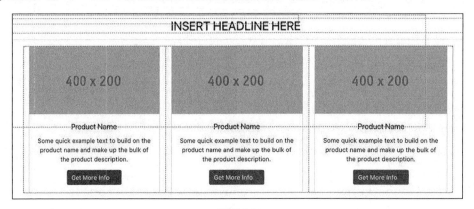

图 7-35

至此，3 个卡片元素全部更新完毕。

💡 提示　修改其他两个卡片时，您可以从第一个卡片把整段描述复制粘贴到其他卡片中。

⓯ 选择标题 FEATURED PRODUCTS，输入 INSERT HEADLINE HERE。

⓰ 选择文本 List-based media object，输入 Insert Name Here。

⓱ 重复上一步，修改其他几个列表标题，如图 7-36 所示。

图 7-36

到这里，文本样板就制作好了。

⓲ 保存全部文件。

接下来，我们修改页面中的一些语义错误，这些错误有的看得见，有的看不见。

▎ 7.6 修改语义错误

随着 HTML5 的发展，人们开始重视围绕代码元素及其形成的结构制定语义规则。前面，我们为公司名称和 Logo 添加了一个语义元素——header。另外，还有其他一些语义元素散布在网页之中。不过，当前布局中的某些元素背离了新规则的精神。

布局中有几个 hr 元素（水平线）用得不对。在 HTML5 之前，水平线既可以作为图形元素使用，也可以作为内容分隔线使用。而且，根本没人在乎这两者之间的差别。

新的语义规则把水平线严格定义成内容分隔线。在我们的网页中，主标题上下方的水平线被错误地用成了图形元素。这些水平线很难在文档窗口中看到，所以我们需要使用【DOM】面板。

❶ 打开 lesson07 文件夹中的 mylayout.html 文件，进入【实时视图】下。确保文档窗口宽度不低于 1200 像素。

❷ 选择页面顶部的文本 INSERT HEADLINE HERE。

❸ 从菜单栏中，依次选择【窗口】>【DOM】，打开【DOM】面板。

此时，【DOM】面板中高亮显示出 h2 元素（标题）。该元素上方与下方各有一个 hr 元素（水平线）。标题上方的水平线符合语义规范，而下方的水平线则不符合。这里，我们把两条水平线都删除。

❹ 在【DOM】面板中，选择并删除 hr 元素，如图 7-37 所示。

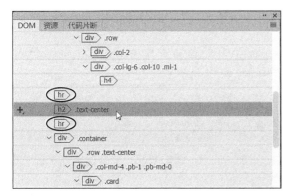 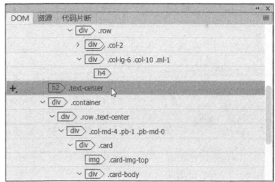

图 7-37

❺ 选择页面底部的标题，在【DOM】面板中，选择并删除 hr 元素。仔细查看【DOM】面板，您会发现，在页脚附近还有一个 hr 元素，我们也得把它删除。

❻ 在【DOM】面板中，选择 hr 元素，删除它。

到这里，网页中的所有 hr 元素就删完了。检查【DOM】面板，您会发现另一个语义问题，即各个内容区域的标题位于包装器 div 之外。虽然不会有人注意到这一点，但从语义上讲，把标题放入包装器之中才是正确的做法，而且这么做也方便一起移动或删除它们。

❼ 选择卡片区域上方的标题。

此时，【DOM】面板中高亮显示出 h2 元素。h2 元素之下就是 div.container 元素。若 div.

container 元素处于折叠状态，可将其展开，显示其结构。

⑧ 单击 div.container 元素左侧箭头（ > ），如图 7-38 所示。

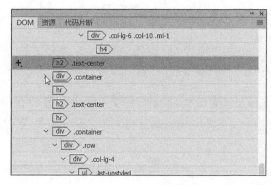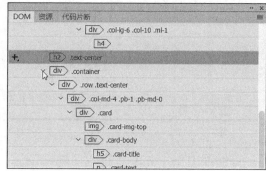

图 7-38

此时，div.container 元素的结构显现出来。在【DOM】面板中，您可以添加、编辑、删除、重排文档中的 HTML 元素。刚开始，拖动元素可能不会太容易，若出错，请从菜单栏中选择【编辑】>【撤销拖放】，然后再次尝试。

⑨ 把 h2 元素拖入 div.container 元素中，如图 7-39 所示。

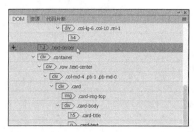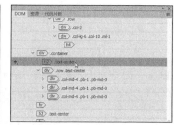

图 7-39

拖动 h2 元素时，您会看到一条绿线。请确保这条绿线在 div.container 与 div.row.text-center 之间。这样，当拖放完成后，标题就进入 div.container 中，且位于占位内容之上。

> **提示** 仔细检查网页结构，确保 h2 位置正确。若出现错误，请从菜单栏中依次选择【编辑】>【撤销拖放】，然后再次尝试。这个过程可能需要反复几次，您才能把元素放到正确的位置上。

⑩ 重复步骤 7 ～ 9，把第二个标题放到正确的位置上。此时，我们把两个标题都放入了相应的 div.container 元素中。

⑪ 从菜单栏中，依次选择【文件】>【保存全部】。

到这里，网页中的可见内容就处理好了。接下来，我们还要创建一些不可见的内容，进一步完善页面。虽然很少有用户会注意这些不可见的内容，但事实证明，这些内容对于网站的成功与否至关重要。

7.7 插入元数据

设计精良的网页会包含一些用户看不到的重要组件，其中之一便是元数据。元数据一般添加在页面的 <head> 中。元数据是一些描述网页及其内容的信息，浏览器、搜索引擎等应用程序会用到这些信息。

建议您在网页中添加元数据，不仅是因为这是一种好做法，还因为网页中的元数据（比如页面标题）有助于搜索引擎收录您的页面以及提升您的页面排名。网页标题主要用来描述网页的具体内容或目的。但是，许多网页设计师还会在其中添加公司或组织名称，用以帮助提高公司或组织的认知度。在模板中添加占位标题和公司名称后，您就不需要再在每个子页面中输入它们了，这能节省很多时间。

❶ 打开 mylayout.html 页面，进入【实时视图】下。

❷ 从菜单栏中，依次选择【窗口】>【属性】，然后把【属性】面板停靠到文档窗口底部。

❸ 在【属性】面板的【文档标题】中，选择占位文本 Bootstrap eCommerce Page Template。

💡 提示　不管在哪种视图下，【属性】面板中的【文档标题】字段都是可用的。

许多搜索引擎会在搜索结果中用到页面标题。如果您的网页中没有添加页面标题，那搜索引擎会自动挑选一个。接下来，我们修改一下页面标题。

❹ 输入 Insert Title Here - Favorite City Tour，替换掉占位文本。然后按 Enter 键或 Return 键，使修改生效，如图 7-40 所示。

图 7-40

除了网页标题外，在搜索结果中出现的元数据还有页面描述。页面描述是对页面内容的简明摘要，大约有 160 个字符。2017 年末，谷歌公司把页面描述字数增加到 320 个字符。

多年来，网页开发人员一直试图通过编写误导性的标题和描述（甚至不惜说谎）来为他们的网站带来更多流量。这里给大家提个醒：现在的搜索引擎已经变得很智能，它们能够轻松地识别出这些花招儿，并根据情况把这些耍花招儿的网站降级或拉入黑名单。

为提高网页在搜索结果中的排名，请尽量把页面描述写得准确一些，避免使用一些网页内容中没有的术语和词汇。许多情况下，网页标题和网页描述会原封不动地出现在页面搜索结果中。

❺ 从菜单栏中，依次选择【插入】>【HTML】>【说明】，打开【说明】对话框。

❻ 输入 Favorite City Tour - add description here，单击【确定】按钮，如图 7-41 所示。

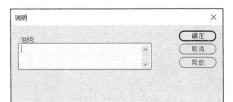 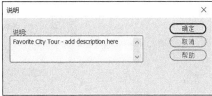

图 7-41

至此，Dreamweaver 已经向页面中添加好两个元数据。

❼ 切换到【代码】视图下。在 head 元素中，找到添加好的网页描述，如图 7-42 所示。

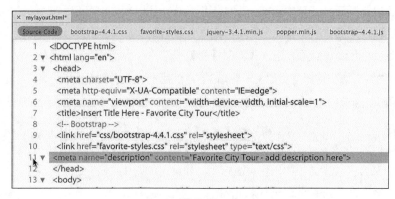

图 7-42

在第 11 行中，您可以看到已经添加好的网页描述。

❽ 从菜单栏中，依次选择【文件】>【保存全部】。

到这里，把网页转换成模板的准备工作差不多做完了。在使用模板创建新页面之前，我们还得验证一下创建好的 HTML 代码。

7.8 验证 HTML 代码

制作网页时，我们要确保网页代码能够在现代所有浏览器中完美地运行。当我们修改页面时，有可能在不经意间损坏了某个元素，或者创建了无效标记。这些意外更改会降低网页代码质量，甚至影响页面在浏览器中的显示结果。

因此，在把网页转换成模板之前，必须做一下检查，确保网页代码结构正确，且符合当今网页标准。

❶ 在 Dreamweaver 中，打开 mylayout.html 文件。

❷ 从菜单栏中，依次选择【文件】>【验证】>【当前文档 (W3C)】，如图 7-43 所示。

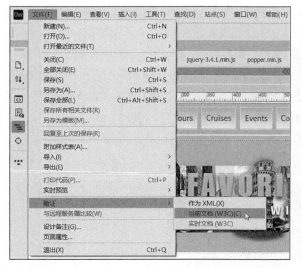
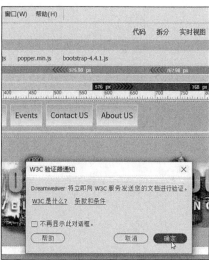

图 7-43

此时，弹出【W3C 验证器通知】对话框，提示您 Dreamweaver 会把网页上传到 W3C 的在线验证服务器。单击【确定】按钮之前，请确保您的计算机已经连到了互联网上。

❸ 单击【确定】按钮，上传网页。片刻之后，您会收到一个验证结果报告，里面会列出网页中的所有错误。若前面操作正确无误，在验证结果中应该不会显示任何错误，如图 7-44 所示。

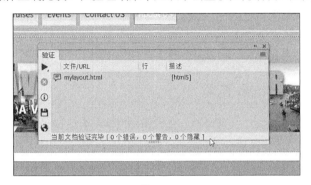

图 7-44

❹ 关闭【验证】面板。

恭喜您！到这里，我们就为项目模板制作好了一个切实可用的基本页面。这期间，我们学习了如何插入组件、占位文本、标题，还学习了如何修改 CSS 样式、创建新规则，以及验证 HTML 代码。接下来，我们学习如何创建 Dreamweaver 模板。

<h1>7.9　定义可编辑区域</h1>

创建模板时，Dreamweaver 会把所有现存内容看作总体设计的一部分。基于模板创建的子页面完全一样，而且所有内容都被锁定，处于不可编辑状态。

这种做法对页面中重复性的组件很友好，比如导航组件、Logo、版权、联系信息等。但是，这同时也让您无法向各个子页面中添加独有内容。这个问题我们可以通过在模板中定义可编辑区域来解决。

当把一个网页保存为模板时，Dreamweaver 会自动创建两个可编辑区域，一个针对 title 元素，另一个针对元数据或脚本（需要加载到页面的 <head> 中）。其他可编辑区域必须由您自己创建。

首先，想一想页面中哪些区域应该被锁定，应该怎样使用它们。在我们的示例页面中，页面的中间部分包含一个图像轮播组件和两个示例内容区域。

7.9.1　图像轮播组件

页面中，图像轮播组件用来动态地显示一系列图片与文本。设计原型或页面线框图中没有这个组件，它是我们选择的 Bootstrap 模板的一部分。我们可以使用这个组件展示旅游照片，宣传各种旅游产品，但是并不是每个页面都需要有这个组件。如果某个模板组件只需要在少数几个页面中出现时，我们可以考虑把它做成一个可选组件。

7.9.2　卡片区域

卡片区域中包含一个 400 像素 ×200 像素的占位图像、一个标题、一段说明文本，以及一个按钮。这个区域非常适合用来展示旅游产品以及推销宣传。单击底部按钮，可以把用户带到产品详情页，方便他们获得更多产品相关信息。

7.9.3 列表区域

列表区域中包含一个小的占位图像（100 像素 ×125 像素）、一大段宣传文本。纵向占位图像更适合放置头像，而不适合放置旅游照片。您可以在这个区域中放置工作人员和导游的个人简介。

当前现存的内容区域是为销售和宣传产品准备的。页面中没有地方可用来插入描述性或说明性文字。因此，我们需要在模板中插入一个文本区域。

7.9.4 插入新的 Bootstrap 元素

上网浏览一下，您就会发现，大部分产品介绍网站通常都会配有一段或多段介绍性文本。为了做到这一点，我们将在图像轮播组件的下方添加一个新的区域。这里，我们使用最简单的方法，即在【DOM】面板中插入新的 HTML 结构。

❶ 切换到【实时视图】下。在页面中，选择文本 Get a Quote。此时，在【DOM】面板中，文本元素被高亮显示出来。当选中某个子元素时，其所在的整个结构都会显示出来。我们要添加的文本内容区域与所选文本元素的终极父元素是同级的。您能找到它呢？添加同级元素时，最好先把所选文本元素的终极父元素折叠起来。

❷ 在【DOM】面板中，选择 div.container 元素，单击其左侧的折叠图标（ ∨ ），结果如图 7-45 所示。

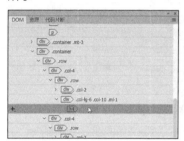

图 7-45

当所选 div 元素折叠起来时，您能看到其他内容区域，它们也是分别包含在一个个 div.container 之中。

❸ 单击【添加元素】图标（ + ）。

从弹出菜单中，选择【在此项后插入】，如图 7-46 所示。

此时，Dreamweaver 在页面中插入一个新的 div 元素。接下来，我们给创建的 div 元素添加一个类，使其拥有与其他内容区域一样的结构。

❹ 按 Tab 键，把光标移动到【类 /ID】字段中。输入 .container，按 Enter 键或 Return 键，如图 7-47 所示。

添加新 div 元素的同时，Dreamweaver 还在其中添加了一段占位文本。此时，占位文本没有任何标签。接下来，我们把占位文本替换成新文本区域的标题文本。

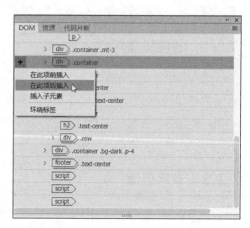

图 7-46

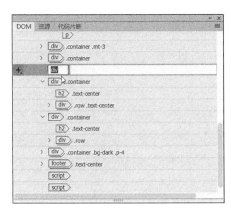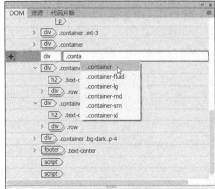

图 7-47

❺ 选择占位文本，输入 INSERT HEADLINE HERE。在【属性】面板中，从【格式】下拉菜单中，选择【标题 2】，如图 7-48 所示。

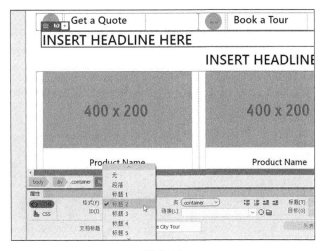

图 7-48

此时，Dreamweaver 把我们刚刚输入的标题文本包裹到 h2 元素之中。为使标题文本居中对齐，我们向 h2 元素添加 .text-center 类。

❻ 在【DOM】面板中，把光标置于 h2 元素的【类 /ID】字段之中。

❼ 输入 .text-center，按 Enter 键或 Return 键，如图 7-49 所示。

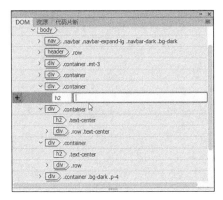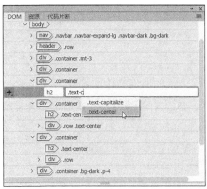

图 7-49

.text-center 是一个 Bootstrap 类，用来居中对齐标题文本。接下来，我们添加容纳文本内容的结构，它由两个 div 元素组成，并且与标题文件是同级的。

⑧ 在【DOM】面板中，单击 h2 左侧的【添加元素】图标，从弹出菜单中，选择【在此项后插入】。此时，Dreamweaver 在 h2 元素之下添加一个 div 元素。

⑨ 按 Tab 键，输入 .row，然后，按 Enter 键或 Return 键，如图 7-50 所示。

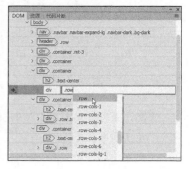

图 7-50

这个新添加的 div 元素是文本区域最外层的容器。与往常一样，Dreamweaver 也会在这个元素中添加占位文本。接下来，我们利用占位文本创建内层容器。

⑩ 选择占位文本，输入 Insert content here。在【属性】面板中，从【格式】下拉菜单中，选择【段落】，如图 7-51 所示。

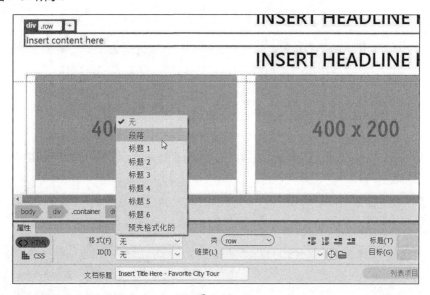

图 7-51

此时，在【DOM】面板中出现一个 p 元素。

⑪ 单击【添加元素】图标（➕），在弹出菜单中，选择【环绕标签】，向新的 div 元素添加类 .col-lg-12，如图 7-52 所示。

到这里，新的文本内容区域就添加好了。

⑫ 保存所有文件。

接下来，我们向页面中添加可编辑区域。

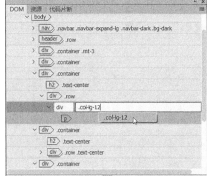

图 7-52

7.9.5 插入可编辑区域

前面讲过，大多数可编辑内容是插入在可编辑区域中的。图像轮播组件不会出现在每一个页面中，所以我们把它添加到一个可选的编辑区域中。而其他 3 个内容区域要放入一个单独的可编辑区域中。把它们 3 个放入一个区域中后，创建子页面时，您可以轻松删除那些不适合相应子页面的区域。

❶ 打开 lesson07 文件夹中的 mylayout.html 文件，进入【实时视图】下，确保文档窗口宽度不低于 1200 像素。在 Dreamweaver 中，我们可以把 3 个内容区域添加到一个可编辑区域中，但是却不能同时把可编辑区域应用到多个元素上。为了解决这个问题，我们先把 3 个内容区域包裹到一个元素中，然后向这个元素应用可编辑区域。

❷ 选择新文本区域的标题，如图 7-53 所示。

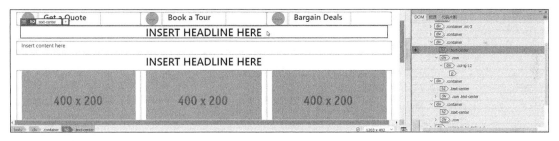

图 7-53

此时，在【DOM】面板中，文本内容区域的标题处于选中状态。

❸ 选择 h2 元素的父元素 div.container。

按住 Shift 键，选择其他两个 div.container 元素，如图 7-54 所示。

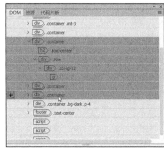

图 7-54

此时，3个区域全部处于选中状态。

❹ 单击【添加元素】图标（![+]），从弹出菜单中，选择【环绕标签】，并添加类 .wrapper，如图 7-55
所示。

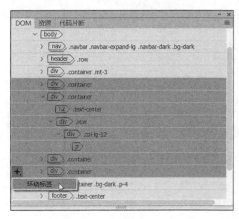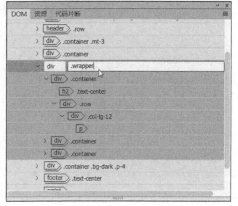

图 7-55

此时，Dreamweaver 使用一个 div 元素把 3 个内容区域包裹起来。接下来，我们就可以把它们添
加到一个可编辑区域中了。

💡**注意** 写作本书之时，这个模板工作流仅能在【设计】视图和【代码】视图下正常工作。也就是说，
您不能在【实时视图】下执行这些任务。

❺ 切换到【设计】视图下。

❻ 在【DOM】面板中，选择 div .wrapper。从菜单栏中，依次选择【插入】>【模板】>【可编辑区域】，
如图 7-56 所示。

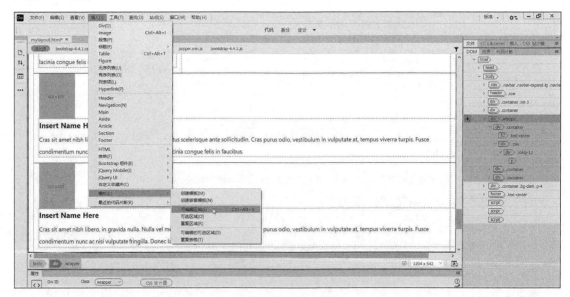

图 7-56

由于可编辑区域只能添加到 Dreamweaver 模板中，所以您会看到一个消息框，提示您保存文件
时 Dreamweaver 会自动将此文档转换为模板。

⑦ 单击【确定】按钮，如图 7-57 所示。

此时，弹出【新建可编辑区域】对话框。

⑧ 在【名称】输入框中，输入 MainContent，如图 7-58 所示。

图 7-57   图 7-58

每个可编辑区域的名称必须是唯一的，除此之外，没有其他什么特殊规定。不过，强烈建议您取一个简短的描述性名称。这个名称只在 Dreamweaver 中使用，不会对 HTML 代码产生影响。

⑨ 单击【确定】按钮，结果如图 7-59 所示。

图 7-59

在【设计】视图下，在指定区域上方的蓝色选项卡中显示新区域名称，表示它是一个可编辑区域。在【实时视图】下，子页面中的选项卡为橙色。可编辑区域包括 div.wrapper 元素及其包含的所有内容区域。

保存文件之前，我们还需要把图像轮播组件添加到一个可编辑的可选区域中。

7.9.6　插入一个可编辑的可选区域

有些内容只在某些网页中存在，并非所有网页中都有。这种情况下，我们就可以把它们放入一个可编辑的可选区域中。接下来，我们把图像轮播组件放入一个可编辑的可选区域中。首先，选择图像轮播组件。

① 在文档窗口中，单击图像轮播组件。图像轮播组件是一个复杂的 Bootstrap 组件，包含若干容器和内容元素。

> 💡注意　在添加可编辑的可选区域之前，一定先要选中整个图像轮播组件。

② 在标签选择器栏中，选择 div.container.mt-3 标签选择器，如图 7-60 所示。

如果您习惯使用【DOM】面板，也可以在【DOM】面板中选择 div.container.mt-3。

③ 从菜单栏中，依次选择【插入】>【模板】>【可编辑的可选区域】，如图 7-61 所示。

此时，弹出一个消息框，告知您 Dreamweaver 会自动把文件转换为模板。

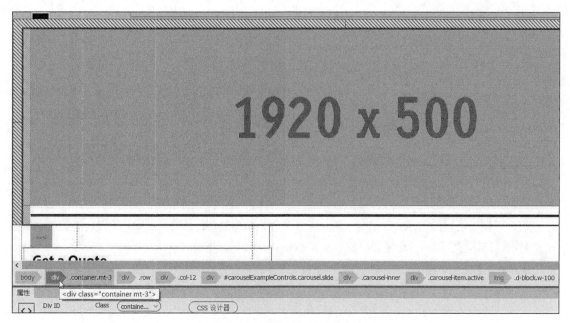

图 7-60

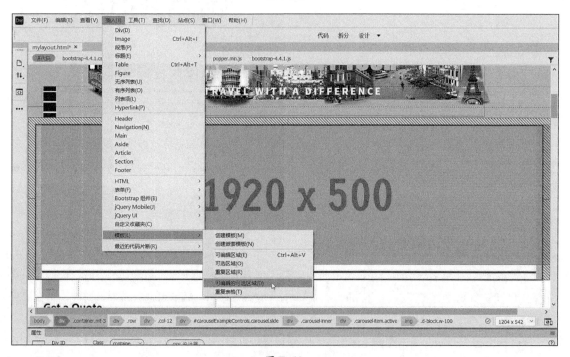

图 7-61

❹ 单击【确定】按钮。此时，弹出【新建可选区域】对话框。写作本书之时，Dreamweaver 有一个 Bug，不允许您修改对话框中显示的默认名称。碰到这个问题时，请先单击一下【高级】选项卡，然后单击【基本】选项卡，这样默认名称就可以修改了。

❺ 单击【高级】选项卡，再单击【基本】选项卡。此时，名称字段处于可编辑状态。

❻ 输入 MainCarousel，单击【确定】按钮。

到这里，两个可编辑区域就添加好了，如图 7-62 所示。

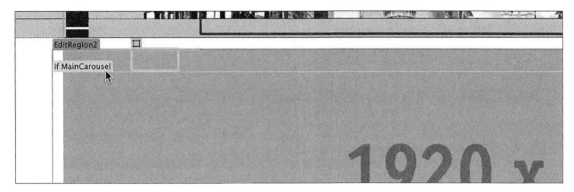

图 7-62

❼ 从菜单栏中，依次选择【文件】>【保存】，弹出【另存模板】对话框。

❽ 在【描述】输入框中，输入 Favorite City Tour template，如图 7-63 所示。

❾ 在【另存为】输入框中，输入 favorite-temp，单击【保存】按钮，如图 7-64 所示。

图 7-63

图 7-64

> **💡提示** 虽然文件名后面的 temp 后缀不一定要加，但是加上它有助于您把这个文件与站点文件夹中的其他文件轻松地区分开。

此时，弹出一个对话框，询问是否要更新链接，如图 7-65 所示。

模板都保存在一个单独的文件夹（Templates）中，Dreamweaver 会在站点根目录下创建这个文件夹。

❿ 单击【是】，更新链接。由于模板保存在站点文件夹下的一个子文件夹中，所以我们有必要更新代码中的链接，确保创建子页面时模板仍能正常工作。不管您把文件保存到站点内的什么地方，Dreamweaver 都会自动解析并重写链接。

图 7-65

保存模板后，虽然当前页面什么也没有变，但根据文档选项卡中的文件扩展名（.dwt，该扩展名是 Dreamweaver template 的缩写），我们可以知道它是一个模板。最后，我们还需要处理一下 head 元素中的一个小错误。在把一个页面保存为模板时，网页标题和描述性元数据应该插入各自的可编辑区域中。写作本书之时，Dreamweaver 有一个 Bug 会导致描述性元数据丢失。

⓫ 切换到【代码】视图下，找到描述性元数据占位符，大致在第 13 行。若描述性元数据位于可编辑区域之外，那在所有基于模板创建的子页面中您都将无法修改它。

⓬ 选择整个 meta 元素，将其拖入 <!-- TemplateBeginEditable name="head" --> 与 <!-- TemplateEndEditable --> 两个标签之间，如图 7-66 所示。

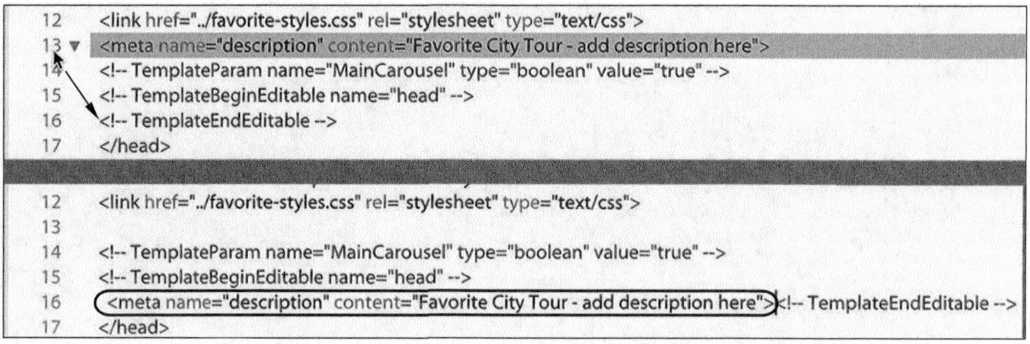

```
12    <link href="../favorite-styles.css" rel="stylesheet" type="text/css">
13 ▼  <meta name="description" content="Favorite City Tour - add description here">
14    <!-- TemplateParam name="MainCarousel" type="boolean" value="true" -->
15    <!-- TemplateBeginEditable name="head" -->
16    <!-- TemplateEndEditable -->
17    </head>
```

```
12    <link href="../favorite-styles.css" rel="stylesheet" type="text/css">
13
14    <!-- TemplateParam name="MainCarousel" type="boolean" value="true" -->
15    <!-- TemplateBeginEditable name="head" -->
16    <meta name="description" content="Favorite City Tour - add description here"><!-- TemplateEndEditable -->
17    </head>
```

图 7-66

到这里，整个模板就全部制作好了。接下来，我们基于这个模板创建一些子页面。

⓭ 保存并关闭所有文件。

> 💡**注意** 这个过程中可能会弹出一个对话框，询问是否更新所有基于该模板的页面。您可以忽略它。

Dreamweaver 模板是动态的，Dreamweaver 会在模板与基于模板创建的所有页面之间维护一个链接。当您在模板动态区域中添加或修改内容然后保存时，Dreamweaver 会自动把这些改变传递给所有子页面，使其保持最新状态。

7.10　创建子页面

Dreamweaver 模板就是用来创建子页面的。在 Dreamweaver 中，基于模板创建子页面时，子页面中只有可编辑区域中的内容才允许修改，其他区域都处于锁定状态，不可修改。但是，请注意，只有 Dreamweaver 和其他几个 HTML 编辑器支持这种限制行为。在 Notepad、TextEdit 等文本编辑器中，这些限制将不复存在，所有代码都可以自由编辑。

7.10.1　新建一个子页面

制作网页时，要不要使用 Dreamweaver 模板应该在设计一开始就做好决定。若决定使用，则网站中的所有页面都要在这个模板的基础上创建。事实上，这也正是我们创建模板的初衷，即为网站中的所有页面确定一个基本结构。

❶ 启动 Dreamweaver 2021。在【新建文档】对话框中，您可以看到各种网站模板。

❷ 从菜单栏中，依次选择【文件】>【新建】，或者按 Ctrl+N 或 Cmd+N 组合键，打开【新建文档】对话框。

❸ 在【新建文档】对话框中，选择【网站模板】。

❹ 在【站点】中，选择【lesson07】。

❺ 然后在【站点"lesson07"的模板】中，选择 favorite-temp。

❻ 勾选【当模板改变时更新页面】复选框，如图 7-67 所示。

❼ 单击【创建】按钮。此时，Dreamweaver 会基于所选模板新建一个页面。

❽ 切换到【设计】视图下，如图 7-68 所示。

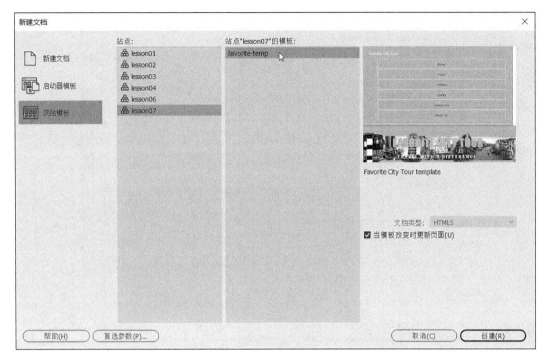

图 7-67

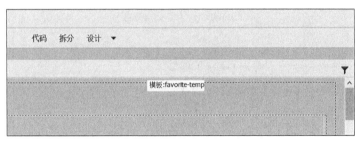

图 7-68

打开新文档时，Dreamweaver 会默认进入您上一次使用的视图（【代码】视图、【设计】视图、【实时视图】）下。在【设计】视图下，模板名称显示在文档窗口右上角。修改页面之前，应该先保存一下文件。

> ♀ **注意** 有些用户反映在文档窗口右上角看不见模板名称，也许您也会遇到类似情况。

❾ 从菜单栏中，依次选择【文件】>【保存】，打开【另存为】对话框。

> ♀ **提示** 在【另存为】对话框中，有一个【站点根目录】按钮，单击它，即可进入站点根目录下。您可以根据需要随时单击它，进入站点根目录下。

❿ 在【另存为】对话框中，转到站点根目录下，把文件命名为 about-us.html，然后单击【保存】按钮，如图 7-69 所示。

此时，Dreamweaver 就把子页面保存到了站点根目录下。当把某个页面保存到站点根目录下时，Dreamweaver 会更新指向外部文件的所有链接和引用。有了模板，我们就可以轻松地向页面中添加新内容了。

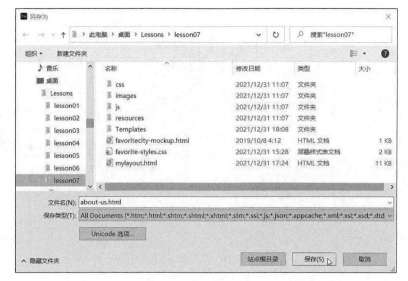

图 7-69

7.10.2 向子页面中添加内容

在基于模板创建好的子页面中，Dreamweaver 只允许您修改可编辑区域。

> ♀ 警告 在一个普通文本编辑器中打开一个模板，您可以编辑里面的所有代码，包括那些不可编辑区域的代码。

❶ 打开 about-us.html 文件，进入【设计】视图下。

模板的许多功能只有在【设计】视图或【代码】视图下才能正常工作，但是我们可以在【实时视图】下添加或编辑可编辑区域中的内容。

❷ 把鼠标指针移动到页面中的各个区域上，观察鼠标指针有何变化，如图 7-70 所示。

图 7-70

当把鼠标指针移动到页面中的不可编辑区域（比如导航菜单、网页头部、页脚）中时，鼠标指针会变成一个锁定图标（ ⊘ ）。在 Dreamweaver 中，子页面中的不可编辑区域处于锁定状态，无法修改。而 MainCarousel、MainContent 等可编辑区域是允许我们修改的。

❸ 选择第一个占位文本INSERT HEADLINE HERE，输入 ABOUT FAVORITE CITY TOUR，将其替换，如图 7-71 所示。

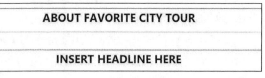

图 7-71

④ 在【文件】面板中，双击 lesson07/resources 文件夹中的 aboutus-text.rtf 文件，将其打开。Dreamweaver 只能打开一些简单的文本文件，比如 .html、.css、.txt、.xml、.xslt 等。当 Dreamweaver 打不开某个文件时，它会调用相应程序（比如 Microsoft Word、Excel、WordPad、TextEdit 等）打开它。aboutus-text.rtf 文件中包含着文本区域中的内容。

> 💡 注意 尽管您可以使用任意一种文字处理程序打开 aboutus-text.rtf 文件，但我还是建议您使用 TextEdit、Notepad、Windows 写字板这类简单的文字编辑程序打开它。

⑤ 按 Ctrl+A 或 Cmd+A 组合键，选择所有文本。然后按 Ctrl+C 或 Cmd+C 组合键，或者从菜单栏中，选择【复制】，复制所选文本，如图 7-72 所示。

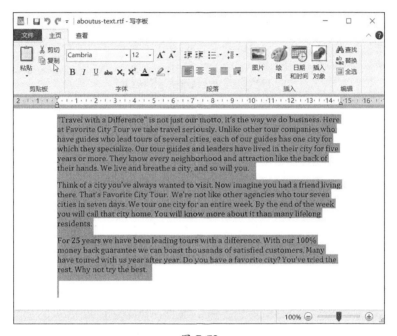

图 7-72

> 💡 注意 您可以使用任意一种熟悉的方法来完成选择和复制文本的操作。

⑥ 返回到 Dreamweaver 中。

⑦ 单击占位文本 Insert content here，从标签选择器栏中，选择 p 标签选择器。

⑧ 按 Ctrl+V 或 Cmd+V 组合键，或者从菜单栏中，依次选择【编辑】>【粘贴】，粘贴复制的文本，如图 7-73 所示。

图 7-73

此时，原来的占位文本被新内容替换。

❾ 保存文件，如图 7-74 所示。

图 7-74

到这里，我们就向页面中添加好了可见的文字内容。接下来，我们向页面添加元数据等一些不可见内容。

7.10.3 向子页面中添加元数据

前面，我们在模板中添加好了元数据占位符。最后，我们还需要向页面中添加元数据，这样一个页面才算真正制作完成。

❶ 打开【属性】面板。

❷ 在【文档标题】中，选择占位文本 Insert Title Here。

❸ 输入 About Favorite City Tour，然后按 Enter 键或 Return 键，如图 7-75 所示。

图 7-75

修改后的标题不会直接显示在页面上，但您可以在代码中看到页面标题已经被成功修改。接下来，我们修改描述性元数据。您可以在【代码】视图中修改，也可以使用【DOM】面板进行修改。

❹ 在【DOM】面板中，展开 head 元素。接着，再展开 mmtinstance:editable 元素，如图 7-76 所示。

head 中包含几个 meta 元素，其中一个就是 description。在【DOM】面板中，选择某个 meta 元素，其内容就会在【属性】面板中显示出来。

❺ 在【DOM】面板中，选择名为 description 的 meta 元素，如图 7-77 所示。

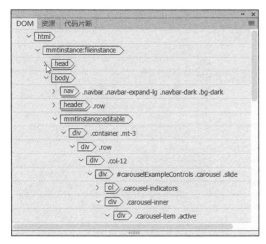

图 7-76

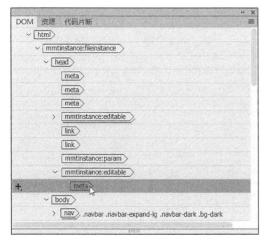

图 7-77

此时，【属性】面板显示出所选 meta 元素的内容。

💡 **注意** 您可能需要多次单击 meta 元素，才能将其内容在【属性】面板中显示出来。

❻ 选择文本 add description here，输入 For 25 years Favorite City Tour has been showing people how to travel with a difference. It's not just a motto，it's a way of life.，如图 7-78 所示。

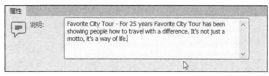

图 7-78

❼ 保存文件。

接下来，我们修改一下模板的各个地方，了解一下子页面是如何跟着更新的。这有助于您更好地理解模板的工作原理。

7.11　更新模板

模板会自动更新所有基于它创建的子页面，但更新的只是可编辑区域之外的部分。接下来，我们修改一下模板中的可编辑区域和不可编辑区域，帮助大家了解一下 Dreamweaver 是如何工作的。

❶ 在【文件】面板中，双击 favorite-temp.dwt，将其打开，如图 7-79 所示。确保文档窗口宽度不低于 1200 像素。

❷ 切换到【设计】视图下。

❸ 在导航菜单中，选择文本 Home，输入 Home Page，替换它。

❹ 选择文本 Events，输入 Calendar，将其替换，如图 7-80 所示。

图 7-79

❺ 选择出现在 MainContent 可编辑区域中的文本 Insert，全部将其替换为 ADD，如图 7-81 所示。

图 7-80

ADD HEADLINE HERE

ADD HEADLINE HERE

图 7-81

❻ 切换到【实时视图】下，如图 7-82 所示。

此时，您可以清楚地看见导航菜单和内容区域中的改动。

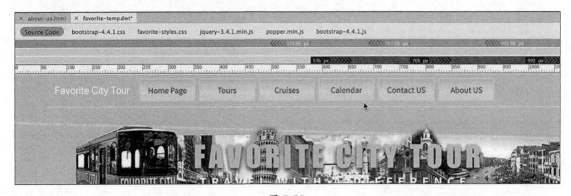

图 7-82

❼ 保存文件，如图 7-83 所示。

图 7-83

此时，弹出【更新模板文件】对话框，about-us.html 出现在待更新的页面列表中。待更新的页面列表中显示着所有基于当前模板创建的页面。

⑧ 单击【更新】按钮，弹出【更新页面】对话框。

⑨ 勾选【显示记录】复选框，如图 7-84 所示。

对话框底部显示一份报告，指出哪些页面更新了，哪些页面没有更新。当前，在更新报告中，显示 about-us.html 页面更新成功。

图 7-84

⑩ 关闭【更新页面】对话框。

⑪ 单击文档选项卡，切换到 about-us.html 页面中，观察这个页面中发生了哪些变化，如图 7-85 所示。

图 7-85

在模板中修改的导航菜单在 about-us.html 页面中体现了出来，但是对主要内容区域的修改却被忽略了。您添加的内容未被修改，仍然保持原来的样子。

也就是说，您可以放心地修改可编辑区域中的内容，或者向其中添加内容，而不用担心模板会删掉它们。同时，页眉、页脚、导航菜单等元素都会保持统一样式，并根据模板的实际情况做相应的更新。

⓬ 切换到 favorite-temp.dwt。

⓭ 进入【设计】视图下。

⓮ 在导航菜单中，从 Home Page 文本中删除 Page，把 Calendar 改回到 Events。

⓯ 保存模板，更新相关文件。

⓰ 在文档选项卡栏中，单击 about-us.html，观察页面中发生了哪些变化。

> ♀ 提示　更新期间，即使子页面处于打开状态，Dreamweaver 也会进行更新，但不会保存更新，它会在文档选项卡栏中的文件名称旁边显示一个星号。

此时，导航菜单又恢复成原来的样子。如您所见，即使链接的文件处于打开状态，Dreamweaver仍然会更新它们。但是，需要注意的是，有些更改尚未被保存下来。文件名称旁边出现一个星号时，表示该文件已经发生更改，但尚未保存。

这个时候，若您的 Dreamweaver 或计算机发生了崩溃，则您做的所有更改都会丢失。这个情况下，您必须手动更新页面，或者等到下一次修改模板时启用自动更新功能。

> ♀ 提示　若当前打开了多个文件，且一个模板同时更新它们时，请一定要使用【保存全部】命令。大多数情况下，最好还是先把所有子网页关闭再更新模板，这样 Dreamweaver 会自动保存它们。

> ♀ 注意　Dreamweaver 具有自动备份功能，当 Dreamweaver 发生崩溃时，您所做的部分更改或全部更改仍然会被保留下来。

⓱ 从菜单栏中，依次选择【文件】>【保存】，如图 7-86 所示。

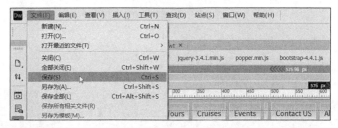

图 7-86

⓲ 关闭 favorite-temp.dwt。

在新页面中添加好内容之后，接下来，您就可以把不再需要的内容区域删掉了。首先，我们处理一下可编辑的可选区域。

7.11.1 从子页面中删除可选区域

对于可选区域和可编辑的可选区域，它们的删除和添加方法是一样的。在 <head> 中有一个条件引用，用来控制它们的显示和隐藏。

❶ 打开 about-us.html 文件，进入【代码】视图下，如图 7-87 所示。

大约在第 14 行，有一个对 MainCarousel 的引用。其中有一个属性是 value="true"。当 value 值为true 时，图像轮播组件就在页面中显示出来。当 value 为 false 时，图像轮播组件会从页面中移除。

```
13
14 ▼   <!-- InstanceParam name="MainCarousel" type="boolean" value="true" -->
15      <!-- InstanceBeginEditable name="head" -->
```

图 7-87

❷ 选择 true，将其修改为 false，如图 7-88 所示。

```
13
14      <!-- InstanceParam name="MainCarousel" type="boolean" value="false" -->
15      <!-- InstanceBeginEditable name="head" -->
```

图 7-88

从页面中移除图像轮播组件时，我们需要使用模板更新命令。

❸ 切换到【设计】视图下。

> 💡 注意   模板命令只在【设计】视图与【代码】视图下可用。

找到页面顶部的图像轮播组件。

❹ 从菜单栏中，依次选择【工具】>【模板】>【更新当前页】，如图 7-89 所示。

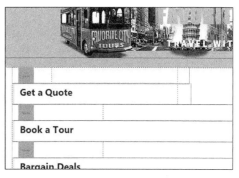

图 7-89

页面更新之后，图像轮播组件从页面中消失。如果您希望再把图像轮播组件添加回来，只要把 value 值改成 true 即可。

❺ 保存页面。

接下来，我们移除不用的卡片区域和列表区域。

7.11.2 从子页面中移除不用的区域

从一个页面中删除组件的方法有好几种。最简单的一种方法是使用标签选择器栏或【DOM】面板。

❶ 切换到【实时视图】下。

❷ 在卡片区域中，选择任意一个占位图像（400 像素 × 200 像素）。

❸ 找到整个卡片区域的父元素。选择 div.container 标签选择器，如图 7-90 所示。

❹ 按 Delete 键。删除整个卡片区域。接下来，我们使用【DOM】面板删除列表区域。

❺ 在列表区域中，单击标题占位文本。在【DOM】面板中，h2.text-center 高亮显示出来。

❻ 选择其父元素 div.container，按 Delete 键，将其删除，如图 7-91 所示。

此时，列表区域被删掉。

❼ 上下滚动，浏览一下页面，如图 7-92 所示。

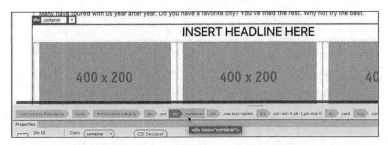

图 7-90

图 7-91

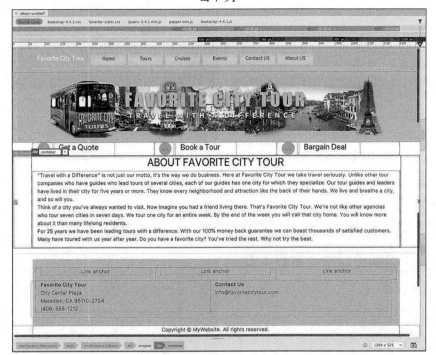

图 7-92

此时，页面中的空白内容区域被删除。到这里，页面中的所有内容元素就都制作好了。

⑧ 保存文件。

借助于 Dreamweaver 模板，我们可以轻松快速地创建页面，并自动更新页面。接下来的课程中，我们将使用制作好的模板创建网站中的各个页面。新建一个网站时，我们首先要决定要不要使用模板，使用模板的好处很多，不仅可以提高建站效率，还可以使站点的维护工作变得简单、快捷。

7.12 复习题

❶ Dreamweaver 模板有什么用？

❷ 如何从一个现有页面创建模板？

❸ 为什么模板是动态的？

❹ 向模板中添加什么，才使模板有用？

❺ 如何基于一个模板创建子页面？

❻ 模板能够更新打开的页面吗？

7.13 答案

❶ 模板就是一个预定义好的 HTML 页面，其中包含图片、占位文本。借助模板，您可以轻松、快速地创建多个子页面。

❷ 从菜单栏中，依次选择【文件】>【另存为模板】，然后在【另存为模板】对话框中，输入模板名称，即可创建一个模板（.dwt 文件）。

❸ 说模板是动态的，是因为 Dreamweaver 会维护一个到所有子页面的链接。当模板更新时，Dreamweaver 会把更改反映到子页面的锁定区域中，并且不修改可编辑区域。

❹ 我们必须向模板中添加可编辑区域。否则，无法向子页面中添加特有内容。

❺ 从菜单栏中，依次选择【文件】>【新建】，在【新建文档】对话框中，单击【网站模板】，选择要使用的模板，单击【创建】按钮。或者，在【资源】面板的【模板】中，右击模板名称，从弹出菜单中，选择【从模板新建】。

❻ 可以。不论子页面是处于关闭状态还是打开状态，模板更新后，所有子页面都会更新。但是，处于打开状态的子页面在更新后，Dreamweaver 不会自动保存它。

使用文本、列表与表格

课程概览

本课主要讲解以下内容。

- 输入标题、段落文本
- 插入来自其他源的文本
- 创建项目列表
- 插入和修改表格
- 对网站做拼写检查
- 搜索与替换文本

学习本课大约需要 **3** 小时

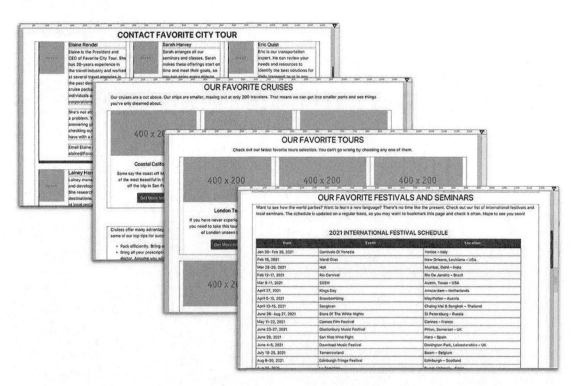

　　不论网页内容是在 Dreamweaver 中制作的，还是从其他程序导入的，我们都可以使用 Dreamweaver 提供的大量工具轻松地创建、编辑、格式化网页内容。

8.1 预览最终页面

为了做到心里有数，我们先在 Dreamweaver 中预览一下最终制作好的页面。

❶ 启动 Adobe Dreamweaver 2021。若已经打开 Dreamweaver，请关闭所有文件。

❷ 根据前言中介绍的步骤，新建一个站点 lesson08。

❸ 按 F8 键，打开【文件】面板，从站点列表中，选择 lesson08。Dreamweaver 允许我们同时打开一个或多个文件。

> 💡 注意 按住 Shift 键，连续选择多个文件，可以同时把它们打开。若要选择的文件不是连续的，您可以按住 Ctrl 键或 Cmd 键，然后单击各个文件，把它们同时选中。

❹ 展开 finished 文件夹。

❺ 选择 tours-finished.html 文件，如图 8-1 所示。

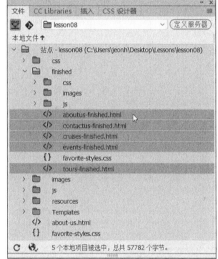

图 8-1

按住 Ctrl 键或 Cmd 键，然后选择 events-finished.html、cruises-finished.html、contactus-finished.html、aboutus-finished.html 文件。按住 Ctrl 键或 Cmd 键，单击多个非连续的文件，可以把它们同时选中。

> 💡 注意 您看到的上面这些文件的显示顺序可能和这里不一样。

❻ 在所选文件中，右击任意一个文件，从弹出菜单中，选择【打开】。此时，Dreamweaver 会把选择的 5 个文件同时打开。这 5 个文件的名称也会在文档窗口顶部显示出来。

> 💡 注意 请务必在【实时视图】下浏览每个页面。

❼ 在文档窗口顶部的选项卡栏中，单击 tours-finished.html，将其显示出来，进入【实时视图】下，如图 8-2 所示。

请注意观察页面中使用的标题和文本元素。

❽ 在文档选项卡栏中，单击 cruises-finished.html，将其显示出来，如图 8-3 所示。

图 8-2

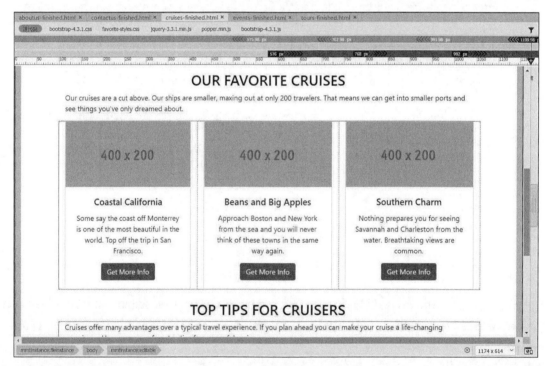

图 8-3

请注意观察页面中使用的项目列表元素。

❾ 在文档选项卡栏中，单击 events-finished.html，将其显示出来，如图 8-4 所示。

请注意观察页面中使用的两个表格。

❿ 在文档选项卡栏中，单击 contactus-finished.html，将其显示出来。请注意观察页面中文本元素上应用的自定义边框。

⓫ 从菜单栏中，依次选择【文件】>【全部关闭】。

每个页面中都使用了各种元素，包括标题、段落、列表、项目符号、缩进文本、表格等。在接下来的内容中，我们会创建这些页面，并学习如何格式化每个元素。

表中内容：

Date	Event	Location
Feb 2-25, 2020	Carnivale Di Venezia	Venice – Italy
Feb 25, 2020	Mardi Gras	New Orleans, Louisiana – USA
Mar 9-10, 2020	Holi	Mumbai, Dehli – India
Feb 21-26, 2020	Rio Carnival	Rio De Janeiro – Brazil
Mar 13-22, 2020	SXSW	Austin, Texas – USA
April 27, 2020	Kings Day	Amsterdam – Netherlands
April 13-18, 2020	Snowbombing	Mayrhofen – Austria
April 13-15, 2020	Songkran	Chaing Mai & Bangkok – Thailand
May 22- July 21, 2020	Stars Of The White Nights	St Petersburg – Russia
May 12-23, 2020	Cannes Film Festival	Cannes – France
June 24-28, 2020	Glastonbury Music Festival	Pilton, Somerset – UK
June 29, 2020	San Vino Wine Fight	Haro – Spain
June 12-14, 2020	Download Music Festival	Donington Park, Leicestershire – UK
July 17-26, 2020	Tomorrowland	Boom – Belgium
Aug 7-31, 2020	Edinburgh Fringe Festival	Edinburgh – Scotland
Aug 26, 2020	La Tomatina	Bunol, Valencia – Spain
Aug 30-31, 2020	Notting Hill Carnival	Notting Hill, London – UK

2020 INTERNATIONAL FESTIVAL SCHEDULE

图 8-4

8.2 创建与格式化文本

大多数网站中都有大量文本，其中点缀着几张图片来增加视觉趣味性。Dreamweaver 提供了各种创建、导入、格式化文本的工具，能够满足您的各种需求。

8.2.1 导入文本

接下来，我们将基于模板文件新建一个页面，然后从一个文本文件中向页面中插入一些标题和段落文本。

❶ 从菜单栏中，依次选择【窗口】>【资源】，打开【资源】面板。在【资源】面板中，单击【模板】图标。右击 favorite-temp，从弹出菜单中，选择【从模板新建】，如图 8-5 所示。

此时，Dreamweaver 基于所选模板新建一个页面。

> 💡 **提示** 打开【资源】面板时，它可能以独立的浮动面板形式显示出来。为了节省屏幕空间，您可以把它停靠到屏幕右侧。相关内容，请阅读第 1 课中"自定义工作区"一节。

> 💡 **注意** 不论有文档打开，还是没有文档打开，【模板】图标只有在【设计】视图与【代码】视图下才能在【资源】面板中显示出来。

图 8-5

❷ 在【另存为】对话框中，把刚刚创建的页面命名为 tours.html，然后保存在站点根目录下。确保文档窗口宽度不低于 1200 像素。创建好页面之后，最好马上更换页面中的各种元数据占位文本。当我们忙着为主要内容创建文本与图像时，经常会忘记或忽略这些内容。首先，我们修改一下网页标题。

> 💡 **提示** 在默认工作区下，【属性】面板不会显示出来。需要使用【属性】时，您可以从【窗口】菜单中打开它，然后将其停靠到文档窗口底部。

❸ 从菜单栏中，依次选择【窗口】>【属性】，打开【属性】面板。在一个打开的页面中，当未选择任何元素时，大多数时候【属性】面板中都会显示出【文档标题】字段。

❹ 在【文档标题】字段中，选择占位文本 Insert Title Here，输入 Our Favorite Tours，按 Enter 键或 Return 键，使修改生效，如图 8-6 所示。

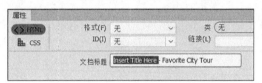

图 8-6

每个页面中都包含一个描述页面的 meta 元素，用来向搜索引擎提供与页面内容相关的信息。您可以直接在【代码】视图中编辑它，也可以在【属性】面板中辅以【DOM】面板来编辑它。

❺ 从菜单栏中，依次选择【窗口】>【DOM】，打开【DOM】面板。描述页面内容的 meta 元素位于页面的 <head> 之中。

❻ 在【DOM】面板中，展开 head 元素，如图 8-7 所示。

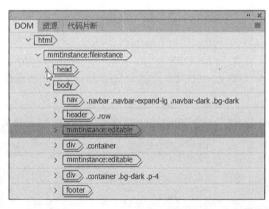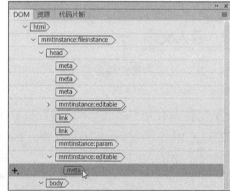

图 8-7

展开 head 元素后，您可以看到其中包含的各种元素，包括 3 个 meta 元素、两个链接、两个可编辑区域。其中一个可编辑区域包含标题，另一个包含描述页面内容的元数据。

❼ 展开第二个可编辑区域。在其中，您可以看到一个 meta 元素。

❽ 单击 meta 元素，将其选中。此时，所选 meta 元素的内容出现在【属性】面板之中。

❾ 选择文本 add description here，输入 We worked hard to develop these tours for you. They are guaranteed to be your favorite,too!，如图 8-8 所示。

修改好元数据之后，接下来，我们修改页面主要内容。

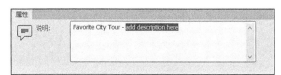 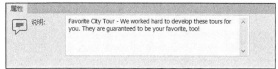

图 8-8

⓾ 在【文件】面板中，双击 lesson08/resources 文件夹中的 favorite-tours.rtf 文件，如图 8-9 所示。

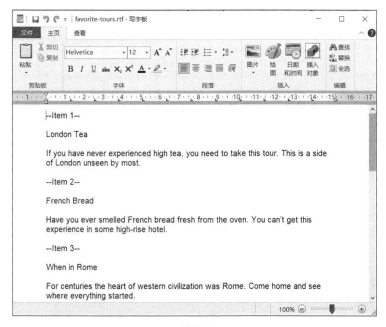

图 8-9

此时，Dreamweaver 自动启动相应程序打开 favorite-tours.rtf 文件，其中包含的文本未进行格式化，每个段落之间都有一条分隔线。这些分隔线是我有意添加的。当您从另外一个程序复制粘贴文本时，出于某些原因，Dreamweaver 会把一个段落中的回车换成
 标签。在源文本中多添加一个段落回车会迫使 Dreamweaver 使用段落标签替换
 标签。

💡提示　借助剪贴板，把文本从其他程序粘贴到 Dreamweaver 中时，如果您希望保留段落回车，那您可以使用【实时视图】或【设计】视图。

favorite-tours.rtf 文件中包含 9 段行程说明文本。接下来，我们会把它们添加到页面的卡片区域中。

⓫ 在文本编辑器或文字处理程序中，把光标移动到文本 London Tea 之前。

⓬ 拖选标题。

⓭ 按 Ctrl+X 或 Cmd+X 组合键，剪切标题文本。

⓮ 返回到 Dreamweaver 中。

⓯ 切换到【实时视图】下。

页面的中间区域中有 3 个卡片，每个卡片中都包含着一段标题为 Product Name 的占位文本。接下来，我们把刚刚从 favorite-tours.rtf 中剪切的文本插入第一个占位文本处。

⓰ 在卡片区域中，选择文本 ADD HEADLINE HERE，输入 OUR FAVORITE TOURS，然后按 Enter 键或 Return 键。

在【实时视图】下，按 Enter 键或 Return 键，Dreamweaver 会自动在页面中添加一个 p 元素。

> 💡 提示 从 Dreamweaver 2021 开始，您可以直接在【实时视图】中编辑文本。

17 输入 Check out our latest favorite tours selection. You can't go wrong by choosing any one of them。这个说明文本在标题之下最好是居中对齐的。为此，我们可以向 p 元素添加 .text-center 这个 Bootstrap 类，使文本居中对齐。

18 在新段落的【元素显示框】中，单击【添加类 /ID】图标（+）。

19 输入 .text-center，按 Enter 键或 Return 键，把 .text-center 类应用到 p 元素上，如图 8-10 所示。

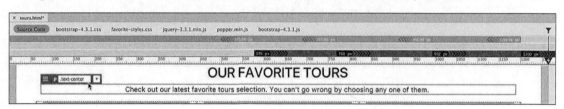

图 8-10

20 在第一个卡片中，选择标题文本 Product Name。

21 按 Ctrl+V 或 Cmd+V 组合键，把从 favorite-tours.rtf 文件中剪切的文本（见第 13 步）粘贴进来，如图 8-11 所示。

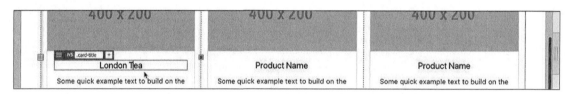

图 8-11

此时，London Tea 把占位文本替换掉。

22 切换到 favorite-tours.rtf 文件中。选择 Item 1 下的行程说明文本。

23 按 Ctrl+X 或 Cmd+X 组合键，剪切所选文本。

24 切换到 Dreamweaver，选择第一个卡片中的大段占位文本。

> 💡 提示 选择文本时，请不要选择段落末尾的回车换行符。否则，粘贴之后会多出一个空行。

25 按 Ctrl+V 或 Cmd+V 组合键，粘贴文本，如图 8-12 所示。

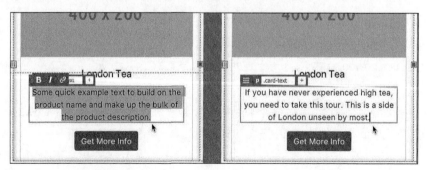

图 8-12

此时，剪切自 favorite-tours.rtf 的文本把占位文本替换掉。这样，第一个卡片中的内容就修改好了。

㉖ 切换到 favorite-tours.rtf 文件。重复步骤 22 ～ 25，把 Item 2 与 Item 3 中的文本添加到 tours.html 页面中。

㉗ 保存 tours.html 页面。

到这里，3 个卡片中的内容（包括标题和说明）就修改好了。接下来，我们再添加两行卡片，然后把 favorite-tours.rtf 文件中的其余文本填充进去。

8.2.2　添加两行卡片

为了支持多种屏幕尺寸，在页面中手动创建行列布局是个很乏味的工作。为此，Dreamweaver 为我们提供了一个易用的工具，以帮助我们轻松地完成这项任务。接下来，我们学习一下如何在页面中再添加两行卡片。

❶ 在卡片区域中，单击任意一张占位图像。

❷ 在标签选择器栏中，选择 div.row.text-center，如图 8-13 所示。

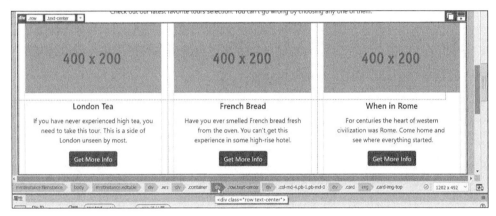

图 8-13

此时，在所选元素的右下角或右上角位置，【元素显示框】额外显示出两个图标。借助这两个图标，我们可以执行【复制行】与【添加新行】操作。若单击【添加新行】图标（），则您必须重新创建卡片中的所有元素。由于第一行卡片中已经包含了所有我们需要的元素，所以这里我们单击【复制行】图标复制它，这可以节省大量时间和精力。

❸ 单击【复制行】图标（），如图 8-14 所示。

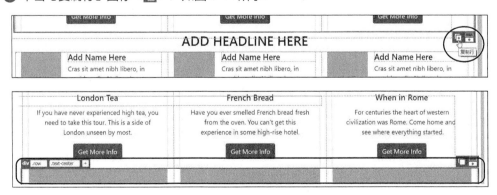

图 8-14

此时，在当前卡片行下方出现一行新卡片，其内容和结构与原卡片行一模一样，而且新卡片行与原卡片行紧紧相连。我们考虑在它们之间加一点儿间隔。前面我们已经向页面中的多个元素添加过 Bootstrap 的 .mt-4 类，这个类用来向元素添加 margin-top 属性。

❹ 在第二行卡片中，选择任意一个占位图像。

❺ 在标签选择器栏中，选择 div.row.text-center。

❻ 在【元素显示框】中，单击【添加类/ID】图标（＋）。

❼ 输入 .mt-4，按 Enter 键或 Return 键，完成添加，如图 8-15 所示。

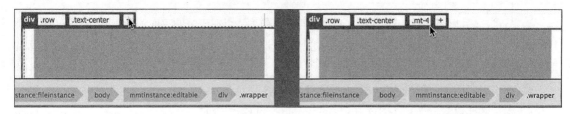

图 8-15

此时，整行卡片往下移动。创建并格式化第二行卡片之后，接下来，我们继续添加第三行卡片。根据第二行卡片在文档窗口中的位置，【复制行】图标可能会出现在所选区域的顶部或底部。

❽ 单击【复制行】图标（ ），如图 8-16 所示。

图 8-16

此时，在第二行卡片下方出现一行新卡片。接下来，我们向两行卡片中添加文本内容。

💡 **注意** 当所选元素显示一个橙色边框时，复制命令失效。这时，请单击【元素显示框】，使元素显示出蓝色边框。

❾ 从 favorite-tours.rtf 文件中，剪切其他标题和说明文本，分别粘贴到相应卡片中，如图 8-17 所示。

❿ 关闭 favorite-tours.rtf 文件，但不要保存更改。不保存 favorite-tours.rtf 文件中的更改，其内容就会一直存在。这样，当您需要重新学习本课内容时，您可以再次使用它。

⓫ 保存 tours.html 文件。

到这里，我们就向页面中添加好卡片，并在各个卡片中添加了相应内容。接下来，我们删除页面中那些不需要的元素。

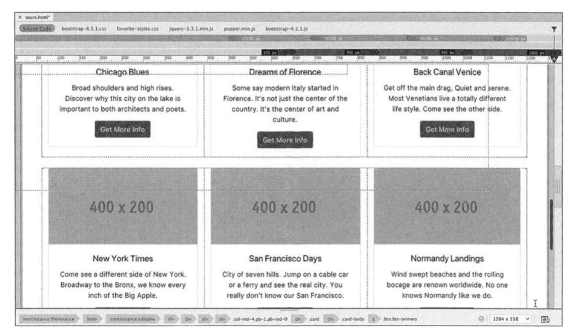

图 8-17

8.2.3 删除不用的 Bootstrap 组件

前面创建的模板中包含一个图像轮播组件和 3 个内容区域。制作 tours.html 页面时，我们用到了卡片内容区域。第 9 课中，我们会学习如何向图像轮播组件中添加图片，所以我们将在模板中保留这个图像轮播组件。图像轮播组件下方的文本区域和列表区域用不到，我们要把它们删除掉。

❶ 在文本区域中，选择文本 ADD HEADLINE HERE。

❷ 选择 div.container 标签选择器，按 Delete 键，如图 8-18 所示。

图 8-18

> 💡 **提示** 删除所选元素时，请确保元素周围是蓝色边框。若是橙色边框，则表示选中的是元素内容。此时，再次单击标签选择器或者【元素显示框】，元素边框会变成蓝色边框。当然，删除元素时，使用【DOM】面板操作起来会更轻松。

此时，您选择的文本区域就被删除了。同时，卡片区域往上移动，与图像轮播组件下方的链接区域紧紧地贴在了一起。我们希望它们有一些间距，为此，只要添加 .mt-4 类就好了。

❸ 选择标题 OUR FAVORITE TOURS。

❹ 选择 div.container 标签选择器。

⑤ 在【元素显示框】中，向 div 元素添加 .mt-4 类，如图 8-19 所示。

图 8-19

此时，整个 div 元素往下移动了一些。

⑥ 在列表区域中，选择文本 ADD HEADLINE HERE。

⑦ 选择 div.container 标签选择器，按 Delete 键，如图 8-20 所示。

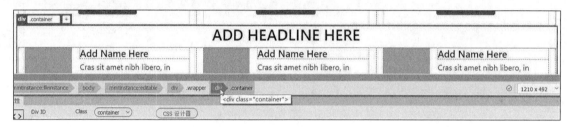

图 8-20

按 Delete 键之前，请确保 div 元素周围出现的是蓝色边框。把整个列表区域删除后，整个页面布局就完成了。

⑧ 保存文件后关闭。

接下来，我们学习如何创建 HTML 列表。

8.3 创建列表

添加样式（格式化）的目的是让网页内容含义明确、组织有序、清晰易读。还有一个方法可以实现这一目的，那就是使用 HTML 中的列表元素。列表是页面中最常用的元素之一，使用它一方面可以提高文本的可读性，另一方面可以提高信息的查找速度。

① 打开【资源】面板。在【模板】类别下，右击 favorite-temp，从弹出菜单中，选择【从模板新建】。此时，Dreamweaver 基于所选模板新建一个页面。

> ♀注意 当文档处于打开状态时，在【实时视图】下，【资源】面板中的【模板】类别不可见。为了创建、编辑、使用 Dreamweaver 模板，我们必须切换到【设计】视图或【代码】视图下，或者关闭所有打开的 HTML 文档。

② 保存页面，在【另存为】对话框中，输入名称 cruises.html，将其保存到站点根目录下。切换到【实时视图】下，确保文档窗口宽度不低于 1200 像素。

③ 在【属性】面板中，在【文档标题】中，选择占位文本 Insert Title Here，输入 Our Favorite Cruises，将其替换，然后按 Enter 键或 Return 键。

④ 切换到【代码】视图下。找到名为 description 的 meta 元素，选择文本 add description here。

⑤ 输入 Our cruises can show you a different side of your favorite cities，如图 8-21 所示，然后保存文件。

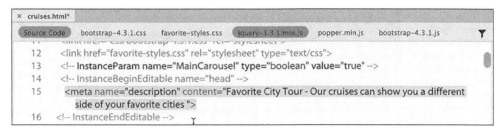

图 8-21

此时，新输入的文本替换掉了原来的占位文本。

⑥ 在【文件】面板中，双击 lesson08/resources 文件夹下的 cruise-tips.rtf 文件。此时，cruise-tips.rtf 文件在 Dreamweaver 外部打开，其中包含一系列提高操作体验的小技巧。

⑦ 在 cruise-tips.rtf 文件中，先按 Ctrl+A 或 Cmd+A 组合键，再按 Ctrl+X 或 Cmd+X 组合键，剪切文本。然后，关闭 cruise-tips.rtf 文件，不保存文件更改。

⑧ 返回到 Dreamweaver 中，进入【实时视图】下。

⑨ 在图像轮播组件下方的文本内容区域中，选择 ADD HEADLINE HERE，输入 TOP TIPS FOR CRUISERS，将其替换。

⑩ 单击占位文本 Add content here.。此时，【元素显示框】中显示的是 p 元素，占位文本周围出现的是橙色边框。

⑪ 按 Esc 键，占位文本周围变成蓝色边框。出现蓝色边框，表示选中的是 HTML 元素。

⑫ 按 Ctrl+V 或 Cmd+V 组合键，如图 8-22 所示。

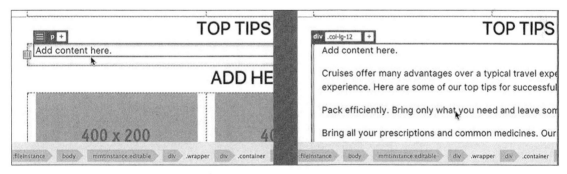

图 8-22

此时，从 cruise-tips.rtf 复制的文本出现在占位元素之下。在处理这些文本之前，让我们先删除占位元素。

⑬ 选择整个占位元素 Add content here，将其删除。

此时，取自 cruise-tips.rtf 文件的文本被完全格式化为 HTML 段落。在 Dreamweaver 中，我们可以很轻松地把这些文本转换为一个 HTML 列表。HTML 列表有两类：有序列表（编号列表）和无序列表。

8.3.1　创建有序列表

下面，我们把一些段落文本转换成一个 HTML 有序列表。

❶ 选择所有文本。然后，在【属性】面板中，单击【编号列表】图标（📑），如图8-23所示。

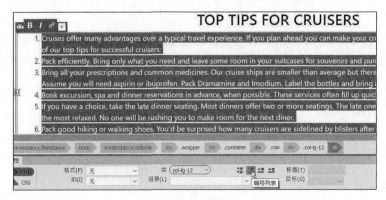

图 8-23

此时，Dreamweaver 自动在各段文本前面添加一个数字编号。在语义上，编号列表为每段文本指定了一个唯一的编号，确定了每段文本的先后顺序。但是，从内容上看，这些文本之间应该没有先后顺序，每段文本之间是平行的。这种情况下，使用无序列表会更好一些。当各个项目之间没有明显的先后顺序时，建议大家使用无序列表。在把有序列表变成无序列表之前，我们先看一下有序列表都包含哪些标记。

❷ 切换到【拆分】视图下，如图8-24所示。

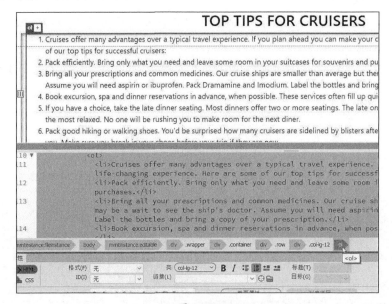

图 8-24

在文档窗口的【代码】视图中，观察有序列表的结构。有序列表由 ol 和 li 两个元素组成。每段文本包裹在一个 li（列表项）元素中，所有列表项都包裹在一个 ol 元素之中。把有序列表变为无序列表很简单，在【代码】视图或【设计】视图中就可以轻松完成。在标签选择器栏中，单击 ol 标签选择器，选中整个有序列表。

8.3.2　创建无序列表

下面我们把前面创建的有序列表转换成无序列表。

❶ 在【属性】面板中，单击【无序列表】图标（ ），如图 8-25 所示。

> 💡提示 （1）除了单击【无序列表】图标之外，我们还可以在【代码】视图中手动修改列表标签，把有序列表变为无序列表。修改标签时，起始标签和结束标签都要修改，不要漏掉了。
> （2）选择整个列表最简单的方法是：在标签选择器栏中单击 ol 标签选择器。

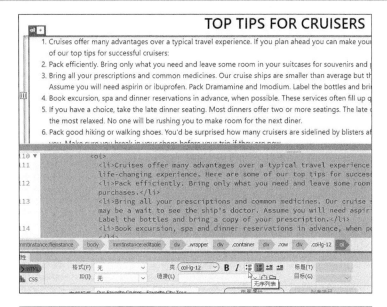

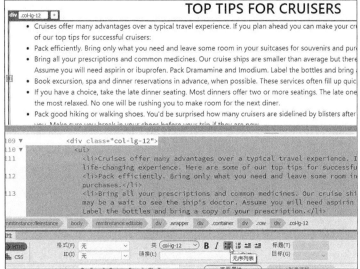

图 8-25

此时，每个列表项左侧的数字编号变成了项目符号。查看无序列表标签，您会发现，它与有序列表只有一个区别，那就是最外层的标签由 <ol> 变成了 <ul>。接下来，我们继续完善页面内容。

❷ 在卡片区域中，选择占位标题 ADD HEADLINE HERE。

❸ 输入 OUR FAVORITE CRUISES，替换掉占位文本。

❹ 在【文件】面板中，双击 lesson08/resources 文件夹中的 favorite-cruises.rtf 文件。

此时，favorite-cruises.rtf 文件被打开，如图 8-26 所示。接下来，我们把文件内容添加到卡片区域中。

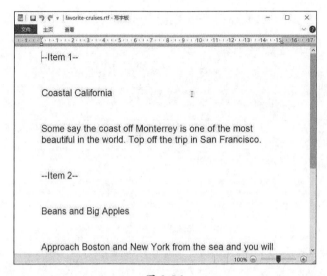

图 8-26

❺ 把 favorite-cruises.rtf 文件中的内容复制粘贴到各个卡片中，如图 8-27 所示。

图 8-27

此时，我们就把文件中的内容添加到了各个卡片之中。接下来，我们删除页面中不需要的占位元素。图像轮播组件保留，第 9 课中我们会向图像轮播组件添加图片。这里，我们只把页面下方的列表内容区域删除。

❻ 选择并删除页面下方的列表内容区域，如图 8-28 所示。

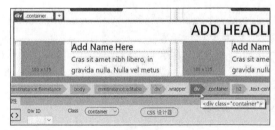

图 8-28

到这里，我们的页面就差不多制作好了。这个页面主要销售邮轮旅游产品，所以我们最好把旅游描述内容放到那些提示内容前面。在页面中移动元素时，使用【DOM】面板操作起来更容易。

❼ 从菜单栏中，依次选择【窗口】>【DOM】，打开【DOM】面板。

❽ 在文档窗口中，选择标题 TOP TIPS FOR CRUISERS。此时，在【DOM】面板中，h2 元素处于高亮状态。观察 HTML 结构，可以发现整个区域的父元素是 div.container。

❾ 选择标题 OUR FAVORITE CRUISES，如图 8-29 所示。

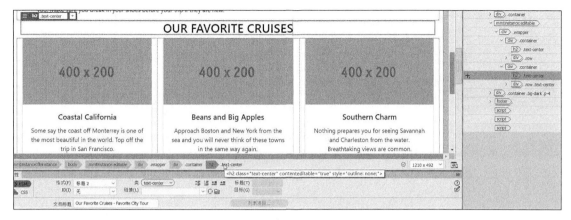

图 8-29

此时，卡片区域中的 h2 元素处于高亮状态。与页面中间的提示内容区域一样，卡片区域的父元素也是 div.container。通过拖动两个 div 中的任意一个，可以交换两个区域在页面中的顺序。当前，两个 div 元素都处于展开状态。把两个元素折叠起来，有助于在页面中轻松移动它们。

⑩ 把两个 div.container 元素折叠起来，如图 8-30 所示。

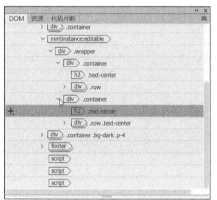

图 8-30

折叠起来之后，两个 div 元素在 HTML 结构中是同级的，上下紧挨着。使用这种方式查看两个元素，就不会那么复杂了。

⑪ 把代表卡片区域的 div 元素拖动到另一个 div 元素（代表提示内容区域）之上，如图 8-31 所示。

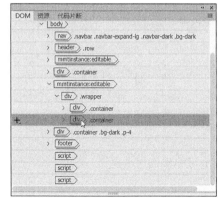

图 8-31

拖动时，您会看到一根绿线，它表示拖动的目标位置。拖动完成后，卡片区域就出现在了提示内容区域之上。卡片区域中的标题（OUR FAVORITE CRUISES）紧紧靠在上方链接上，我们希望在两者之间加一点儿间隙。

> 💡 **注意**　拖动一个 div 元素时，Dreamweaver 可能会把另外一个 div 元素展开。

> 💡 **提示**　拖动元素时，若位置放错了，请从菜单栏中，依次选择【编辑】>【撤销拖放】，然后重试一次。

⑫ 首先，选择标题 OUR FAVORITE CRUISES，再选择 div.container 标签选择器，然后向其添加 .mt-4 类，如图 8-32 所示。

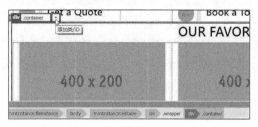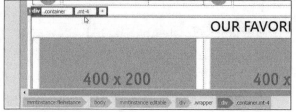

图 8-32

卡片区域与提示内容区域之间也应该留出一些间隙。

⑬ 首先，选择标题 TOP TIPS FOR CRUISERS，再选择 div.container 标签选择器，然后向其添加 .mt-4 类。到这里，整个页面就制作好了。

⑭ 保存并关闭 cruises.html 页面。

⑮ 关闭 favorite-cruises.rtf 文件，不保存任何修改。

至此，我们学习了列表的传统用法。除此之外，我们还可以使用列表创建复杂的内容结构，模板中就有这样的一个内容区域。

8.4　使用列表组织内容

在语义上，列表用来按顺序显示一系列相关的单词或短语，通常是一个接着一个。在 HTML 中，列表可以用来组织更为复杂的内容，比如多段文本、图片等。对于搜索引擎来说，列表是一种完全合法的结构。

接下来，我们使用模板中基于列表的内容区域在页面中添加公司员工简介和联系方式。页面中总共展示 6 位员工，分成 2 行 3 列。

❶ 基于 favorite-temp.dwt 模板，新建一个页面，然后将其保存为 contact-us.html。

❷ 在【属性】面板的【文档标题】中，选择 Insert Title Here，输入 Meet our favorite people。新页面中有 3 个内容区域。我们要用的是页面底部那个基于列表的区域。首先，我们要把页面中那些用不到的组件删除，先从图像轮播组件删起。

❸ 切换到【代码】视图下。图像轮播组件属于可编辑的可选区域。通过修改 <head> 下一个 HTML 注释中的 value 值，可以控制其是否显示出来。

❹ 在 <head> 中，在第 13 行，找到 <!-- InstanceParam name="MainCarousel" type="boolean"

value= "true" -->。当前 vaule 值为 true。

⑤ 把 value 值修改为 false，如图 8-33 所示。

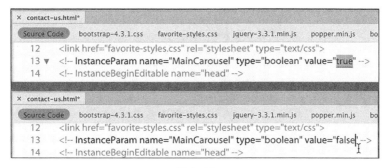

图 8-33

⑥ 从菜单栏中，依次选择【工具】>【模板】>【更新当前页】。此时，图像轮播组件从页面中消失。接下来，我们在【代码】视图下修改描述页面内容的 meta 元素。

⑦ 在名为 description 的 meta 元素中，选择占位文本 add description here，将其替换为 Meet the staff of Favorite City Tour。

⑧ 接下来，我们删除文本内容区域。切换到【实时视图】下。删除图像轮播组件后，文本内容区域向上移动到链接区域之下。

⑨ 选择充当文本内容区域的 div.container 标签选择器，如图 8-34 所示。

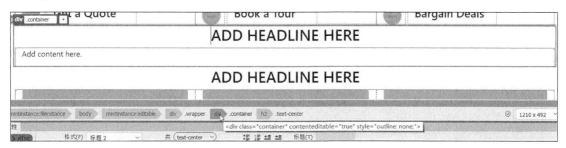

图 8-34

此时，【元素显示框】中显示出 div.container。若元素边框是蓝色的，请直接跳到第 11 步。

💡 提示　在【实时视图】下，删除某个元素时，有时不太容易得到蓝色边框。这个时候，您可以使用【DOM】面板。

⑩ 单击【元素显示框】，元素边框变成蓝色。

⑪ 按 Delete 键，如图 8-35 所示。

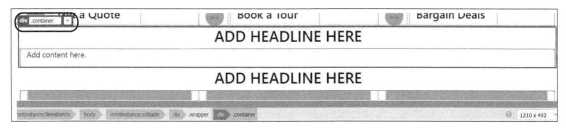

图 8-35

此时，文本内容区域就被删除了。

⓬ 重复步骤 9 ～ 11，选择并删除卡片区域，如图 8-36 所示。

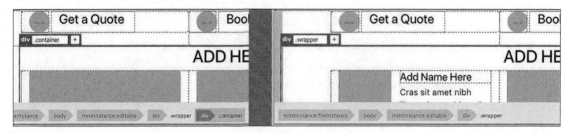

图 8-36

此时，页面中只剩下基于列表的区域。

⓭ 选择占位文本 ADD HEADLINE HERE，输入 CONTACT FAVORITE CITY TOUR，将其替换。

⓮ 在列表项中，单击一个占位图像。观察文档窗口底部的标签选择器，如图 8-37 所示。

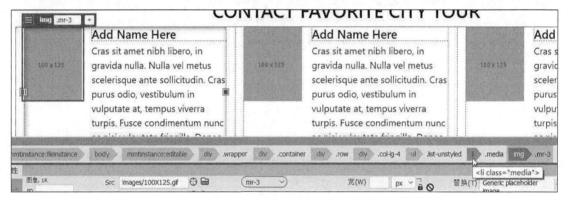

图 8-37

可以看到，img 元素是 li 元素的子元素。

⓯ 选择 li .media 标签选择器，如图 8-38 所示。

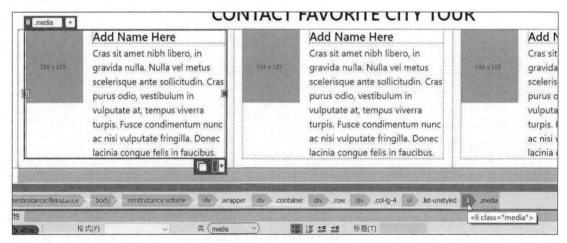

图 8-38

li 元素由标题、占位图像、段落文本组成。

⓰ 选择 ul 标签选择器。在整个列表区域中，ul 元素代表一个列。接下来，我们把一个文本文件

的内容填充到这些元素之中。

⑰ 打开 lesson08/resources 文件夹中的 contactus-text.txt 文件，如图 8-39 所示。

图 8-39

此时，contactus-text.txt 文件在 Dreamweaver 中打开，其中包含了几位公司员工的介绍和联系方式。

⑱ 选择人名 Elaine Rendel，复制它。

⑲ 切换到 contact-us.html。在第一个列表项中，选择文本 Add Name Here，然后粘贴替换，如图 8-40 所示。

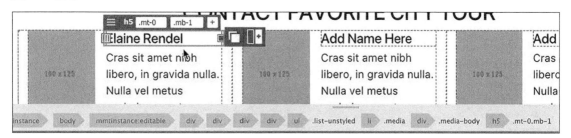

图 8-40

此时，Elaine Rendel 出现在 h5 元素中。接下来，我们把 3 段介绍 Elaine 的文本添加到列表中。这个过程中，我们学习在【实时视图】下粘贴多个元素的新方法。

8.4.1 在【实时视图】中粘贴多个元素

在 Dreamweaver 中，在【实时视图】下粘贴多个元素有一定难度。在【设计】视图下，我们必须学习几个技巧，再辅以敏锐的观察力，才能成功地粘贴两个或多个元素。

❶ 切换到 contactus-text.txt，复制 Elaine Rendel 下的 3 段文本。

❷ 切换到 contact-us.html，选择 Elaine 标题下的占位文本。此时，元素外框是橙色的，表示当前在文本编辑模式下。该模式不支持粘贴多个文本段落。当您粘贴第 1 步中复制的文本时，这些文本整体会被作为一个段落存在。在【实时视图】下，粘贴多个段落还是需要使用一些技巧的。

❸ 按 Delete 键，删除占位文本。此时，【元素显示框】中显示的是 h5 元素或者 <div.media-body>。若元素边框是蓝色的，请直接跳到第 5 步。

❹ 单击【元素显示框】。此时，元素边框变成蓝色。在【实时视图】下，用这种方式选择一个元素时，您可以粘贴一个或多个元素，同时保留 HTML 结构。

❺ 按 Ctrl+V 或 Cmd+V 组合键，粘贴前面复制的多段文本，如图 8-41 所示。

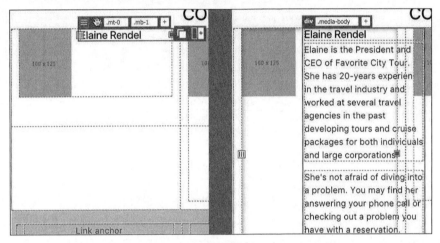

图 8-41

此时，第 1 步中复制的 3 段文本出现在 li 中，并且位于标题文本之下。在【实时视图】下，3 段文本好像把 <div> 边框撑大了，请不用担心，它们在浏览器中会正常显示出来的。这样，第一个员工的相关信息就添加好了。接下来，我们再创建一个列表项，添加另外一位员工的信息。

8.4.2 新建列表项

观察组织员工介绍内容的列表结构，您会发现它很复杂。但是，它使用的是 Bootstrap 结构，Dreamweaver 专门提供了一种简单的方法在第一列中新建一个列表项。

> 💡注意 Bootstrap 控件可能出现在所选元素的右上方或右下方，具体取决于文档窗口的可用空间在什么位置。

❶ 选择用于组织 Elaine 介绍内容的 li.media 标签选择器。在【实时视图】下，选中 li.media 后，您应该能够看到前面使用过的 Bootstrap 控件。要想添加第二个列表项，需要单击【复制列】图标。

❷ Bootstrap 控件中包含两个图标，一个是【复制列】，另一个是【添加新列】。这里，我们单击【复制列】图标（🖻），如图 8-42 所示。

此时，一个一模一样的 li 元素出现在第一个 li 元素之下，而且两个元素上下紧挨着。接下来，我们向新复制出的 li 元素添加 .mt-4 类，使两个 li 元素有一定间距。

❸ 选择刚刚复制出的 li.media 标签选择器，向其添加 .mt-4 类，如图 8-43 所示。

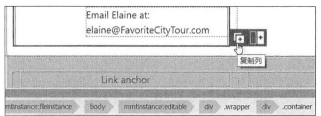

图 8-42

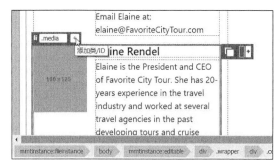

图 8-43

此时，两个列表项（li）有了一定间隔。

④ 从 contactus-text.txt 文件中，复制 Item 2 下的文本，把它们添加到刚刚复制出的列表项中。

⑤ 使用同样的方法，再添加两个新列表项（li），然后把 Item 3、4、5、6 下的文本内容添加到相应的列表项中。

到这里，6 个员工的介绍内容就添加好了。整个列表区域与链接区域紧密贴在一起，向列表区域添加 .mt-4 类，让它们有一定间隔。

⑥ 选择 div.container 标签选择器，添加 .mt-4 类。

最后，我们给每个员工介绍区域添加一个边框，使网页带有一定风格。为确保边框仅应用到员工介绍区域，我们需要自己先创建一个类，然后把类添加到员工介绍区域上。

⑦ 选择包含 Elaine 介绍内容的 li.media 标签选择器，单击【添加类 /ID】图标。

⑧ 输入一个新的类名 .profile。

> **注意** 输入类名时，请一定记得在类名前面加一个句点。

输入类名时，您会看到一个提示列表，其中显示着所有规则名称。.profile 不是一个现有的类，我们可以在【元素显示框】中直接创建它。

⑨ 按 Enter 键或 Return 键，如图 8-44 所示。

图 8-44

弹出【选择源】对话框。

当在【元素显示框】中输入一个在外联样式表或内嵌样式表中并不存在的类或 id 时，Dreamweaver 会弹出【选择源】对话框。在这个弹出对话框中，我们可以选择在内嵌样式表或外联样式表中新建一个选择器，甚至还可以新建一个 CSS 文件。

由于站点模板已经链接至一个外部样式表（favorite-styles.css），所以您应该能够在【选择源】下拉菜单中看到它，请选择它。

⓾ 再按 Enter 键或 Return 键。

此时，Dreamweaver 会在您选择的样式表中创建 .profile 选择器。如果您不想为输入的类或 id 创建选择器，请按 Esc 键。一旦创建好选择器，您就可以使用它为内容添加样式了。

⓫ 打开【CSS 设计器】，单击【当前】按钮。

> 💡 提示　在【CSS 设计器】的【属性】窗格中添加属性与值时，先在属性字段中输入属性名称，然后按 Tab 键，激活右侧的值字段，输入相应值。勾选【显示集】复选框后，值字段中可能不会有提示出现。

此时，.profile 类出现在【选择器】窗格的顶部。选择 .profile 类，在【属性】窗格中，您可以看到当前未设置任何样式。

⓬ 为 .profile 类添加如下属性与值，如图 8-45 所示。

```
border-left: 3px solid #069;
border-bottom: 10px solid #069;
```

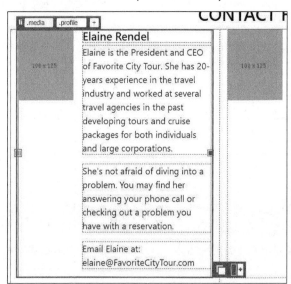

图 8-45

此时，在第一个列表项（包含 Elaine 介绍内容）的左侧与底部出现边框，这些边框在视觉上有助于把各个员工介绍区域区分开。接下来，我们向其他几个员工介绍区域添加边框。

⓭ 向其他几个员工介绍区域添加 .profile 类，如图 8-46 所示。

到这里，整个使用列表构建的员工介绍区域就制作好了。

⓮ 保存并关闭所有文件。

接下来，我们学习如何创建和使用 HTML 表格。

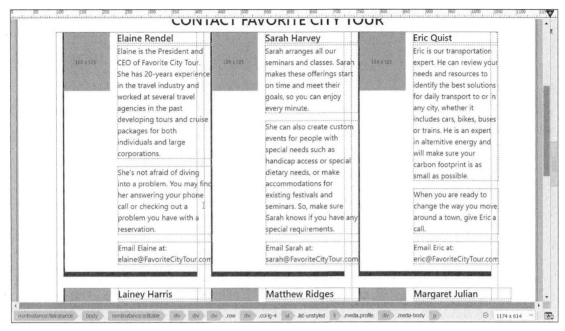

图 8-46

CSS 出现之前，网页设计师经常使用 HTML 表格来设计页面布局。那时，表格是创建多列布局和控制内容元素的唯一手段。但是，实践证明，表格不够灵活，难以适应网络的变化，使用表格设计网页布局实在是个不太明智的做法。设计网页布局时，相较于表格，CSS 样式灵活性更高，功能更强大，所以网页设计师们很快就不再使用表格来设计页面布局。

但是，这并不表示表格一点儿用处也没有了。尽管表格不适合用来设计页面布局，但是却很适合用来展现各种数据，比如产品列表、人员名单、时间表等。

在 Dreamweaver 中，创建表格的方式多种多样，您既可以从零开始创建，也可以从其他程序复制粘贴已经制作好的表格，还可以基于数据库和电子表格程序（比如 Microsoft Access、Microsoft Excel）等其他来源的数据即时创建表格。

8.5.1　从零开始创建表格

接下来，我们学习如何创建 HTML 表格。

❶ 基于 favorite-temp 新建一个页面，命名为 events.html，保存到站点根目录下。

❷ 在【属性】面板的【文档标题】中，选择 Insert Title Here，将其替换成 Fun Festivals and Seminars。

❸ 把描述网页内容的元数据的 content 值修改为 Favorite City Tour supports a variety of festivals and seminars for anyone interested in learning more about the world around them。

❹ 切换到【实时视图】下，在文本区域中，选择占位标题 ADD HEADLINE HERE，输入 OUR FAVORITE FESTIVALS AND SEMINARS，将其替换。

虽然后面我们会把节日庆典和研讨会在表格中列出来，但最好还是先用一两段文字做一下简单的介绍。

❺ 选择占位文本 Add content here。

❻ 输入如下文本：Want to see how the world parties? Want to learn a new language? There's no time like the present. Check out our list of international festivals and local seminars. The schedule is updated on a regular basis，so you may want to bookmark this page and check it often. Hope to see you soon!，如图 8-47 所示。

图 8-47

❼ 接下来，我们添加表格。从菜单栏中，依次选择【插入】>【表格】，出现定位辅助面板。

❽ 选择【之后】，弹出【Table】对话框，如图 8-48 所示。

尽管 CSS 接替 HTML 属性承担了大部分页面设计工作，但是表格的某些方面还是由原来的 HTML 属性控制并格式化的。HTML 的唯一优势是，其属性会一直受到各种新旧浏览器的良好支持。当您在【Table】对话框中做某些设置时，Dreamweaver 会借助 HTML 属性来应用它们。但是，还是建议您尽量不要使用 HTML 来格式化表格。

❾ 在【Table】对话框中，设置如下参数，如图 8-49 所示。

行数：2。

列：3。

表格宽度：95%。

边框粗细：1。

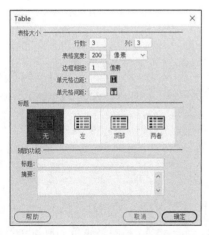

图 8-48

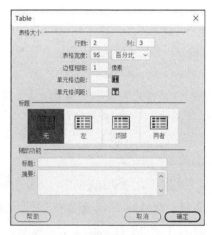

图 8-49

通常，我们都是需要把边框粗细设置为 0 的，但这样一来，表格在【实时视图】中就不可见了。所以，目前我们先把边框粗细设置为 1，等到表格制作完成后，再把边框粗细设置为 0。

💡提示　刚开始创建表格时，把边框粗细设置为 1，便于使用它。等到我们在表格中填充好数据之后，再把边框粗细修改为 0。

⑩ 单击【确定】按钮，创建表格，结果如图 8-50 所示。

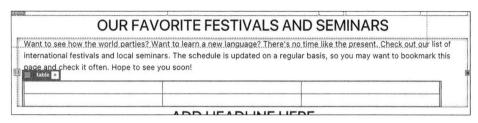

图 8-50

此时，在主标题之下，出现了一个 2 行 3 列的表格。接下来，我们就可以向表格填充数据了。

> **注意** 【实时视图】不适合用来输入数据。如果待输入的数据量很大，建议您还是先切换到【设计】视图，再向表格输入数据。

接下来，我们学习一下如何手动向表格中添加数据。

① 切换到【设计】视图下。

② 在表格的第一个单元格中，插入光标，输入 Date，按 Tab 键，光标移动到同一行的下一个单元格。

> **提示** 在【设计】视图下，把光标放入某个单元格中，按 Tab 键，会使光标从左向右自上而下地移动到下一个单元格。按住 Shift 键，再按 Tab 键，会使光标从右往左自下而上地移动到上一个单元格。

③ 在第二个单元格中，输入 Event，按 Tab 键。

> **注意** 在【设计】视图下，复杂的 CSS 样式无法正常显示出来，导致出现一些问题，比如侧边栏可能会盖住表格。遇到这些情况时，请试着调整一下文档窗口的宽度。

此时，光标移动到下一个单元格中，但是不太容易看到它。遇到类似的情况时，请试着调整一下文档窗口尺寸。

④ 输入 Location，按 Tab 键，如图 8-51 所示。

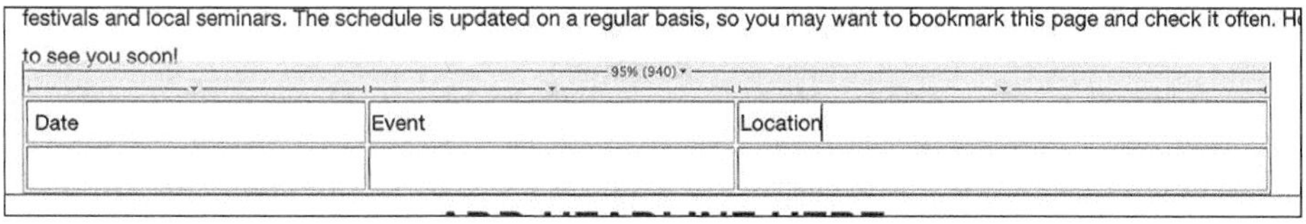

festivals and local seminars. The schedule is updated on a regular basis, so you may want to bookmark this page and check it often. H to see you soon!

Date	Event	Location

图 8-51

此时，光标移动到表格第二行的第一个单元格。

⑤ 在表格第二行的各个单元格中，依次输入 May 1, 2021（单元格 1）、May Day Parade（单元格 2）、Meredien City Hall（单元格 3），如图 8-52 所示。

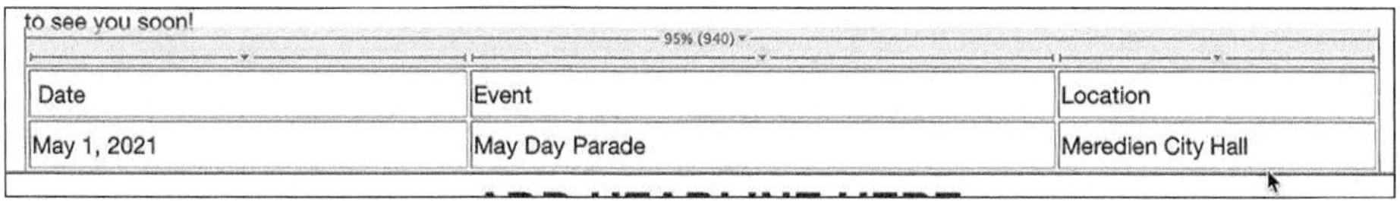

to see you soon!

Date	Event	Location
May 1, 2021	May Day Parade	Meredien City Hall

图 8-52

此时，光标位于最后一个单元格中。这时，在表格中插入新行很简单。

在 Dreamweaver 中，有好几种方法，可用用来在当前表格中插入新的行与列。接下来，我们学习如何在一个表格中添加新行。

❶ 把光标放到表格第二行的最后一个单元格中，按 Tab 键。此时，在表格底部出现了一个新的空白行。在 Dreamweaver 中，您也可以一次插入多个新行。

❷ 选择 table 标签选择器，如图 8-53 所示。

💡 提示 若【属性】面板当前未显示出来，请从菜单栏中，依次选择【窗口】>【属性】，将其显示出来，然后停靠到文档窗口底部。

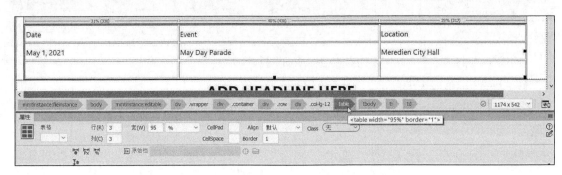

图 8-53

【属性】面板中显示着用来控制表格各个方面的属性，包括表格宽度、单元格宽度与高度、文本对齐方式等。同时，还显示着当前表格的行数和列数，并允许您修改它们。

❸ 在【行】字段中，选择数字 3，输入 5，按 Enter 键或 Return 键，如图 8-54 所示。

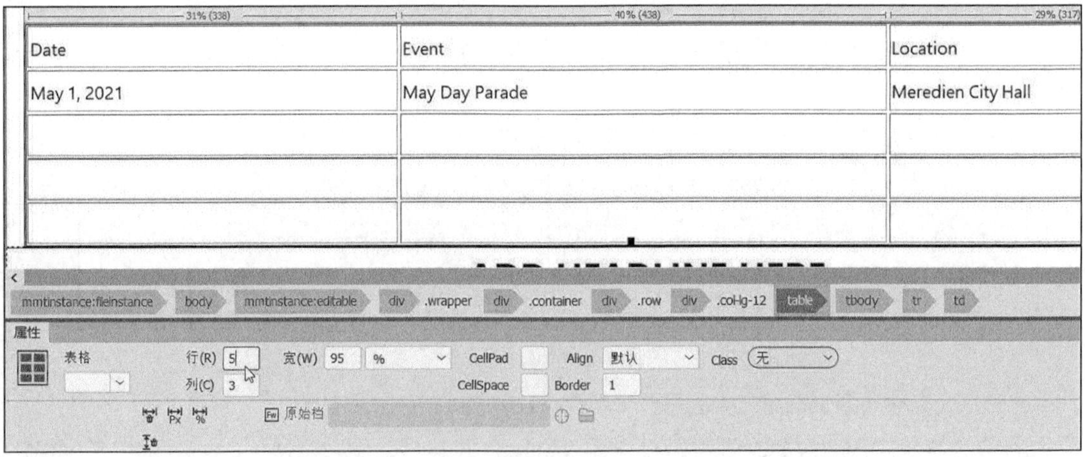

图 8-54

此时，Dreamweaver 会向当前表格添加两个新行。当然，我们还可以使用鼠标以交互方式在表格中添加行与列。

❹ 右击表格的最后一行。然后，从弹出菜单中，依次选择【表格】>【插入行】，如图 8-55 所示。

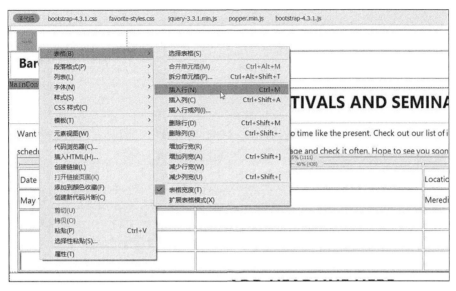

图 8-55

此时，Dreamweaver 又在表格中插入了一行。另外，我们还可以使用弹出菜单同时插入多个行或列。

❺ 右击表格的最后一行。然后，从弹出菜单中，依次选择【表格】>【插入行或列】，打开【插入行或列】对话框。

❻ 在【插入】中，选择【行】；在【行数】中，输入 4；在【位置】中，选择【所选之下】，然后单击【确定】按钮，Dreamweaver 又向表格添加 4 个新行。此时，整个表格共有 10 行，如图 8-56所示。

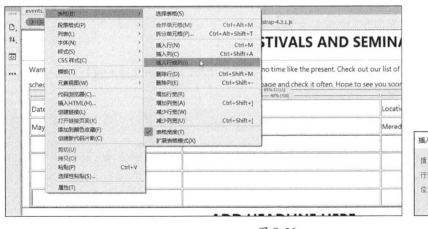

图 8-56

❼ 保存所有文件，如图 8-57 所示。

上面我们在 Dreamweaver 中从零开始手动创建了一个表格。但是，许多情况下，我们需要的数据已经以某种数字形式存在，比如电子表格或网页。针对这些情况，Dreamweaver 提供了多种支持，帮助我们轻松地把这样的数据从一个页面移动到另外一个页面，或者基于这些数据直接创建表格。

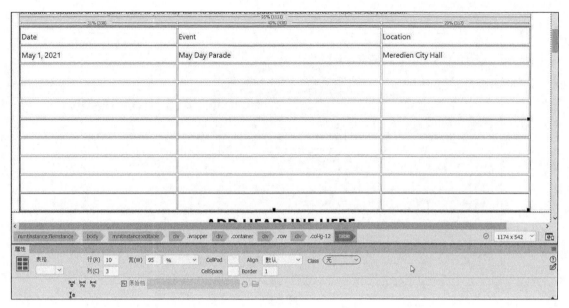

图 8-57

8.5.2 复制与粘贴表格

前面我们学习了如何在 Dreamweaver 中手动创建表格。除此之外，我们还可以使用复制粘贴命令把其他 HTML 文件或程序中的表格移动到当前页面中。

❶ 打开【文件】面板，双击 lesson08/resources 文件夹中的 festivals.html 文件，将其打开。这个 HTML 文件在 Dreamweaver 中打开时，有一个独立的选项卡。其中包含一个 3 列数行的表格。

当把内容从一个文档移动到另外一个文档时，一定要确保这两个文档的视图一样。当前 events.html 处在【设计】视图下，所以我们也应该让 festivals.html 进入【设计】视图下。

❷ 切换到【设计】视图下。

❸ 把光标插入表格中。单击 table 标签选择器，从菜单栏中，依次选择【编辑】>【拷贝】，或者按 Ctrl+C 或 Cmd+C 组合键，如图 8-58 所示。

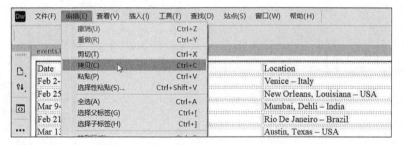

图 8-58

> **注意** Dreamweaver 还支持我们从其他某些程序（比如 Microsoft Word）中复制粘贴表格。但是，复制粘贴命令并非在每个程序中都有效。

❹ 关闭 festivals.html 文件。

❺ 返回到 events.html 中，把光标插入表格中，选择 table 标签选择器，按 Ctrl+V 或 Cmd+V 组合键，

粘贴表格，如图 8-59 所示。

图 8-59

此时，新的 Festivals 表格完全取代了原来的表格。【设计】视图与【代码】视图都支持复制粘贴命令，但是执行复制粘贴命令之前，必须保证两个文档的视图一致。

❻ 保存文件。

仔细观察表格中的文本，您会发现，它们比页面中其他部分的文本尺寸要大一些。这表示默认的 Bootstrap 样式自己有一套 CSS 属性。这里，我们希望覆盖掉默认属性值，自己设置属性值。

8.5.3 使用 CSS 设置表格样式

接下来，我们使用 CSS 为表格内容设置样式。

❶ 切换到【实时视图】下，单击表格，选择 table 标签选择器。

❷ 在【CSS 设计器】中，单击【全部】按钮。在【源】窗格中，选择 favorite-styles.css，新建一个选择器：table，如图 8-60 所示。

表格中的文本比页面中的其他文本尺寸大。接下来，我们添加一条新规则来控制表格中的文本大小。

❸ 取消勾选【显示集】复选框。

❹ 在【属性】窗格中，单击【文本】图标（ⓣ）。

为 table 规则添加属性 font-size: 90%;，如图 8-61 所示。

图 8-60

图 8-61

此时，表格中的文本尺寸变小。把宽度属性值设置为某个百分比时，浏览器会根据父元素（这里是 div 元素）的尺寸分配空间。也就是说，表格会随着父元素结构的变化而自动进行适应。

CSS 能够控制表格样式的方方面面。创建属性时，我们可以使用【CSS 设计器】中的【更多】区域，也可以手动输入属性。熟悉了 CSS 的各种属性，使用这个方法会又快又高效。

❺ 勾选【显示集】复选框，如图 8-62 所示。

此时，【属性】窗格中只显示那些规则中有设置的属性。【属性】窗格底部有一个【更多】字段，我们需要在这个字段中手动输入新属性。

❻ 在【更多】中，输入 width: 95%，按 Enter 键或 Return 键，创建属性，如图 8-63 所示。

图 8-62

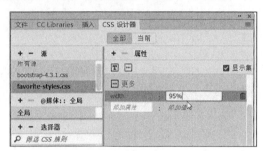

图 8-63

此时，Dreamweaver 重新调整表格尺寸，使其宽度变为父元素的 95%。

❼ 在 table 规则中，继续设置如下属性，如图 8-64 所示。

```
margin-bottom: 2em;
border-bottom: 3px solid #069;
border-collapse: collapse;
```

此时，Dreamweaver 在表格底部添加蓝色边框与额外间距。

❽ 从菜单栏中，依次选择【文件】>【保存全部】。

上面创建的规则只用来格式化表格的整体结构，无法用来控制或格式化表格的指定行或列。接下来，我们为表格的单元格设置样式。

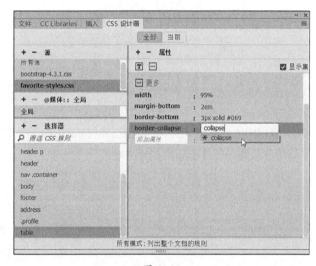

图 8-64

8.5.4 为表格单元格设置样式

与表格一样，在为表格的列设置样式时，您既可以使用 HTML 属性，也可以使用 CSS 规则。具体做法就是通过创建单元格的两个元素（th 表头、td 表数据）来设置列样式。

首先，我们创建一条通用规则重置 th 与 td 两个元素的默认格式。然后，我们再自定义一些规则来应用具体样式。

❶ 在 favorite-styles.css 中，新建一个选择器：td,th。

（1）规则顺序会影响样式的层叠，以及继承的方式和样式。

（2）选择器中的多个标记之间要使用逗号分隔开。由于 td 与 th 元素一定属于某个表格，所以我们不再需要在选择器中添加 table 这个标记。

❷ 在新规则中，设置如下属性，如图 8-65 所示。

padding: 4px;

text-align: left;

border-top: 1px solid #069;

图 8-65

向表格行添加好行线之后，就不再需要 HTML 边框属性了。

编辑表格属性过程中遇到问题时，请尝试切换到【设计】视图下。

❸ 选择 table 标签选择器。此时，【属性】面板中应该显示出表格属性。若看不见表格属性，请再次单击 table 标签选择器，直到看到表格属性。

❹ 把 Border 值设置为 0，如图 8-66 所示。

图 8-66

在 Dreamweaver 中，仍然保留了 HTML 表格显示属性。在大多数现代浏览器中，CSS 样式会覆盖掉这些显示属性设置。但是为了兼容旧浏览器和设备，我们不妨把表格的这些属性设置为 0。

把表格的边框属性设置为 0（Border="0"）之后，Dreamweaver 就会在文档窗口中把表格的残余 HTML 样式移除。表格每一行的上方出现一条细蓝水平线，使数据更易读，同时垂直边框线消失了。格式化表格的目标是使表格中的数据易查易读。

8.5.5 在表格中添加表头

当表格中的数据冗长且区分不明显时，用户就不太容易识读与理解这些数据。为了帮助用户识读表格中的数据，我们常常会在表格中添加表头。在某些浏览器中，默认设置下，表头单元格中的文本是粗体且居中对齐的，能够轻松地将其与其他普通单元格区分开。但并非所有浏览器都会这么做，所以您不要寄希望于浏览器。我们通常会为表头设置一种独特的颜色，使其与其他普通单元格区分开。

❶ 新建一条规则：th。

> 💡**注意** 在 CSS 中，th 元素的单独 th 规则必须出现在 th、td 元素的样式规则之后，否则有些样式就会被重置。

❷ 在 th 规则中，添加如下属性，如图 8-67 所示。

```
color: #FFC;
text-align: center;
border-bottom: 6px solid #046;
background-color: #069;
```

th 规则虽然创建好了，但是并未得到应用，因为此时表格中不存在表头。在 Dreamweaver 中，我们可以轻松地把现有 td 元素转换成 th 元素。

❸ 单击表格第一行的第一个单元格。在【属性】面板中，勾选【标题】复选框，如图 8-68 所示。注意观察标签选择器和【元素显示框】有什么变化。

此时，第一个单元格的背景颜色变成了蓝色。同时，【元素显示框】中显示的元素也由 td 元素变成了 th 元素。勾选【标题】复选框后，

图 8-67

Dreamweaver 会自动修改标签，把现有的 <td> 标签变更为 <th> 标签，然后应用 th 样式规则。这可大大节省我们手动修改代码的时间。在【实时视图】下，为了选择多个单元格，我们必须使用增强的表格编辑功能。

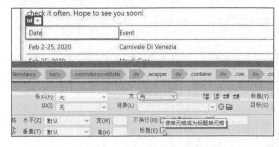

图 8-68

❹ 选择 table 标签选择器。此时，【元素显示框】中显示的是 table 元素。为了启用表格增强编辑模式，必须先单击【元素显示框】中的【设置表格格式】图标。

⑤ 单击【元素显示框】中的【设置表格格式】图标（▤），如图 8-69 所示。

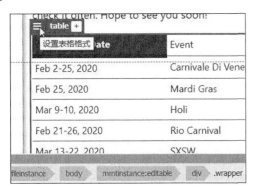

图 8-69

此时，Dreamweaver 启用表格增强编辑模式。然后，我们就可以选择两个或多个单元格、整个行或列。

⑥ 单击表格第一行中的第二个单元格，然后拖选第一行。

⑦ 在【属性】面板中，勾选【标题】复选框，把普通单元格转换成表头单元格。当表格第一行从普通单元格转换成表头单元格之后，整个第一行中的所有单元格都带有了蓝色背景颜色。

⑧ 保存所有文件。

8.5.6 控制表格显示

一般来说，只要您不特别指定，空白单元格的列就会平分它们之间的可用空间。但是，一旦您开始向单元格中添加内容，结果就变得难以预料。表格似乎有了自己的想法，用一种不同寻常的方式瓜分了可用空间。大多数情况下，它们会把更多空间留给那些包含更多数据的列，但并非总是如此。

为了最大限度地控制表格，我们可以为每一列中的单元格指定独一无二的类。首先，我们创建一些类，方便以后把它们指定给各种元素。

① 选择 favorite-styles.css，新建如下选择器，如图 8-70 所示。

```
.date;
.event;
.location.
```

图 8-70

此时，刚刚创建的 3 条规则出现在【选择器】窗格中，但是尚未添加任何样式信息。即使不包含任何样式，我们也可以把它们指派给每一列。在 Dreamweaver 中，我们可以很轻松地把类添加至整个列。

② 在表格增强编辑模式下，把鼠标指针放到表格的第一列上，单击选择整个列，如图 8-71 所示。

> ♀注意　若在【实时视图】下操作执行起来有难度，请尝试切换到【设计】视图下执行这些操作。

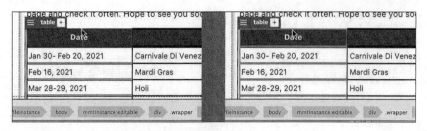

图 8-71

此时，第一列的框线变成蓝色，表示其处于选中状态。

❸ 在【属性】面板中，单击打开【类】菜单。【类】菜单中的所有类是按字母顺序显示的。由于当前页面链接了 Bootstrap 样式表，所以您看到的选择器和类列表会很长很长。

❹ 从列表中，选择 date，如图 8-72 所示。

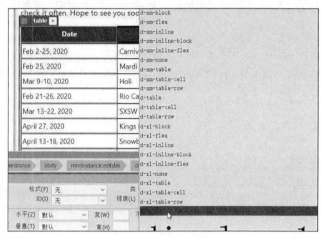

图 8-72

此时，Dreamweaver 就把 .date 类添加到了第一列中的单元格上。添加好类之后，Dreamweaver 再次把表格返回到正常模式下。

❺ 选择 table 标签选择器。在【元素显示框】中，单击【设置表格格式】图标（▦）。把 .event 类添加到第二列中的单元格上。

❻ 重复第 5 步，把 .location 类添加到第三列中的单元格上。控制列宽度相当简单。由于整个列的宽度必须一样，所以我们可以只对一个单元格应用宽度设置。当同一个列中的单元格宽度不一样时，通常以最宽的单元格为准。向每一列添加一个类之后，该类中的所有设置会影响到列中的每一个单元格。

> ♀注意 在为一个单元格指定宽度时，即使您指定的宽度远小于其包含的内容，默认情况下，单元格宽度最小也不会小于其中最长的单词或最宽的图形元素。

❼ 在 .date 规则中添加属性 width: 25%，如图 8-73 所示。

此时，Dreamweaver 重新调整 Date 列的宽度，使其宽度变为父元素（table）总体宽度的 25%。相应地，其他两个列自动瓜分剩余空间。

❽ 在 .location 规则中，添加属性 width: 30%。Dreamweaver 调整 Location 列的宽度，使其宽度变为整个表格宽度的 30%。由于左右两个列已经设置好了宽度，所以我们就不需要专门再为中间一列（Event 列）设置宽度了。

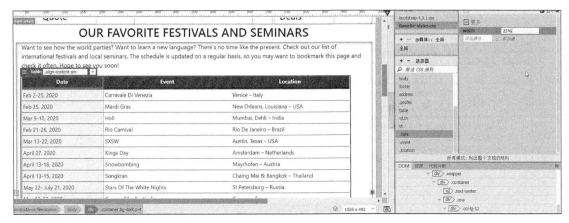

图 8-73

⑨ 保存所有文件。

现在，如果您希望单独控制各列的样式，您可以轻而易举地办到。标签选择器和元素显示框显示各个单元格时会把类名一起显示出来，比如 th.location、td.location。

8.5.7 从其他来源插入表格

在 Dreamweaver 中，除了手动创建表格之外，我们还可以基于从数据库和电子表格导出的数据来创建表格。接下来，我们使用从 Microsoft Excel 导出的数据（CSV 文件）创建一个表格。

> 💡 **注意** 导入功能在【实时视图】下不可用。

❶ 切换到【设计】视图下。把光标放入 Festivals 表格中，选择 table 标签选择器。

❷ 按键盘上的向右方向键。在【设计】视图下，按向右方向键，光标会移动到 </table> 标签之后。

❸ 从菜单栏中，依次选择【文件】>【导入】>【表格式数据】，打开【导入表格式数据】对话框。

❹ 单击【浏览】按钮，从 lesson08/resources 文件夹下，选择 seminars.csv 文件，单击【打开】按钮。在【定界符】下拉菜单中，选择【逗点】。

❺ 在【表格宽度】中，选择【设置为】，输入 95%；在【边框】中，输入 0，如图 8-74 所示。

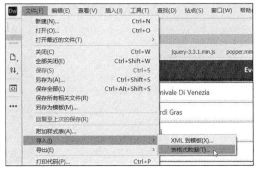

图 8-74

虽然我们在这个对话框中设置了表格宽度，但是真正控制表格宽度的是前面创建的 table 规则。在那些不支持 CSS 的浏览器或设备中，我们可以使用 HTML 属性，但现在这样的浏览器和设备已经很少见了。在使用 HTML 属性时，一定要确保它们不会破坏整个页面布局。

⑥ 单击【确定】按钮，结果如图 8-75 所示。

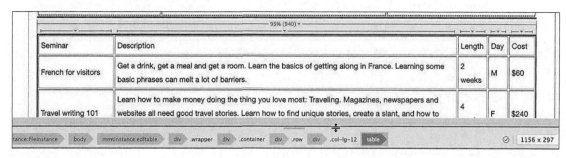

图 8-75

此时，在第一个表格下，出现了一个新表格（Seminars 表格），里面包含着研讨会的日程安排。

> 💡 **注意** 新表格的第一行是标题行。在【设计】视图下，您可以直接选择表格的行和列。

⑦ 在 Seminars 表格中，把鼠标指针放到第一行的左边缘附近，此时，第一行的边缘出现一个黑色箭头。这个箭头有可能指向右或下，具体要看您用的是 Windows 系统还是 macOS。但无论箭头指向哪个方向，其作用都是一样的。第一行高亮显示出来，带有红色边框。

⑧ 单击选择第一行，如图 8-76 所示。

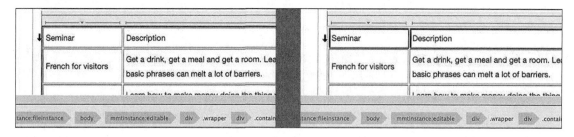

图 8-76

⑨ 在【属性】面板中，勾选【标题】复选框，如图 8-77 所示。

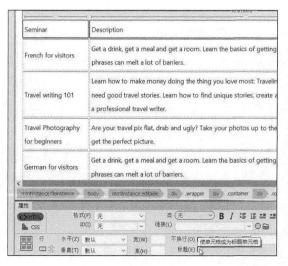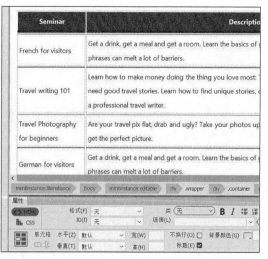

图 8-77

此时，表头单元格背景显示为蓝色，文本是淡黄色。到这里，新表格就全部制作好了。

从语义上说，两个表格之间没有什么联系。虽然我们人类能够轻松地区分开两个表格，但是这对搜索引擎和辅助设备来说并非易事，为表格内容添加语义结构，有助于搜索引擎和辅助设备理解表格内容的含义。每个表格都应该放在各自独立的 HTML 结构中。

8.5.8 创建语义文本结构

制作网页过程中，我们应该尽可能多地添加语义结构。这么做不仅是为了支持可访问标准，也是为了提高网站的搜索排名。接下来，我们把各个表格放入各自的 section 元素中。

❶ 在【设计】视图下，选择 Festivals 表格所对应的 table 标签选择器。

❷ 从菜单栏中，依次选择【插入】>【Section】，打开【插入 Section】对话框。从【插入】下拉菜单中，选择【在选定内容旁换行】，单击【确定】按钮，插入 section 元素，如图 8-78 所示。

此时，Dreamweaver 把 Festivals 表格插入 section 元素中。在标签选择器栏中，您应该能看到新添加的 section 元素。接下来，我们再把 Seminars 表格放入 section 元素中。

图 8-78

❸ 选择 Seminars 表格所对应的 table 标签选择器。

❹ 从菜单栏中，依次选择【插入】>【Section】，打开【插入 Section】对话框。从【插入】下拉菜单中，选择【在选定内容旁换行】，单击【确定】按钮，插入 section 元素。

到这里，我们就把两个表格分别放在了 section 元素中。

Seminars 表格比 Festivals 表格多了两列。最后 3 个列中，文本出现了换行，下面我们创建几个 CSS 类来解决这个问题。

❺ 在【CSS 设计器】中，新建一个选择器：.cost，如图 8-79 所示，添加如下属性。

```
width: 10%;
text-align: center;
```

❻ 在 Seminars 表格中，选择 Cost 列，添加 .cost 类，如图 8-80 所示。

此时，Cost 列明显变宽。我们可以向其他两个列添加这个类，但是这里我们分别为每个列单独定义一个规则。

❼ 在【CSS 设计器】中，右击 .cost 规则，从弹出菜单中，选择【复制所有样式】。

❽ 新建一个选择器：.length，在其上右击，从弹出菜单中，选择【粘贴样式】，如图 8-81 所示。

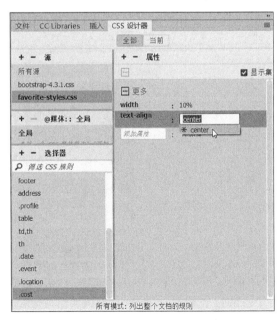

图 8-79

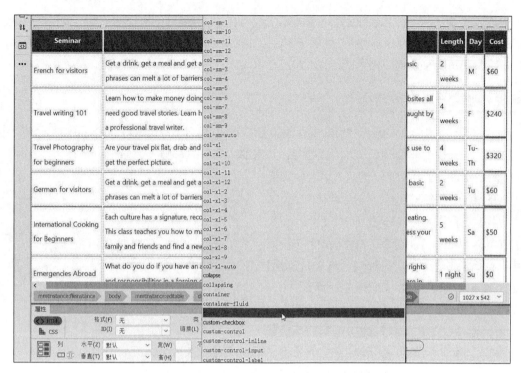

图 8-80

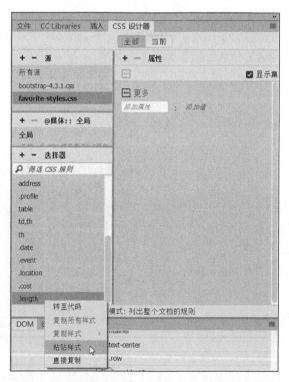

图 8-81

此时，新规则（.length）与 .cost 规则有相同的样式。

❾ 重复第 6 步，向 Seminars 表格的 Length 列添加 .length 类。Dreamweaver 还提供了一个直接复制规则的命令。

⑩ 右击 .length 规则，从弹出菜单中，选择【直接复制】，把复制的选择器名称修改为 .day，如图8-82 所示。

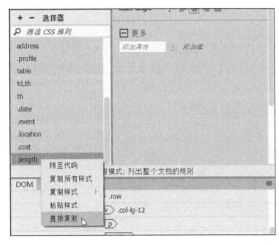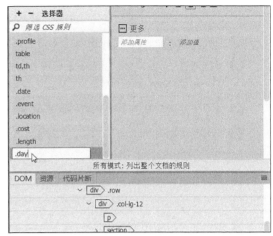

图 8-82

⑪ 参考第9步，把 .day 类添加到 Seminars 表格的 Day 列上。通过创建自定义类，并把它们添加到每个列上，我们可以实现单独控制每个列。接下来，我们还要创建两条规则，分别用来格式化 Seminar 列与 Description 列。

⑫ 复制 .date 规则，把新规则名称修改为 .seminar。

⑬ 复制 .event 规则，把新规则名称修改为 .description。当前，这些规则中还没有添加样式属性。但以后您可以使用它们控制这些列的方方面面。

⑭ 把 .seminar 类添加到 Seminar 列，把 .description 类添加到 Description 列，如图 8-83 所示。

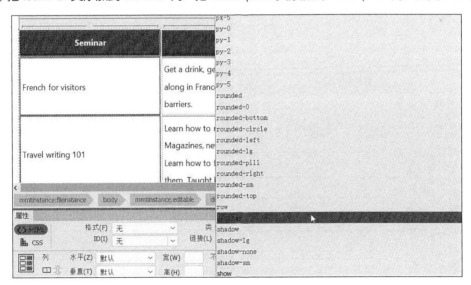

图 8-83

此时，两个表格的所有列都添加上了您自己定义的类。

⑮ 保存所有文件。

接下来，我们分别给两个表格添加一个标题，以帮助用户和搜索引擎区分它们。

8.5.9 添加并格式化标题元素

网页中的两个表格展现的是不同内容，我们应该分别给它们添加一个相应的标题。caption 元素用来为 HTML 表格定义标题，它是 table 元素的子元素。

❶ 打开 events.html 文件，进入【实时视图】下。确保文档窗口宽度不少于 1200 像素。

❷ 把光标放入 Festivals 表格中。选择 table 标签选择器。请注意观察【元素显示框】的颜色。若是蓝色，请直接跳到第 4 步。

❸ 单击【元素显示框】。此时，【元素显示框】变成蓝色。

❹ 切换到【代码】视图下。在【实时视图】中，选择表格后，进入【代码】视图中，Dreamweaver 会自动高亮显示表格代码，方便我们找到选中的表格。

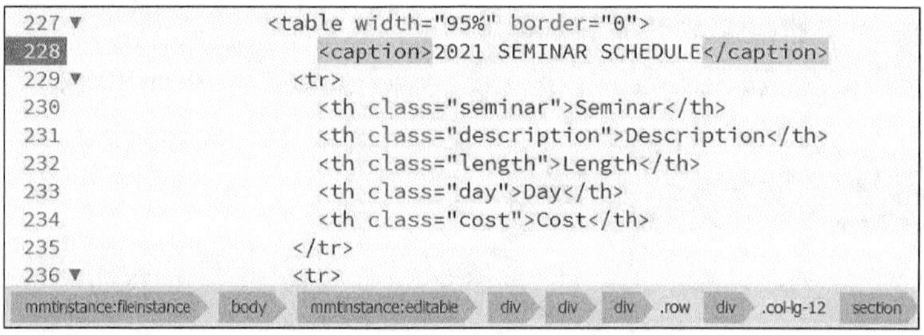

❺ 找到 <table> 标签，把光标置于该标签之后，按 Enter 键或 Return 键换行。

❻ 输入 <caption>，或者从代码提示菜单中，选择 caption。

❼ 输入 2021 INTERNATIONAL FESTIVAL SCHEDULE，然后输入 </ 关闭元素，如图 8-84 所示。

图 8-84

❽ 接着，为 Seminars 表格添加标题。重复第 2 ~ 6 步，输入 2021 SEMINAR SCHEDULE，然后输入 </ 关闭元素，如图 8-85 所示。

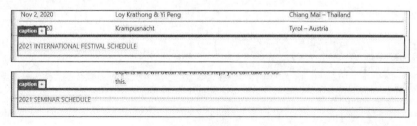

图 8-85

❾ 切换到【实时视图】下，如图 8-86 所示。

图 8-86

默认设置下，表格标题位于表格底部，字号相对较小，不够醒目。在表格自身颜色和样式的影响下，我们几乎看不见标题。接下来，我们自定义一些 CSS 规则，使表格标题更醒目一点儿，并且把它们移动到表格顶部。

❿ 新建一个选择器：table caption。

⓫ 在 table caption 规则中，添加如下属性，如图 8-87 所示。

```
margin-top: 20px;
padding-bottom: 10px;
color: #069;
font-size: 160%;
font-weight: bold;
line-height: 1.2em;
text-align: center;
caption-side: top;
```

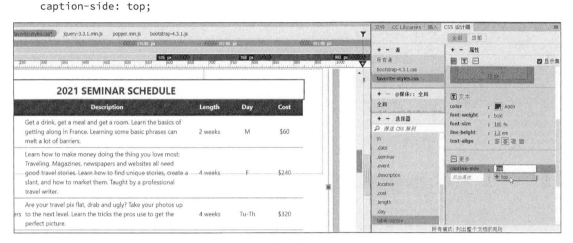

图 8-87

此时，标题出现在表格上方，字号够大，十分醒目。

⓬ 保存所有文件。

上面我们使用 CSS 给表格添加了样式和标题，使得表格内容更容易识读和理解。这个过程中，您尽可以自由地尝试改动标题的大小和位置，修改表格的样式参数，直到获得最满意的效果。

8.6 网页拼写检查

在把制作好的网页上传到 Web 服务器之前，一定要确保网页中不存在任何错误。Dreamweaver 给我们提供了一个功能强大的拼写检查工具，它不仅可以用来检查常见的单词拼写错误，而且可以用来为您常用的非标准词汇创建自定义词典。

❶ 打开 contact-us.html 页面。

❷ 切换到【设计】视图下。把光标放在标题 CONTACT FAVORITE CITY TOUR 的开头，从菜单栏中，依次选择【工具】>【拼写检查】。

> ♀ 注意　【拼写检查】命令仅在【设计】视图下可用。在【代码】视图或【实时视图】下，【拼写检查】命令呈现灰色不可用状态。

此时，拼写检查工具从光标所在位置开始做检查。若检查开始时，光标不在页面内容的开头，那我们至少还得重做一次拼写检查，才能检查完整个页面。请注意，页面中那些处于不可编辑区域中的内容不在拼写检查之列。

在【检查拼写】对话框中，单词 Rendel 高亮显示了出来，它是公司 CEO 的姓。单击【添加到私人】按钮，可以把这个词添加到您自己的词典中，但这里我们要忽略所有针对这个词的检查。

❸ 单击【忽略全部】。Dreamweaver 的拼写检查工具高亮显示电子邮件地址中的 elaine。

❹ 再次单击【忽略全部】。Dreamweaver 高亮显示电子邮件地址（elaine@FavoriteCityTour.com）中的域名。

❺ 单击【忽略全部】。Dreamweaver 高亮显示电子邮件地址（lainey@FavoriteCityTour.com）中的 lainey。对于自己公司或网站中的真实人名，我们应该单击【添加到私人】按钮，把它们永久性地添加到个人词典中。

❻ 凡是检查到人名时，就单击【忽略全部】。Dreamweaver 高亮显示出单词 busines，因为它末尾少了一个 s。

❼ 在【建议】列表中，找到拼写正确的单词（business），单击【更改】按钮，可以修正拼写错误，如图 8-88 所示。

图 8-88

❽ 继续往下做拼写检查，直到文档末尾。更正文档中的所有拼写错误，忽略人名检查。检查到文档末尾时，会弹出一个对话框，询问您是否希望从头检查，单击【是】。

Dreamweaver 会从文档开头重新做拼写检查，找出上一次拼写检查中漏掉的错拼单词。

❾ 拼写检查完成后，在弹出的对话框中单击【确定】。然后，保存文件。

需要指出的是，【拼写检查】工具只能找出网页中那些拼错的单词，而无法找出那些用错的单词。从这一点来说，再强大的【拼写检查】工具也比不上人工审读。

8.7 查找和替换文本

Dreamweaver 提供了强大的文本查找和替换功能。与其他程序不同，Dreamweaver 几乎可以查找网站中任意位置下的任意东西，包括文本、代码，以及其支持的任意类型的空白字符。查找时，您可以自由指定搜索的范围，搜索范围可以是全部标记，也可以是呈现出来的文本或底层标签。

在 Dreamweaver 中，高级用户还可以使用"正则表达式"这种强大的模式匹配算法来执行复杂的查找替换操作。不仅如此，Dreamweaver 还允许您使用类似数量的文本、代码和空白字符来替换目标文本或代码。

如果您用过以前版本的 Dreamweaver，您会发现 Dreamweaver 2021 中的查找和替换功能有一些明显的变化。

接下来，我们学习一些使用查找和替换功能的重要技巧。

❶ 打开 events.html 页面。查找目标文本和代码的方法有好几种，其中最简单的一种方法就是直接把待查找的内容输入【查找】字段中。在 Events 表格中，用到了 visitor 一词，我们希望把它替换成 traveler。visitor 这个单词本身拼写无误，所以我们不能使用【拼写检查】工具修改它。这种情况下，我们可以使用查找和替换功能来完成更改任务。

❷ 切换到【代码】视图下。从菜单栏中，依次选择【查找】>【在当前文档中替换】，如图 8-89 所示。

此时，在文档窗口底部出现【查找与替换】面板。如果您之前没有用过这个功能，那查找输入框中应该是空的。

图 8-89

❸ 在查找框中，输入 visitor。随着您的输入，Dreamweaver 会同时在文档中查找包含所输入内容的单词，高亮显示出来并统计出现的次数。

❹ 在替换框中，输入 traveler，如图 8-90 所示。

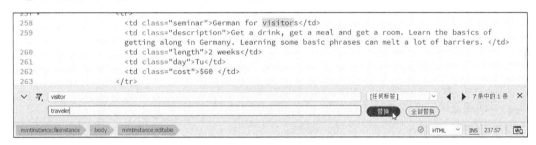

图 8-90

❺ 单击【替换】按钮。每单击一下【替换】按钮，Dreamweaver 就做一次替换。替换时，您可以不断单击【替换】按钮，逐个完成替换，也可以单击【全部替换】，一次性完成替换。

❻ 单击【全部替换】按钮，如图 8-91 所示。

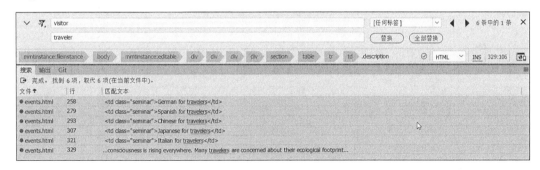

图 8-91

全部替换后，Dreamweaver 会打开【搜索】面板，列出所有更改。

❼ 右击【搜索】选项卡，从弹出菜单中，选择【关闭标签组】。在【查找与替换】面板的右上角，单击【关闭】图标（ ✕ ），恢复屏幕空间。

另一种查找文本和代码的方法是：先选择文本或代码，然后执行查找和替换命令。这种方法适合用来查找小段文本或代码。不论是在【设计】视图下还是在【代码】视图下，都可以使用这种方法。

❽ 在【代码】视图下，找到并选择代码 <div class="wrapper">，大约在第 105 行。

超强查找

　　查找与替换是 Dreamweaver 中最强大的功能之一。这个功能允许我们人为指定搜索范围，比如源代码、文本等，支持区分大小写查找和全词查找，还支持使用正规表达式，也允许我们忽略空白字符。有关查找和替换功能的用法有很多，差不多都够写一本书了，这里我们只做简单介绍，如图8-92所示。

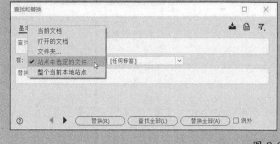

图 8-92

　❾ 按 Ctrl+F 或 Cmd+F 组合键，打开【查找与替换】面板。此时，Dreamweaver 自动把所选文本（代码元素）填入查找框中，并显示当前文件中该代码元素出现的次数。但这里，我们希望在整个站点中查找。

> **💡注意** 打开【查找与替换】面板时，【替换】功能通常是隐藏起来的。

　❿ 从菜单栏中，依次选择【查找】>【在文件中查找和替换】，打开【查找和替换】对话框，如图 8-93 所示。

> **💡提示** 打开【查找和替换】对话框时，默认显示的应该是【基本】选项卡。若不是，请单击【基本】选项卡，将其显示出来。

图 8-93

　　此时，所选代码自动出现在搜索框中。当前，搜索范围应该是【整个当前本地站点】。

　⓫ 单击【查找全部】按钮，结果如图 8-94 所示。

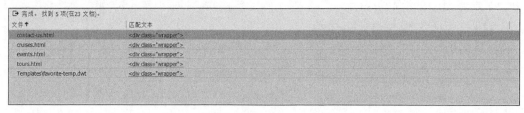

图 8-94

　　此时，打开【搜索】面板，显示出在整个网站中找到的匹配文本。我们选择的 div 元素中包含网站的所有主要内容。从语义上说，我们应该使用 main 元素把它替换掉。替换时，不仅要换掉开始标签，还要把结束标签一起换掉。

　⓬ 从菜单栏中，依次选择【查找】>【在文件中查找和替换】，打开【查找和替换】对话框。此时，div class="wrapper" 出现在搜索框中。Dreamweaver 找到了所有需要替换的标签，但是现在替换的话，

只能替换掉开始标签。我们希望把结束标签也一起替换掉，为此我们需要使用对话框中的高级功能。

⓭ 在【查找和替换】对话框中，单击【高级】选项卡，如图 8-95 所示。

Dreamweaver 可能会在属性字段中自动填充上 wrapper 类名。无论在什么情况下，我们最好都要确保标签准确无误。

⓮ 在【查找位置】中，从最右侧的下拉菜单中，选择【div】。然后选择【含有属性】和【class】，输入 wrapper，如图 8-96 所示。

图 8-95　　　　　　　　　　　　　　　　　图 8-96

接下来，我们设置改变标签动作，并输入替换标签 main。

⓯ 在【动作】中，选择【改变标签】；在【到】中，选择【main】，如图 8-97 所示。

⓰ 单击【替换全部】按钮，此时，弹出一个警告框，告知在当前未打开的文档中执行替换操作后不可撤销，如图 8-98 所示。

图 8-97　　　　　　　　　　　　　　　　　图 8-98

⓱ 单击【是】，结果如图 8-99 所示。

图 8-99

替换完成后，【搜索】面板中列出了网站中被替换的元素。当前列表中应该显示有 5 个页面。在所有包含 div class="wrapper" 元素的文档中，div class="wrapper" 元素都被替换为 main class="wrapper"。

⓲ 右击【搜索】选项卡，从弹出菜单中，选择【关闭标签组】。搜索文本与代码时，您可以先在搜索框中输入文本或者先选择文本，再执行查找命令。

⑲ 在【代码】视图下，把光标插入 Seminars 表格中。选择 table 标签选择器。此时，选中整个 table 元素，大约有 100 行代码。

⑳ 按 Ctrl+F 或 Cmd+F 组合键，打开【查找与替换】面板，如图 8-100 所示。

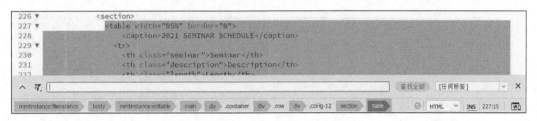

图 8-100

在【查找与替换】面板中，搜索框中是空的。当前选中的代码太多了，无法完成自动填充。这个时候，我们就可以使用复制粘贴命令。

㉑ 按 Ctrl+C 或 Cmd+C 组合键，复制所选代码。

㉒ 把光标放入搜索框中，按 Ctrl+V 或 Cmd+V 组合键，粘贴代码，如图 8-101 所示。

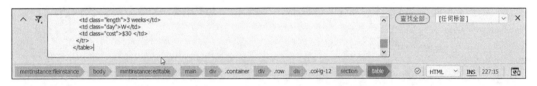

图 8-101

此时，整个表格代码出现在搜索框中。这个功能并不局限于搜索框。

㉓ 展开【查找与替换】面板，显示出替换框。

㉔ 把光标放入替换框。按 Ctrl+V 或 Cmd+V 组合键；或者在替换框中右击，从弹出菜单栏中，选择【粘贴】，粘贴代码，如图 8-102 所示。

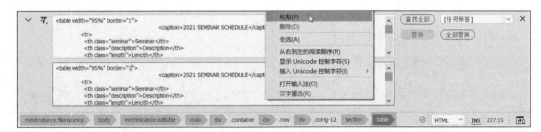

图 8-102

此时，整个表格代码出现在替换框中。在 Dreamweaver 中，使用强大的【查找和替换】功能，我们几乎可以搜索网站中任意位置任意类型的标记和内容并进行替换。

㉕ 关闭【查找与替换】面板。保存所有文件。

本课中，我们一起动手制作了 4 个页面，学习了如何从多个来源导入文本和数据。这个过程中，我们把文本格式化为标题和列表，然后使用 CSS 添加样式。向页面中添加并格式化了两个表格，同时为每个表格添加了标题。最后，还使用【拼写检查】和【查找和替换】工具检查和修正了文本和代码元素。

8.8 复习题

❶ 如何把段落文本转换成有序列表或无序列表？

❷ 在一个页面中插入 HTML 表格有哪两种方法？

❸ 控制表格列宽的元素是什么？

❹ Dreamweaver 中的【拼写检查】有什么用？

❺ 请说出在查找框中添加内容的 3 种方法。

8.9 答案

❶ 首先使用鼠标选择段落文本，然后在【属性】面板中，单击【无序列表】或【编号列表】，即可把段落文本变成无序列表或有序列表。

❷ 第一种方法是从另外一个 HTML 文件或兼容程序中复制粘贴表格；第二种方法是从包含分隔符的文件中导入数据来插入表格。

❸ 表格列宽由列中最宽的 th 或 td 元素控制，这两个元素用来创建表格单元格。

❹ 【拼写检查】工具用来查找页面中拼错的单词，而不能用来查找用错的单词。

❺ 您可以直接在查找框中输入文本；也可以先选择文本，再打开【查找与替换】面板，Dreamweaver 会自动把您选择的文本填入查找框中；还可以先复制待查找的文本或代码，然后把它们粘贴到查找框中。

第 9 课

使用图像

课程概览

本课主要讲解以下内容。

- 向网页中插入图像
- 使用 Photoshop 智能对象
- 从 Photoshop 复制粘贴图像

- 使图像适应不同设备和屏幕尺寸
- 在 Dreamweaver 中使用相关工具调整图像尺寸、裁剪图像，以及对图像重采样

学习本课大约需要 **90** 分钟

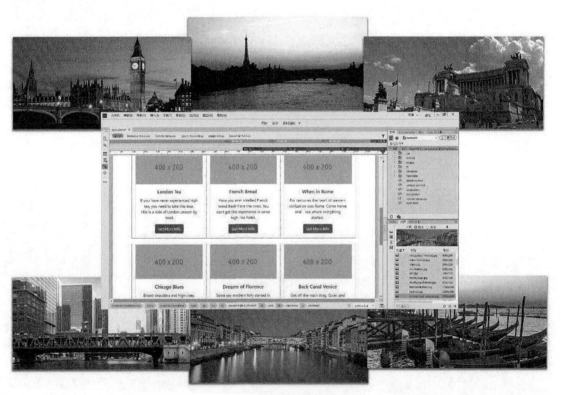

Dreamweaver 提供了多种在网页中插入图像和调整图像的方法。调整图像时，您既可以单独使用 Dreamweaver，也可以配合使用 Creactive Cloud 中的其他软件，比如 Adobe Photoshop 等。

9.1 网页图像基础

网络与其说是一个空间，不如说是一种体验。图形图像对于提升这种体验至关重要，因此，大多数网站都会在网页中使用图形图像，这其中有静态的，也有动态的。在计算机领域中，图形分为两大类：矢量图形和栅格图像，如图 9-1 所示。

矢量图形　　　　　　　　栅格图像

图 9-1

> **💡注意**　矢量图形适合用来表现艺术线条、绘画和图标。栅格图像更适合用来存储照片。

9.1.1 矢量图形

矢量图形是通过数学公式计算得到的，由一系列自成一体的对象组成，您可以随时调整这些对象的位置、大小，同时不会影响或降低输出质量。使用几何形状与文本创建艺术效果时，尤其适合使用矢量图形。例如，大多数公司的 Logo 就是基于矢量图形制作的。

矢量图形一般以 AI、EPS、PICT、WMF 等格式保存。但是大多数网页浏览器并不支持这些格式。不过，有一种矢量格式浏览器是支持的，那就是 SVG（可缩放矢量图形）。得到 SVG 图形最简单的方法是：先使用您擅长的矢量图形制作软件（比如 Adobe Illustrator、CorelDRAW）制作好矢量图形，然后以 SVG 格式导出。如果您会编程，可以尝试使用可扩展标记语言（extensible markup language，XML）创建 SVG 图形。

9.1.2 栅格图像

虽然 SVG 图形有很多优点，但是网页设计师制作网页时用得最多得还是栅格图像。栅格图像由大量像素组成，像素有以下 3 个基本特点。

- 每个像素都是标准的正方形。
- 每个像素具有相同大小。
- 每个像素只显示一种颜色。

每幅栅格图像由成千上万的像素组成，这些像素成行成列排列，形成图案，使人对真实的照片、图画产生一种错觉。说是一种错觉，是因为屏幕上显示出来的并不是一张真实的照片，而是大量像素，这些像素让我们的眼睛觉得看到的就是一幅图像。随着图像质量不断提高，这种错觉也变得越来越真实。栅格图像的质量取决于 3 个要素：分辨率、尺寸、颜色。如图 9-2 所示，把图像局部区域放大后，您可以清晰地看到图像是由一个个像素组成的。

图 9-2

注意 打印机和印刷机使用墨点（圆点）来打印照片。衡量打印质量的单位是 dpi（每英寸点数）。我们把方形像素转换成圆点的过程称为"挂网"（screening）。

1. 分辨率

分辨率对栅格图像的质量影响最大，其单位是 ppi（每英寸像素数），每英寸包含的像素数越多，图像中包含的细节就越多。但凡事必有代价：分辨率越高，图像尺寸就越大，占用的磁盘空间就越大。图像文件中的每个像素都包含一定量的信息，而保存这些信息是需要花费一些空间开销的。图像中包含的像素数越多，需要保存的信息就越多，相应地，图像文件就会越大。

分辨率对图像输出有显著影响。图 9-3 所示的两幅图像中，左侧图像的分辨率是 72ppi，它在浏览器中看起来不错，但是对于印刷来说这个分辨率还是太低了。一般来说，用作印刷的图像分辨率不应该低于 300ppi。

72ppi   300ppi

图 9-3

好在网页中的图像一般都是在显示器中浏览的，而且大部分显示器的分辨率都是 72ppi，所以在网页中使用 72ppi 的图像不会有什么问题。但是，若图像是专门用来在印刷设备（比如专业的四色印刷机）中输出的，则 72ppi 的分辨率就太低了，用于印刷的图像分辨率一般不要低于 300ppi。由于屏幕的分辨率较低，所以我们可以在网页中使用较低分辨率的图像，这样图像尺寸就能小一些，大大方便了网络下载。

2. 尺寸

这里的尺寸指的是图像的水平长度和垂直宽度。图像尺寸越大，包含的像素数越多，文件就会越大。相较于 HTML 代码，图像下载时间要更长一些，网页打开得就更慢。为了加快网页打开速度，提升用户体验，近年来越来越多的网页设计师开始使用 CSS 样式来代替图像组件。在网页设计中不得不使用图像时，为了加快网页打开速度，建议您使用小尺寸的图像。虽然现在网速有了极大提高，但是许多网站仍然尽量避免在网页中使用大尺寸图像，不过这种状况也在一点点地发生改变。

图 9-4 所示的两幅图像分辨率一样，颜色深度一样，但尺寸不一样，这导致文件大小有很大的差异。

500KB

1.6MB

图 9-4

3. 颜色

这里的颜色指的是描述一幅图像的颜色空间。大多数屏幕只显示人眼能看到的一小部分颜色。不同的计算机和程序显示的颜色级别也不一样，即位深（bit depth）不一样。单色图像的颜色空间（1 位）最小，只显示黑色与白色，没有中间灰度，常用在线条画、图纸、书法或签名中。

4 位颜色空间最多可表达 16 种颜色。通过"抖动显示"（dithering）方法，我们可以模拟出更多颜色。具体说，就是通过颜色的散置与并置"欺骗"您的眼睛，在颜色有限的情况下让您看到比实际更多的颜色。这种颜色空间是为最早的彩色计算机系统和游戏机开发的。由于其自身的局限性，现在已经很少使用了。

8 位颜色空间最多可表现 256 种颜色（或 256 种灰度），它是所有计算机、手机、游戏设备、手持设备的基本颜色系统。这种颜色空间还包含所谓的"Web 安全色"。Web 安全色是一个 8 位颜色的子集，同时受 Mac 和 Windows 计算机支持。现在，大多数计算机、游戏机、手持设备、手机支持更大的颜色空间，8 位颜色空间已经不怎么重要了。除非需要支持非计算机设备，否则您完全可以忽略 Web 安全色。

当今，只有少数手机或掌上游戏机支持 16 位颜色空间。这种颜色空间被称为高彩色，能表现

65000 多种颜色。尽管 16 位颜色空间能表现这么多颜色，但是对于大多数图形设计和专业印刷来说，它还不够好。

24 位颜色空间是最大的颜色空间，被称为真彩色，能够表现 1670 万种颜色。它是图形设计和专业印刷使用的标准颜色空间。几年前，又出现了 32 位颜色空间，这种颜色空间相较于 24 位颜色空间所表现的颜色数量没有增加，但是它多提供了一个 8 位数据，用来描述 Alpha 透明度。

有了 Alpha 透明度，我们就可以把图形或图像的某些部分指定为完全透明或部分透明。通过指定 Alpha 透明度，我们可以轻松创建出具有圆角或弯曲的图形，甚至还可以去除栅格图像特有的白色边界框。如图 9-5 所示，比较 3 种颜色空间，您会发现不同颜色空间所包含的颜色数量不一样，它们所表现的图像质量也不一样。

24 位颜色　　　　　　　　　　8 位颜色　　　　　　　　　　4 位颜色

图 9-5

与图像尺寸、分辨率一样，颜色深度对图像文件的大小影响非常大。在其他因素都一样的情形下，一幅 8 位图像的大小是其单色图像的 8 倍，一幅 24 位图像的大小是其 8 位图像的 3 倍多。若想在网站中高效地使用图像，您必须在图像的分辨率、尺寸、颜色之间做好平衡，以获得最佳质量。

虽然现在人们上网使用的智能手机、平板电脑性能越来越强劲，但制作网站时，优化图像仍然是必不可少的一环。因为世界上还有很多地方的网速并不高，这些地方的人在访问您的网站时，图像文件太大会大大拖慢访问速度，导致用户有很糟糕的体验。

9.1.3　栅格图像格式

栅格图像存储格式有多种，但网页设计师只需关注其中 3 种（GIF、JPEG、PNG）即可。这 3 种格式的图像针对网络使用做了专门优化，而且得到了每种浏览器的支持。不过，它们的能力有所不同。

· GIF。GIF（图形交换格式）是最早专为网络设计的栅格图像格式。在过去 30 年间只做过小幅改动。GIF 图像最多支持 256 种颜色（8 位）和 72ppi 分辨率，主要用在网页中，用于制作按钮、图形边框等。GIF 图像有两种有趣的特征，使其大受网页设计师青睐，分别是索引色透明和支持简单动画。

· JPEG。JPEG（或 JPG）是 Joint Photographic Experts Group（联合图像专家组）的缩写，它是为了弥补 GIF 图像格式的不足而在 1992 年推出的一种图像标准。JPEG 是一种强大的图像格式，它所支持的分辨率、图像尺寸、颜色深度不受任何限制。正因如此，大多数数码相机选用 JPEG 格式作为存储照片的默认格式。当需要在网站中显示高质量图像时，大多数网页设计师也喜欢使用 JPEG 格式的图像。

前面说过，图像质量越高，文件尺寸越大，下载到本地的耗时也就越长。那为什么这种格式在网络中还是如此受欢迎呢？ JPEG 的名声来自其受专利保护的图像压缩算法，这种算法能够大大减小文件尺寸（95% 左右）。JPEG 图像每次保存时会被压缩，每次打开或显示时会被解压缩。

所有压缩都有不好的一面。压缩太大会损害图像质量，我们把损害图像质量的压缩叫有损压缩。图像质量损失太多有可能造成图像无法正常使用。每次保存 JPEG 图像，我们就需要在图像质量和文件尺寸之间做权衡，如图 9-6 所示。

低质量、高压缩 130KB　　　　　中等质量、中等压缩 150KB　　　　　高质量、低压缩 260KB

图 9-6

- PNG。1995 年早期，由于 GIF 格式开始商业收费，为避免专利影响，人们开发出了 PNG（便携式网络图形）格式。当时，设计师和开发者要想继续使用 GIF 格式就必须支付一定的费用。人们开始转而使用 PNG 格式，PNG 图像趁机收获了许多追随者，并且逐渐在互联网上占据了一席之地。

PNG 格式吸取了 GIF 和 JPEG 格式的许多优点，并添加了一些新的特性。比如，PNG 支持的分辨率不受限制，支持 32 位颜色和全透明，还支持无损压缩，使得您在使用 PNG 格式保存图像时不用担心有质量损失。

PNG 有一个缺点，那就是有些旧浏览器并非完全支持其最重要特性——Alpha 透明度。不过，随着这些浏览器逐渐被淘汰，网页设计师们已经不需要担心这个问题了，现代浏览器完全支持 PNG 图像格式。

网络瞬息万变，我们的需求也在不断发生变化。选用某项技术之前，我们最好先仔细看一下网站分析报告，了解一下网站用户都使用哪些浏览器，做到有的放矢，心中有数才好。

9.2　浏览最终文件

> ♀ 注意　当前，若您尚未下载本课项目文件，请按照前言中介绍的方法把本课项目文件下载到您的计算机中。

首先，我们一起预览一下最终页面，了解一下本课我们要做什么。

❶ 启动 Adobe Dreamweaver 2021 软件。

❷ 按照前言中介绍的步骤，基于 lesson09 文件夹定义一个新站点，命名为 lesson09。

❸ 打开 lesson09/finished 文件夹中的 contactus-finished.html 文件，进入【实时视图】下，如图 9-7 所示。

图 9-7

这个页面中包含了好几幅图像。

❹ 打开 lesson09/finished 文件夹中的 aboutus-finished.html 文件，进入【实时视图】下，如图 9-8 所示。

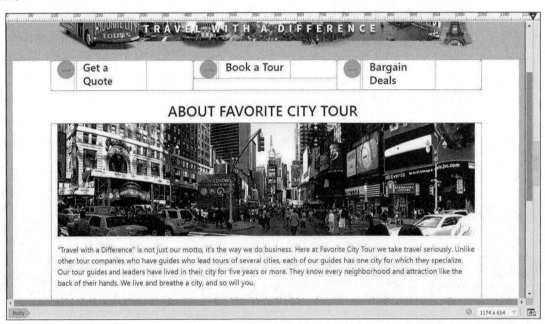

图 9-8

这个页面（About Us）中包含了一幅能够自动适应目标屏幕尺寸的图像。

❺ 向左拖动文档窗口宽度控制块，改变文档窗口宽度。注意，此时文本区域中的图像随着一起改变，如图 9-9 所示。

❻ 打开 tours-finished.html 页面，观看图像轮播组件，如图 9-10 所示。

图 9-9

图 9-10

图像轮播组件中显示了大尺寸图片，它们从右往左移动，每张图片暂停片刻，然后另外一张图片轻轻滑入。而且，图片上的标题和文字一起随着图片移动。

⑦ 关闭所有页面。

接下来，我们使用多种方法把这些图像插入各个页面中，并为它们添加样式，使之按要求显示在页面中。

9.3 插入图像

制作页面时，无论这个页面是追求视觉效果，还是行文叙事，图像都是其一个非常重要的组成元素。Dreamweaver 提供了多种方法，帮助我们把图像插入页面中，包括各种内置命令，以及直接从其他 Adobe 软件中复制粘贴。

❶ 在【文件】面板中，双击 contact-us.html 页面，将其打开，进入【实时视图】下。同时，确保文档窗口宽度不低于 1200 像素。

这个页面中包含了 Favorite City Tour 公司的 6 位员工介绍信息。每个介绍区域各包含一个占位图像，尺寸为 100 像素×125 像素。也就是说，我们应该使用尺寸为 100 像素×125 像素的图像来代替这些占位图像。大多数情况下，在把一幅图像插入页面之前，我们都需要先调整一下图像的尺寸，做一下重采样。

在 Dreamweaver 中，用来替换占位图像的最简单方法就是使用【属性】面板。

❷ 从菜单栏中，依次选择【窗口】>【属性】，打开【属性】面板，将其停靠到文档窗口底部。

❸ 在介绍 Elaine 的区域中，单击选择占位图像，如图 9-11 所示。

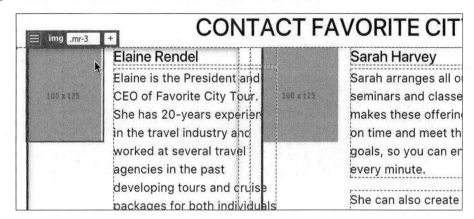

图 9-11

此时，【元素显示框】中显示的是 img 元素，它有一个 .mr-3 类。【属性】面板中显示着图像元素的属性。

事实上，网页中的图像并非真的存在于 HTML 代码中，这些图像文件一般位于 Web 服务器或互联网中，我们在 HTML 代码中使用 img 元素引用它们就行了。当您使用浏览器打开网页时，浏览器会找到图像文件，然后渲染出来。在【属性】面板中，我们可以轻松找到当前指定的源图像文件，并允许您指定一个新的图像。

❹ 在【属性】面板中，观察【Src】字段，如图 9-12 所示。

【Src】字段中显示的是 images/100×125.gif，从中可以知道占位图像的名称和位置。接下来，我们修改一下【Src】字段，用 Elaine 照片替换掉占位图像。

❺ 单击【Src】字段右侧的【浏览文件】图标（📁），如图 9-13 所示，打开【选择图像源文件】对话框。

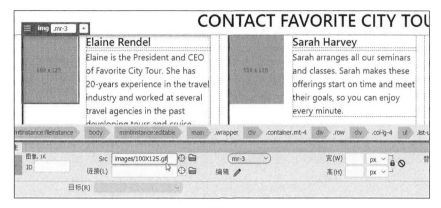

图 9-12

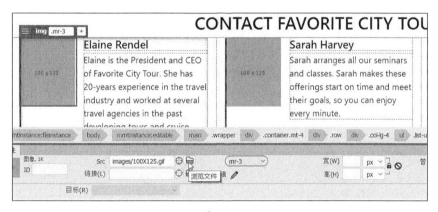

图 9-13

❻ 在【选择图像源文件】对话框中，选择 elaine.jpg，单击【确定】或【打开】按钮，结果如图 9-14 所示。

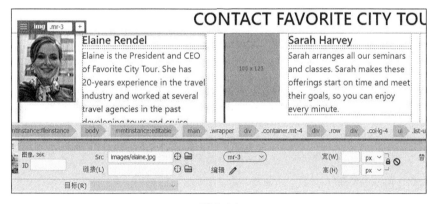

图 9-14

此时，Elaine 的照片出现在 img 元素中。

【替换】字段中的文本是一些描述图像的元数据。有些浏览器中，当无法正常加载图像时，就会显示【替换】字段中的文本，有视觉障碍的访客也可以访问到这些文本。一般来说，我们都需要为图像添加替换文本。

❼ 在【替换】字段中，输入 Elaine,Favorite City Tour President and CEO 作为替换文本，换掉原先内容，如图 9-15 所示。

图 9-15

img 元素还有一个【标题】属性，它类似于【替换】属性，提供与图像有关的更多信息。尽管它不会对搜索引擎的搜索结果产生影响，但我们最好还是把它填上。

❽ 在【标题】字段中，输入 Elaine,Favorite City Tour President and CEO，如图 9-16 所示。

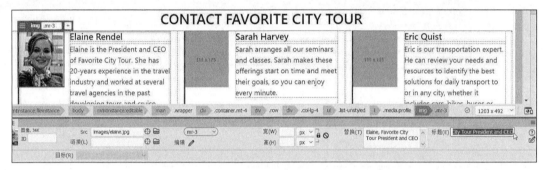

图 9-16

> ♀ 注意　大多数浏览器中，【标题】字段中的文本是作为提示信息使用的。当您把鼠标指针移动到图像上时，看到的就是标题文本。

❾ 从菜单栏中，依次选择【文件】>【保存】，保存页面。

【设计】视图下有一种更简单的替换占位图像的方法。

9.4　在【设计】视图下插入图像

Dreamweaver 提供了多种在网页中插入图像的方法。当网页中含有待替换的占位图像时，我们可以进入【设计】视图下，使用一种更简单的方法替换占位图像。

❶ 切换到【设计】视图下。

【设计】视图不支持 Bootstrap 样式，因此在【设计】视图下，您看到的页面完全是另外一个样子。首先，卡片元素的显示顺序与【实时视图】下的不一样。

❷ 向下滚动，找到介绍 Sarah 的卡片中的占位图像，如图 9-17 所示。

Sarah 是卡片区域中的第三个卡片。

此时，您可以和前面一样，在【属性】面板中，新指定一幅图像替换占位图像。但是，这里我们使用另外一种方法，即在【设计】视图下双击占位图像，然后选择一张新的替换图像。

❸ 双击占位图像，打开【选择图像源文件】对话框。

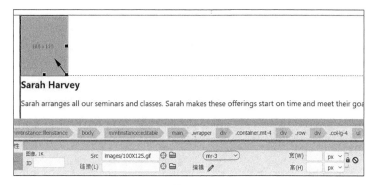

图 9-17

❹ 在【选择图像源文件】对话框中，从 lesson09/images 文件夹中，选择 sarah.jpg，单击【确定】或【打开】按钮。此时，Sarah 的照片出现在 img 元素中。

❺ 在【属性】面板中，分别在【替换】和【标题】字段中，输入 Sarah Harvey,Favorite City Tour Events Coordinator，如图 9-18 所示。

图 9-18

此时，Sarah 的照片就添加好了。

❻ 在介绍 Eric 的区域中，双击占位图像。

❼ 从【选择图像源文件】对话框中，从 lesson09/images 文件夹中，选择 eric.jpg，单击【确定】或【打开】按钮。

此时，Eric 照片替换掉占位图像。

❽ 在【属性】面板中，分别在【替换】和【标题】字段中，输入 Eric Quist,Favorite City Tour Transportation Research Coordinator，如图 9-19 所示。

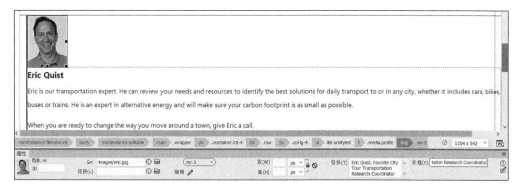

图 9-19

到这里，Eric 的照片就添加好了。

❾ 保存页面。

有时，您在页面中使用的图像在某些方面不太符合要求。这种情况下，我们就需要先把图像发送到 Photoshop 等软件中做一些调整和处理。

9.5 调整图像尺寸

有时，我们一拿到图像，就觉得尺寸不对；有时，直到我们把图像插入页面之中，才发现尺寸不对。不论哪种情况，我们都需要对图像尺寸重新进行调整。

❶ 打开 contact-us.html 页面，进入【设计】视图。向下滚动，找到介绍 Lainey 卡片中的占位图像。

❷ 双击占位图像。

❸ 从【选择图像源文件】对话框中，选择 lainey.jpg，单击【确定】或【打开】按钮，如图 9-20 所示。

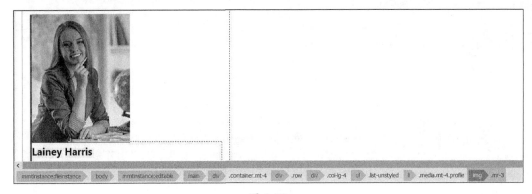

图 9-20

人物图像有点儿大，占据的卡片空间太多了。为此，我们需要在【设计】视图或【实时视图】下把图像尺寸调整得小一些。

❹ 在【属性】面板中，单击【重置为原始大小】图标（◯），如图 9-21 所示。

图 9-21

这幅图像有其他图像的两倍大。Dreamweaver 为我们提供了两种减小图像尺寸的方法：一种方法是拖动图像周围的控制块手动调整图像尺寸；另一种方法是在【属性】面板中，直接输入宽度与高度值来调整图像尺寸。首先，我们学习一下如何在【属性】面板通过输入宽度与高度值的方法来调整图像尺寸。

❺ 在【属性】面板中，单击【切换尺寸约束】图标（🔒），锁定宽高比，如图 9-22 所示。

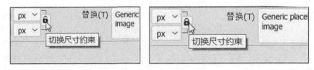

图 9-22

图像的宽高比锁定之后，改变其中一个值，另一个值也会随之发生变化，以保持比例不变。

⑥ 在【高】字段中，输入 125px，然后，按 Enter 键或 Return 键，如图 9-23 所示。

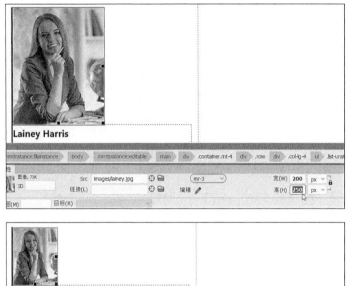

图 9-23

此时，图像高度变为 125 像素，图像宽度也发生相应变化，图像同比例缩小。若不是这样，请检查【切换尺寸约束】图标是否处于锁定状态（🔒）。

> 💡**注意** 这种改变图像尺寸的效果是暂时的，它不会真的缩小图像。您可以为图像设置一个新的尺寸，然后把页面上传到 Web 服务器，访问网页后，您会发现图像又以新的尺寸显示了出来。使用上面方法，即使您把图像尺寸设小，访客浏览页面时下载下来的仍然是大尺寸的原始图像，这有点儿浪费带宽。为了避免出现这个问题，一个更好的解决办法是直接改变原始图像尺寸。

⑦ 右击 Lainey 照片，从弹出菜单中，依次选择【编辑以】>【Adobe Photoshop 2021】，如图 9-24 所示。

> 💡**注意** 您在【编辑以】菜单下看到的可用程序和版本可能和这里不一样。如果您想使用 Photoshop 编辑图像，一定要在您自己的计算机中事先安装好它。

此时，Photoshop 启动，并打开图像。

⑧ 从 Photoshop 菜单栏中，依次选择【图像】>【图像大小】，打开【图像大小】对话框。在这个对话框中，您可以重新调整图像尺寸，以及对图像进行重新采样。

⑨ 勾选【重新采样】复选框，把图像的宽度与高度分别设置为 100 像素与 125 像素，然后单击【确定】按钮，如图 9-25 所示。

图 9-24

图 9-25

此时，图像的实际尺寸就被改变了。接下来，我们保存更改后的图像。

⑩ 关闭并保存图像。

⑪ 返回到 Dreamweaver 中，再次选择 Lainey 图像，检查其尺寸，如图 9-26 所示。

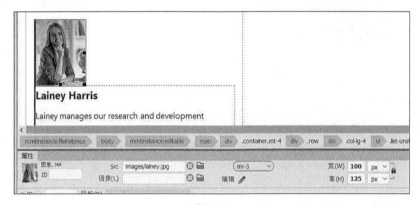
图 9-26

选中图像后，【属性】面板显示出图像的真实尺寸，原来的【重置为原始大小】图标也消失不见了。

> **注意** 虽然我们永久性地更改了图像尺寸，但此时文件尚未发生永久性的改变。保存文件之前，您可以随时撤销更改。保存文件之后，更改就真的生效了。

到这里，Lainey 图像的尺寸就修改好了。接下来，我们为图像添加替换文本和标题文本。

⑫ 在【属性】面板中，向【替换】和【标题】字段中，输入 Lainey Harris,Research and Development Coordinator，如图 9-27 所示。

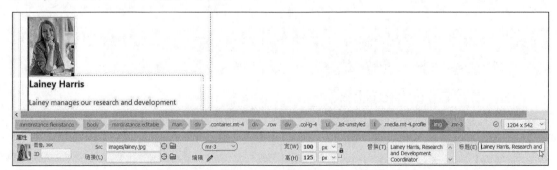
图 9-27

到这里，Lainey 图像就完全添加好了。

⓭ 保存页面。

前面，我们只学习了如何向页面中添加 Web 兼容的图像。但其实，在 Dreamweaver 中，我们不仅可以向页面中添加 GIF、JPEG、PNG 图像，还可以添加其他格式的图像。接下来，我们学习如何向网页中添加 PSD 图像。

9.6　插入 Photoshop 图像

这些年，Dreamweaver 与 Photoshop "配合"得一直不错。但是，在 Dreamweaver 2021 中，我们无法直接把 Photoshop 图像插入页面中，也不能使用 Photoshop 智能对象。但这并不意味着我们必须完全放弃它们。这一节中，我们学习如何处理 Photoshop 图像，以便把它们插入网页中。

❶ 打开 contact-us.html 页面，进入【设计】视图下。

❷ 在介绍 Margaret 的卡片中，双击占位图像，在【选择图像源文件】对话框中，转到 lesson09/resources 文件夹下，找到 margaret.psd 文件，如图 9-28 所示。

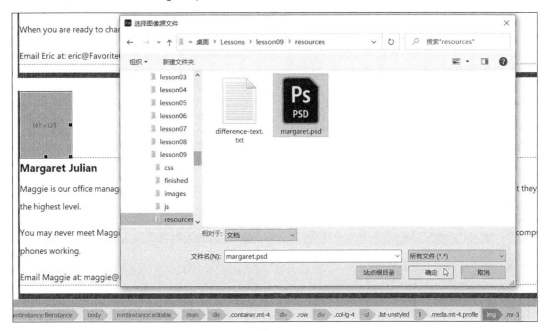

图 9-28

> ♀注意　在 Windows 系统下，需要选择【所有文件】，您才能看见 PSD 文件。

此时，Photoshop 文档是灰色的，表示 Dreamweaver 不支持您直接在网页中插入它。但是，我们有一个变通的办法。

❸ 关闭【选择图像源文件】对话框。从菜单栏中，依次选择【窗口】>【Extract】，打开【Extract】面板，如图 9-29 所示。

> ♀注意　先单击【Creative Cloud】图标，【Upload PSD】按钮才可用。

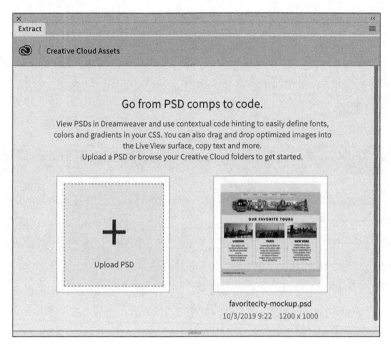

图 9-29

在【Extract】面板中，有第 5 课中上传的 Favorite City Tour 原型，还有一个【Upload PSD】按钮。虽然我们不能直接在 Dreamweaver 中使用 PSD 图像，但是我们可以使用【Extract】面板把 PSD 文件及其内容转换成 Web 兼容文件格式。

④ 单击【Upload PSD】按钮。

⑤ 转到 lesson09/resources 文件夹下，选择 margaret.psd 文件，单击【Cancel】或【Open】按钮，如图 9-30 所示。

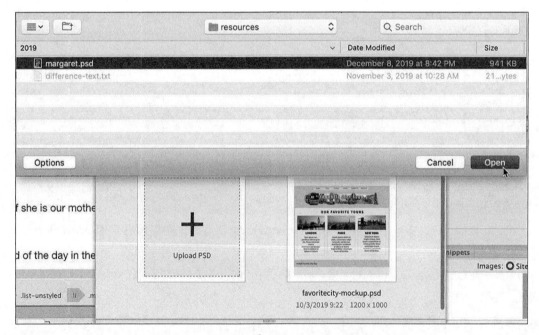

图 9-30

此时，Dreamweaver 把图像上传上去，并显示在【Extract】面板中。

⑥ 单击图像预览图，将其选中，如图 9-31 所示。

图 9-31

此时，PSD 文件被加载到【Extract】面板中。只需简单单击一下，即可将其作为网站资源下载下来。但是现在我们不要这样做。

⑦ 单击【Layers】按钮，如图 9-32 所示。

图 9-32

图层窗格出现在【Extract】面板中，显示出图像中的两个图层，其中名为 New Background 的图层是隐藏的。

⑧ 单击 New Background 图层左侧的眼睛图标（👁），显示图层内容。

此时，图像背景发生变化，出现一个港口场景。接下来，就可以把图像下载到您的网站中了。不过，若原样下载图像，则只能下载选中的图层。我们得选择两个图层，下载合成图像。

⑨ 按住 Shift 键，选择两个图层。单击图像上的【Extract Asset】图标（↓），打开【Save As】（另存为）对话框。在这个对话框中，您可以指定希望创建的文件类型和属性。有 JPG、PNG 8、PNG 32 这 3 种图像类型可供选择。

⑩ 选择 JPG。

文件类型下方有一个 Optimize（优化）滑块。

> 💡 注意 使用这种方式转换图像之后，Dreamweaver 一般会把转换后的图像保存到网站的默认图像文件夹下。

⑪ 把滑块拖动到 80。

这个设置一方面能够生成高质量图像，另一方面也保证有不错的压缩率。减小 Optimize 值，压缩率提高，文件尺寸减小；增大 Optimize 值，压缩率降低，文件尺寸变大。实践过程中，我们要在图像质量和压缩率之间做好平衡。这里，我们把 Optimize 值设置成 80 就足够了。

选择 New Background 图层后，对话框中出现的名称会发生相应变化。下载后的图像显示的应该是 Margaret 的名字。

⑫ 在文件名中，输入 margaret，在【Scale at】中输入 1x。

⑬ 单击【Save】按钮，把 JPG 图像下载到网站的默认图像文件夹中，如图 9-33 所示。

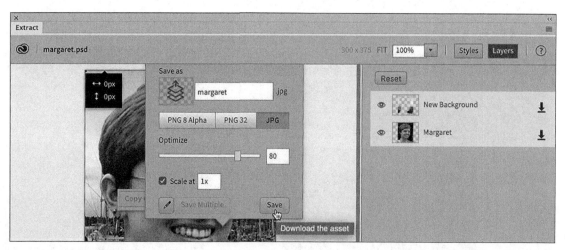

图 9-33

此时，Dreamweaver 应该把图像下载到了网站的 images 文件夹中。接下来，我们把图像插入网页中。

⑭ 关闭【Extract】面板。

⑮ 在介绍 Margaret 的区域中，双击占位图像。

⑯ 在【选择图像源文件】对话框中，转到 lesson09/images 文件夹下。

⑰ 选择 margaret.jpg，单击【确定】或【打开】按钮。

此时，Dreamweaver 把图像插入页面中，但是图像尺寸太大了。

⑱ 右击图像，从弹出菜单中，依次选择【编辑以】>【Adobe Photoshop 2021】。

此时，Photoshop 启动，并打开图像。

⓳ 从 Photoshop 菜单栏中，依次选择【图像】>【图像大小】，打开【图像大小】对话框。

⓴ 在【图像大小】对话框中，勾选【重新采样】复选框，把图像的宽度与高度分别设置为 100 像素与 125 像素，然后单击【确定】按钮。

㉑ 关闭并保存图像。

保存 JPEG 图像时，会弹出一个【JPEG 选项】对话框。

㉒ 在【品质】中，输入 8，单击【确定】按钮。

此时，图像尺寸被永久改变了。到这里，Margaret 图像几乎处理完毕。

> 💡 **提示** 您可以交替使用【元素显示框】和【属性】面板来输入替换文本。

㉓ 在【属性】面板的【替换】和【标题】字段中，输入 Margaret Julian,Office Manager，如图 9-34 所示。

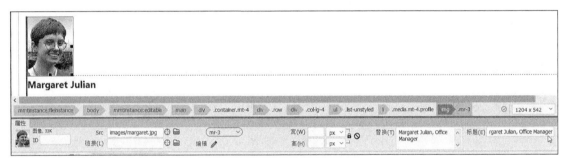

图 9-34

至此，Margaret 图像就添加好了。最后，还缺一幅图像。

㉔ 在介绍 Matthew 区域中，双击占位图像。

在【选择图像源文件】对话框中，选择 matthew.jpg，单击【确定】或【打开】按钮。

此时，Matthew 图像出现在介绍内容之上。

㉕ 在【属性】面板的【替换】和【标题】字段中，输入 Matthew,Information Systems Manager，如图 9-35 所示。

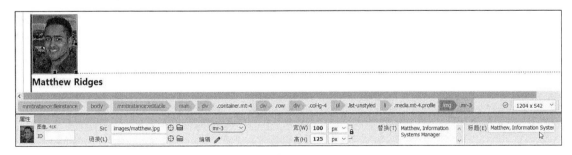

图 9-35

㉖ 保存页面。

到这里，所有员工图像就添加好了。接下来，我们使用【资源】面板向页面中插入图像。

响应式图像

移动设备出现之前，判断网页中要使用多大尺寸、多大分辨率的图像是件非常简单的事。只需要确定好图像的宽度与高度，然后以 72ppi 的分辨率保存图像就行了。

但是，现在，网页设计师希望他们的网站无论访问者使用何种设备和多大的屏幕都能工作得很好。许多手机和平板电脑的分辨率都超过了 300ppi。这样一来，像过去那样，只需要选择一种尺寸、一种分辨率的时代一去不复返了。现在，我们应该怎么办呢？目前还没有一个很完美的解决方案。

一种方法是在网页中插入一幅大尺寸或高分辨率的图像，然后使用 CSS 调整图像的大小。这样，在高分辨率屏幕（比如苹果的 Retina 屏幕）上能够清晰地显示图像。当使用低分辨率设备访问包含这种图像的网页时，虽然不需要使用高清大图，但下载下来的仍然是高清大图，这不仅会拖慢页面加载速度，还会浪费手机流量，给手机用户带来经济负担。

另一种方法是针对不同设备与不同分辨率的屏幕提供不同图像，然后使用 JavaScript 根据需要加载合适的图像。但是，许多开发人员都反对使用脚本加载图像这类基本资源。他们希望有一个标准化的解决方案。

为此，W3C 提出了一个新元素 picture，这个元素完全不需要 JavaScript。使用这个新元素时，您只需要选好几幅图像，指定图像的使用方式，然后浏览器就会加载合适的图像。

关于如何实现响应式图像已经超出了本书的讨论范围。请您时刻关注有关这方面的最新趋势，并做好随时把新方案付诸实施的准备。

9.7 使用【资源】面板插入图像

许多情况下，页面中并不存在标注图像插入点的占位图像。这种情况下，我们必须在 Dreamweaver 中选用相应工具手动把图像插入页面之中。接下来，我们就学习如何使用这些工具来插入图像。

❶ 打开 contact-us.html 页面，进入【设计】视图下。

向下滚动页面，找到 CONTACT FAVORITE CITY TOUR 这个标题。

contact-us.html 是我们创建的 3 个不包含图像轮播组件的页面之一。接下来，我们会在这些页面中添加一些旅游相关照片，一些推销产品、服务品质的宣传文字，进一步改善这些页面的布局。

❷ 打开 lesson09/resources 文件夹中的 difference-text.txt 文件，如图 9-36 所示。

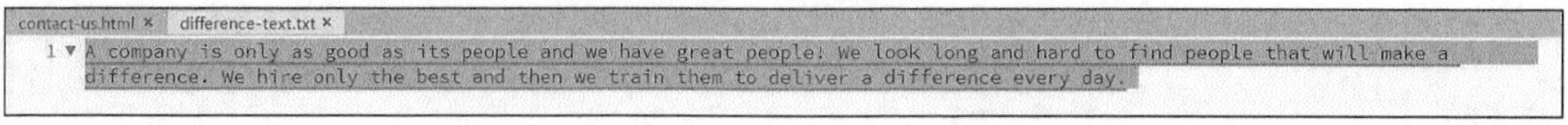

```
contact-us.html ×   difference-text.txt ×
1 ▼ A company is only as good as its people and we have great people: We look long and hard to find people that will make a
    difference. We hire only the best and then we train them to deliver a difference every day.
```

图 9-36

❸ 选择并复制所有文本，然后关闭文件。

❹ 在 contact-us.html 页面中，把光标放到标题之后，按 Enter 键或 Return 键换行。

❺ 粘贴第 3 步中复制的文本，如图 9-37 所示。

MainContent

CONTACT FAVORITE CITY TOUR

A company is only as good as its people and we have great people! We look long and hard to find people that will make a difference. We hire only the best and then we train them to deliver a difference every day.

图 9-37

❻ 从菜单栏中，依次选择【窗口】>【资源】，打开【资源】面板。单击【图像】图标（🖼），显示网站中的所有图像。

💡 **提示**　一旦您定义好站点，Dreamweaver 创建了缓存，您就应该立刻着手填充【资源】面板。

❼ 在图像列表中，找到并选中 travel.jpg。

此时，在【资源】面板中，显示 travel.jpg 的缩览图。面板中列出了图像名称、尺寸（像素数）、大小（字节数）、文件类型、完整路径。

💡 **注意**　您可能需要向左拖动面板边缘，拓宽面板，才能看到资源的完整信息。

❽ 注意观看图像尺寸，如图 9-38 所示。

图 9-38

💡 **注意**　【资源】面板中会显示站点中的所有图像，包括那些位于默认图像文件夹之外的图像。也就是说，那些存放在站点子文件夹中的图像也是可以看到的。

travel.jpg 图像的尺寸是 1200 像素 ×597 像素。接下来，我们把它插入段落开头位置。

❾ 把光标放到段落开头。

❿ 在【资源】面板底部，单击【插入】按钮，结果如图 9-39 所示。

此时，所选图像出现在标题之下，并从左到右填满整个页面。

在移动设备出现之前，网页设计师只需要确定图像的最大尺寸，然后根据所处空间重新调整一下图像尺寸即可。每幅图像只有一种尺寸。

图 9-39

但是，现在我们要求页面中的图像必须能够适应各种尺寸的屏幕。如果做不到这一点，我们精心设计的页面布局就会遭到破坏。好在 Bootstrap 提供了自动控制和调整图像显示尺寸的功能，不过只有进入【实时视图】下，我们才能了解这些功能的工作方式。

9.8　使图像适应移动设计

使用 Bootstrap 这类网页框架的一大好处是，框架会帮助我们完成大部分难点工作。其中最难的一项工作就是让网页图像适应移动设计。Dreamweaver 在界面中融入了很多用于实现这个目标的工具。

❶ 切换到【实时视图】下，确保文档窗口宽度不低于 1200 像素。

当前，travel.jpg 图像已经超出了页面边缘。为了使图像适应 Bootstrap 布局，我们必须把它变成 Bootstrap 组件。

❷ 选择 travel.jpg 图像，如图 9-40 所示。

图 9-40

此时，【元素显示框】中显示出 img 元素。

❸ 单击【编辑 HTML 属性】图标（☰），显示出快捷属性面板。

❹ 勾选【Make Image Responsive】复选框，如图 9-41 所示。

图 9-41

此时，图像宽度根据列宽发生变化，不再超出页面之外。这其实并不是 Dreamweaver 的功劳。您可以看到在 img 元素上有了一个 .img-fluid 类，表示它已经变成了 Bootstrap 组件，会根据其所在结构自动调整大小。当屏幕变小时，会发生什么呢？

❺ 向左拖动文档窗口控制块，使文档窗口变窄一些，如图 9-42 所示。

图 9-42

随着拖动，页面布局不断发生变化，以便适应更小的屏幕。原来的多列布局最终也变成单列布局。同时，travel.jpg 图像也随之不断缩小，以适应变化后的网页布局。

❻ 把文档窗口控制块一直往右拖。

页面布局再次发生变化，恢复到了原来的多列布局。图像显示效果挺好的，但就是与文本贴得太近了。接下来，我们在图像与文本之间添加一些间隔。

前面我们已经多次使用过 .mt-4 这个类了，用来在元素顶部添加边距。不过，这里，我们应该要在 img 元素底部添加边距，您觉得我们应该使用哪个 Bootstrap 类呢？

❼ 单击【添加类 /ID】图标（＋）。

❽ 向 img 元素添加 .mb-4 类，如图 9-43 所示。

类名 ".mb-4" 中的 "mb" 是 margin-bottom（下边距）的缩写。向 img 元素添加这个类之后，图像底部会多出一些边距。这样，通过添加两个 Bootstrap 类，一方面使图像能够适应变化的网页布局，另一方面也在图像底部添加了一些间距。

图 9-43

⑨ 保存页面。

接下来，我们在其他两个不包含图像轮播组件的页面中添加图像。

就查找与插入图像来说，使用【资源】面板是一个既简单又直观的方法。另外，还有一个在页面中插入图像、HTML 元素、组件的常用方法，那就是使用【插入】菜单。

① 打开 about-us.html 页面，进入【实时视图】下。确保文档窗口宽度不低于 1200 像素，如图 9-44 所示。

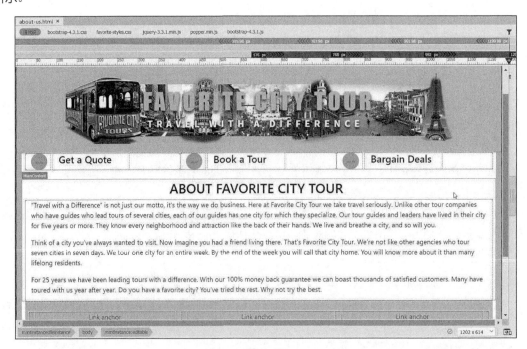

图 9-44

这个页面（About Us）中包含大量文本，用来介绍 Favorite City Tour 公司的历史和使命。与 Contact Us 页面一样，这个页面中也不包含图像轮播组件。首先，我们在文本上方添加一幅图像。

❷ 把光标放到文本 "Travel with a Difference" is not just our motto 最左侧。

此时，【元素显示框】中显示的是第一个文本段落，而且在第一个文本段落周围显示出橙色边框。

❸ 从菜单栏中，依次选择【插入】>【Image】（图像），如图 9-45 所示。

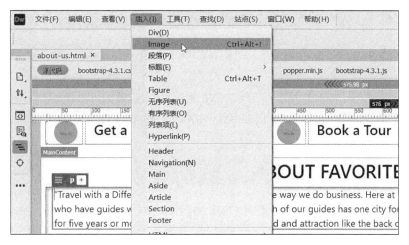

图 9-45

此时，出现定位辅助面板。

❹ 单击【之前】，弹出【选择图像源文件】对话框。

❺ 在 lesson09/images 文件夹中，选择 timessquare.jpg，单击【确定】或【打开】按钮，如图 9-46 所示。

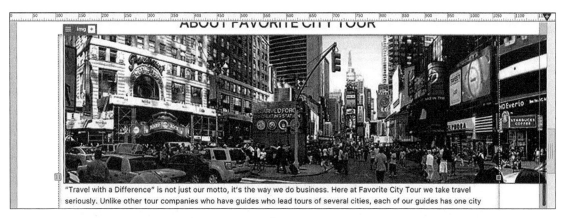

图 9-46

此时，图像 timessquare.jpg 出现在文本上方。与前面一幅图像一样，它右侧超出了页面。

❻ 单击【编辑 HTML 属性】图标（☰），在弹出的面板中，勾选【Make Image Responsive】复选框。此时，图像 timessquare.jpg 会根据列宽自动调整尺寸。

❼ 向 img 元素添加 .mb-4 类，如图 9-47 所示。

此时，图像与下方文本之间有了一些间隙。

❽ 保存页面。

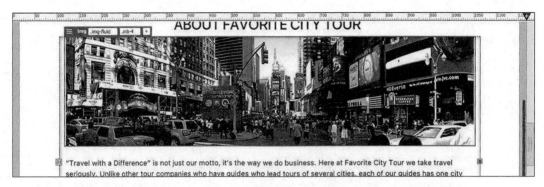

图 9-47

【插入】面板中与【插入】菜单有着类似的命令,借助它,我们可以快速轻松地向页面中插入图像和其他代码元素。您可以把【插入】面板停靠到文档窗口顶部,供您随时取用其中命令。

9.10 使用【插入】面板

有些用户喜欢使用【插入】菜单,觉得它用起来简单又快捷;有些用户则喜欢使用【插入】面板,因为使用面板有助于我们把精力集中到一个元素上,方便同时插入元素的多个副本。您可以根据实际情况,交替使用这两种方法,也可以直接使用键盘快捷键。

接下来,我们使用【插入】面板向页面中插入一幅图像。

❶ 打开 events.html 页面,进入【实时视图】下。确保文档窗口宽度不低于 1200 像素,如图 9-48 所示。

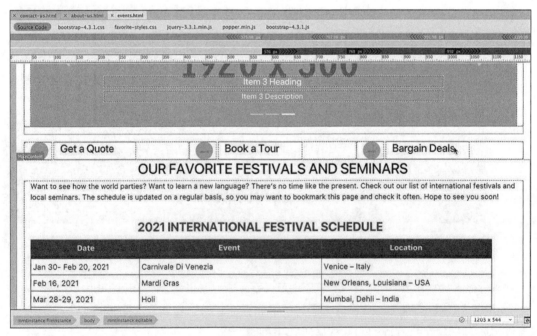

图 9-48

这个页面(Events)中包含两个表格,一个用来列出国际节日,另一个用来列出 Favorite City Tour 公司举办的研讨会。页面中还有一段文本,用来概述页面中的信息。接下来,我们在文本上方添加一幅图像。

❷ 把光标放到文本 Want to see how the world parties? 最左侧。

❸ 从菜单栏中，依次选择【窗口】>【插入】，打开【插入】面板。【插入】面板是标准工作区的一个组成部分，默认停靠在文档窗口右侧。

❹ 在【插入】面板中，从下拉菜单中，选择【HTML】，如图 9-49 所示。

图 9-49

❺ 单击【Image】按钮，出现定位辅助面板。

❻ 单击【之前】，弹出【选择图像源文件】对话框。

❼ 在【选择图像源文件】对话框中，从站点 images 文件夹下，选择 festivals.jpg，单击【确定】或【打开】按钮。

此时，图像 festivals.jpg 出现在页面中。接下来，我们使用【元素显示框】向 img 元素添加两个 Bootstrap 类。

❽ 向 img 元素添加 .img-fluid 类与 .mb-4 类，如图 9-50 所示。

图 9-50

此时，图像 festivals.jpg 自动调整了尺寸，并移动到页面合适的位置上。

❾ 保存页面。

每个页面的页头或图像轮播组件下有 3 个小的占位图像。尝试选择这些占位图像时，您会发现它们都是不可编辑的。要更改它们，必须打开模板才行。

9.11 在模板中插入图像

公司 Logo 是站点模板中唯一一幅图像，其在把页面转换成模板之前就已经被添加到页面中了。在模板中插入图像与在子页面中插入图像没有多大区别。

❶ 打开 lesson09/Templates 文件夹中的 favorite-temp.dwt 文件，进入【实时视图】下。确保文档窗口宽度不低于 1200 像素。

❷ 向下滚动页面，在图像轮播组件下有 3 个链接，如图 9-51 所示。

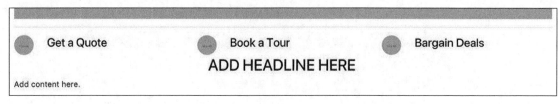

图 9-51

❸ 选择第一个占位图像。

在【实时视图】下，Dreamweaver 不允许您改动页面的任意一部分，这是 Dreamweaver 的一个 Bug。在这个 Bug 得到修复之前，我们必须在【设计】视图或【代码】视图下编辑模板。

❹ 切换到【设计】视图下。

在【设计】视图下，我们需要滚动一下页面，才能看到图像轮播组件下的 3 个链接。

❺ 选择第一个占位图像（属于 Get a Quote 链接）。

在【设计】视图下，占位图像是方形的，不是圆形的。圆形是由 border-radius 这个高级 CSS 属性控制的，而在【设计】视图下，这个属性不受支持。

在【设计】视图下，双击占位图像，可以把占位图像换掉。

❻ 双击占位图像，打开【选择图像源文件】对话框。

❼ 在【选择图像源文件】对话框中，选择 quote.jpg，单击【确定】或【打开】按钮，如图 9-52 所示。

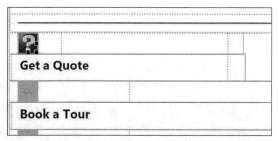

图 9-52

此时，quote.jpg 图像替换掉占位图像。当然，您还可以在【属性】面板中选择一幅图像，用来替换占位图像。

❽ 选择第二个占位图像。

在【属性】面板中，单击【Src】字段右侧的【浏览文件】图标。

❾ 在【选择图像源文件】对话框中，选择 book.jpg，单击【确定】或【打开】按钮，如图 9-53 所示。

此时，book.jpg 图像替换掉占位图像。另外，我们还可以在【代码】视图下插入图像。

❿ 选择第三个占位图像。

⓫ 切换到【拆分】视图下。

在【代码】窗口中，占位图像对应的代码（img 元素）高亮显示出来。

图 9-53

💡 注意 img 元素的 src 属性，指向的是 ../images/40X40.gif。第 4 课中，我们讲过【代码】视图有助于我们预览资源和编写代码。

⓬ 在【代码】视图中，把光标移动到 40X40.gif 上，如图 9-54 所示。

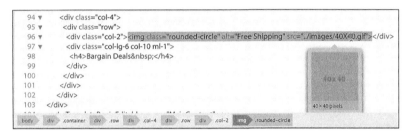

图 9-54

此时，在光标下方弹出占位图像的预览图。

⓭ 在【代码】视图中，选择并删除 40X40.gif。

⓮ 输入 bar，如图 9-55 所示。

图 9-55

当您输入时，代码提示菜单会主动显示相匹配的图像文件名。当匹配到您要使用的图像时，您可以继续把文件名称（bargain）输完，也可以直接按 Enter 键或 Return 键，让 Dreamweaver 自动补全。

⓯ 按 Enter 键或 Return 键，结束输入。

此时，Dreamweaver 把匹配到的图像名称（bargain.jpg）填入 src 中。

⓰ 在【代码】视图中，再次把光标移动到 bargain.jpg 上，如图 9-56 所示。

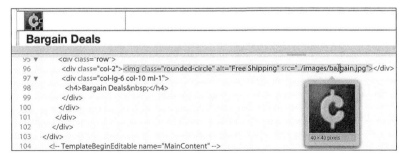

图 9-56

此时，在光标下方显示出图像的预览图。到这里，3 个占位图像就全部替换好了。但当前这些图像仍然是方形的。

⑰ 切换到【实时视图】下，如图 9-57 所示。

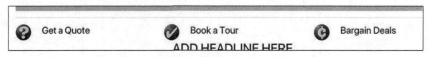

图 9-57

此时，在链接区域下，您可以看到已经替换好的 3 个图标。而且 3 个图标也变成了圆形，这是因为【实时视图】支持 CSS 高级属性。最后，我们还要更新所有子页面。请记住，模板命令只在【设计】视图或【代码】视图下，或者不打开任何文件时有效。

⑱ 切换回【设计】视图。从菜单栏中，依次选择【文件】>【保存】，弹出【更新模板文件】对话框，其中列出所有待更新的子页面，如图 9-58 所示。

图 9-58

⑲ 单击【更新】按钮，弹出【更新页面】对话框，如图 9-59 所示。

图 9-59

勾选【显示记录】复选框，可显示更新过程。更新成功后，所有 5 个子页面都会显示已更新。观察文档选项卡，您会看到当前打开的 3 个页面名称右侧都有一个星号，这表示这些页面已经被更新，但是当前尚未保存。

⑳ 关闭【更新页面】对话框。在文档选项卡栏中,单击 contact-us.html 页面,检查链接区域。此时,链接区域中已经出现了 3 个圆形图标。

㉑ 然后,依次打开 about-us.html、events.html 两个页面,分别检查它们的链接区域。

3 个页面全部得到更新。不过,在不含图像轮播组件的页面中,链接区域与页头区域挨得太近了。为了在两者之间留出一些间隙,我们可以在链接区域上添加 .mt-4 这个 Bootstrap 类。但是,由于链接区域不在可编辑区域中,所以我们必须在模板中添加 .mt-4 类。

9.12 在模板中添加 CSS 类

在不含图像轮播组件的页面中,链接区域与页头区域紧贴着,我们得在两者之间加一点儿间隙。前面制作其他页面时,我们也遇到过类似的问题,当时我们使用 Bootstrap 的 .mt-4 类解决了这个问题。其实,每次新建页面,我们都会碰到这个问题,为此我们最好在模板中就把这个问题解决掉。

接下来,我们将在模板中向链接区域和内容区域添加 .mt-4 类。

❶ 打开 favorite-temp.dwt 文件,滚动页面,找到图像轮播组件。

当前,我们应该是在【实时视图】下。Dreamweaver 有一个 Bug,有时会导致我们难以或者无法在模板中选择元素。如果您无法在文档窗口中直接选择元素,请使用【DOM】面板选择。

❷ 单击图像轮播组件。

此时,【元素显示框】中显示的应该是某个占位图像。

❸ 从菜单栏中,依次选择【窗口】>【DOM】,打开【DOM】面板。若在第 2 步中您能选择图像轮播组件,则当前应该有一个占位图像处于高亮显示状态。若不能,则您可以使用【DOM】面板找到图像轮播组件。图像轮播组件位于 mmtemplate:if 元素之中。

❹ 在【DOM】面板中,展开 mmtemplate:if 元素,如图 9-60 所示。

在这个元素中,有一个 mmtemplate:editable 元素。

❺ 展开 mmtemplate:editable 元素(可编辑区域)。这个元素的第一个子元素是 div.container.mt-3。

❻ 在【DOM】面板中,单击 div.container.mt-3,如图 9-61 所示。

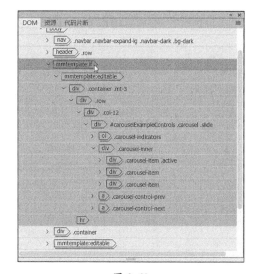

图 9-60

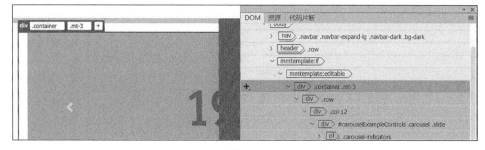

图 9-61

此时，【元素显示框】中显示的是 div.container.mt-3。这个元素上已经添加好了 .mt-3 类，接下来，我们继续处理内容区域。

❼ 折叠 mmtemplate:if 元素，紧接其下的一个元素是 div.container。

❽ 在【DOM】面板中，单击 div.container 元素，如图 9-62 所示。

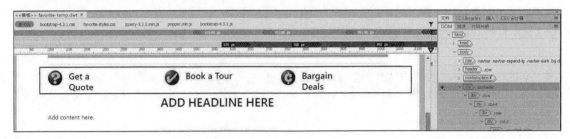

图 9-62

此时，【元素显示框】中显示的是 div.container 元素，其对应着链接区域，目前尚未添加任何 Bootstrap 类。

❾ 在【DOM】面板中，双击 .container 类。

❿ 把光标放到现有类之后，按空格键，插入一个空格，然后输入 .mt-4，如图 9-63 所示。

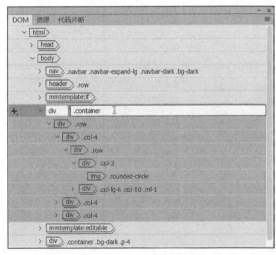 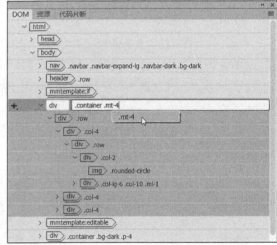

图 9-63

⓫ 按 Enter 键或 Return 键，结束修改。

此时，【DOM】面板和标签选择器栏中显示的是 div.container.mt-4。接下来的 3 个区域属于 MainContent 可编辑区域。

⓬ 在【DOM】面板中，展开 mmtemplate:if 元素。

⓭ 再展开 mmtemplate:editable 与 main.wrapper 元素，如图 9-64 所示。

展开可编辑区域后，您会看到 3 个内容区域。

接下来，我们向 3 个内容区域添加 .mt-4 类。

⓮ 向 3 个 div .container 元素添加 .mt-4 类，如图 9-65 所示。

此时，3 个内容区域都添加好了 .mt-4 类。

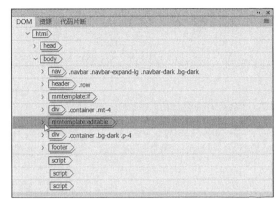

图 9-64

图 9-65

⓯ 从菜单栏中，依次选择【文件】>【保存】，弹出【更新模板文件】对话框，列出所有待更新的子页面。

⓰ 单击【更新】按钮，此时，5 个子页面成功更新。在文档选项卡栏中，只有 favorite-temp.dwt 名称旁边没有出现星号，如图 9-66 所示。

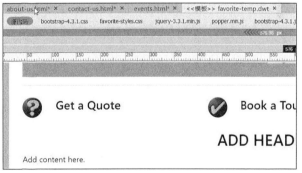

图 9-66

前面第 7 课中讲过，保存模板时，只更新页面中锁定的区域。若更新前某个可编辑的内容区域没有添加 .mt-3 类，则现在仍然不会有。但是，若在模板中添加了这个类，则从现在开始基于模板创建的所有子页面都会拥有这个类。

⓱ 从菜单栏中，依次选择【文件】>【保存全部】，此时，所有文档名称旁边的星号全部消失不见。

⓲ 从菜单栏中，依次选择【文件】>【全部关闭】。

接下来，我们向图像轮播组件添加图像。

9.13　向图像轮播组件添加图像

当前，我们的网站中有两个页面包含图像轮播组件。接下来，我们学习如何向图像轮播组件中添加图像。

❶ 打开 tours.html 页面，进入【实时视图】。确保文档窗口宽度不低于 1200 像素。

这个页面中包含一个图像轮播组件和 9 段旅游描述。在【实时视图】下，可以看到在图像轮播组件中，不断有占位图像从右往左滑入屏幕，替换掉上一个占位图像。请注意，每个占位图像上还带有一些文本。

❷ 单击图像轮播组件，如图 9-67 所示。

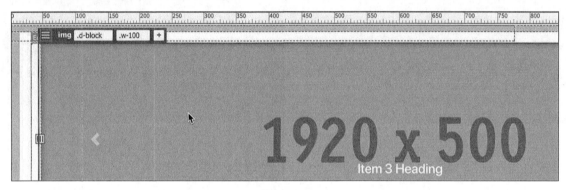

图 9-67

图像轮播组件处于可编辑的可选区域中，我们可以选中它。根据单击的位置不同，当前【元素显示框】中显示的可能是某个占位图像，也可能是组件的某一部分。

前面我们学习了如何在【实时视图】下插入图像，但是为图像轮播组件插入图像真不是件容易的事，这个过程中会遇到一些棘手的问题，比如如何选择和替换移动的对象？虽然您可以在【实时视图】下展开操作，但是在【代码】视图下操作起来相对更容易一些。

❸ 切换到【代码】视图下，如图 9-68 所示。

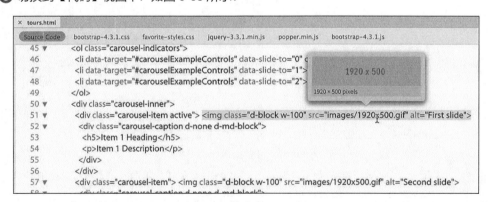

图 9-68

Dreamweaver 把您选择的元素高亮显示出来。图像轮播组件中包含 3 个占位图像，它们是轮换显示的，所以您刚才选中的很可能是 3 个占位图像中的某一个。在 div class="carousel-inner" 元素中，找到第一个 img 元素（大约在第 51 行）。观察图像名称，您会发现所有占位图像用的都是同一幅图像——1920×500.gif。接下来，我们使用不同的图像替换它们。

④ 选择 1920×500.gif，输入 london，如图 9-69 所示。

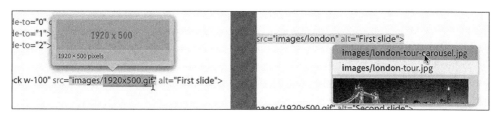

图 9-69

随着您的输入，提示菜单中会显示匹配的图像文件名。同时在图像名称上方或下方出现图像缩览图。

> ♀ 提示　当提示菜单中列出多个图像文件名时，按键盘上的上下方向键，可预览不同图像。

⑤ 在提示菜单中，选择 london-tour-carousel.jpg。

此时，伦敦城市风光图片替换掉占位图像。但原来的标题和描述性文本还存在，需要修改一下。

⑥ 选择标题文本 Item 1 Heading，输入替换文本 London Tea，如图 9-70 所示。

50 ▼	<div class="carousel-inner">		50 ▼	<div class="carousel-inner">
51 ▼	<div class="carousel-item active"> <im		51 ▼	<div class="carousel-item active"> <im
52 ▼	<div class="carousel-caption d-none d		52 ▼	<div class="carousel-caption d-none
53 ▼	<h5>Item 1 Heading</h5>		53	<h5>London Tea</h5>
54	<p>Item 1 Description</p>		54	<p>Item 1 Description</p>
55	</div>		55	</div>

图 9-70

⑦ 选择标题文本 Item 1 Description，输入替换文本 High tea and high adventure in London towne，如图 9-71 所示。

50 ▼	<div class="carousel-inner">		50 ▼	<div class="carousel-inner">
51 ▼	<div class="carousel-item active"> <img class="d-block		51 ▼	<div class="carousel-item active"> <img class="d-block w-
52 ▼	<div class="carousel-caption d-none d-md-block">		52 ▼	<div class="carousel-caption d-none d-md-block">
53	<h5>London Tea</h5>		53	<h5>London Tea</h5>
54	<p>Item 1 Description</p>		54	<p>High tea and high adventure in London towne</p>
55	</div>		55	</div>

图 9-71

到这里，第一个轮换元素就制作好了。

⑧ 找到第二个占位图像，大约在第 57 行。

⑨ 把 1920x500.gif 替换成 venice-tour-carousel.jpg。

⑩ 把 Item 2 Heading 替换成 Back Canal Venice，把 Item 2 Description 替换成 Come see a different side of Venice，如图 9-72 所示。

57 ▼	<div class="carousel-item"> <img class="d-block w-100" src="images/venice-tour-carousel.jpg"
58 ▼	<div class="carousel-caption d-none d-md-block">
59	<h5>Back Canal Venice</h5>
60	<p>Come see a different side of Venice</p>
61	</div>

图 9-72

这样，第二个轮换元素就完成了。

⑪ 找到第三个占位图像，大约在第 63 行。

⓬ 把 1920x500.gif 替换成 ny-tour-carousel.jpg，Item 3 Heading 替换成 New York Times，Item 3 Description 替换成 You've never seen this side of the Big Apple。

到这里，所有占位图像全部替换完成。接下来，浏览一下效果。

⓭ 保存页面。

⓮ 切换到【实时视图】下，确保文档窗口宽度不低于 1200 像素。观察图像轮播组件，如图 9-73 所示。

图 9-73

3 幅图像依次从右向左滑入屏幕中，短暂停留之后，向左滑出，被另一幅图像替换。3 幅图像已经很不错了，但是标题和描述性文本有点"弱儿"，在背景图像上凸显不出来。我们需要把它们再强调一下。

9.14 向图像轮播组件中的文本和标题添加样式

当前，图像轮播组件中各张图片上的标题文字和说明文字难以识读。下面我们自定义一些 CSS 样式，把它们添加到文本上，让文本从背景图像上凸显出来。

❶ 打开 tours.html 页面，进入【实时视图】下。确保文档窗口宽度不低于 1200 像素。

❷ 在图像轮播组件的某幅图像上，选择标题文本。

此时，【元素显示框】中显示的是 h5 元素。由于所有标题都是 h5 元素，所以我们可以从中任选一个，为所有标题添加样式。与以前一样，首先，我们检查一下是不是已经存在控制 h5 元素样式的规则。

❸ 在【CSS 设计器】中，单击【当前】按钮。在【选择器】窗格中，浏览各条规则，查找是否存在控制这些标题（h5）样式的规则。

经过查找，我们发现有 3 条控制 h5 元素样式的规则。但是，这几条规则在图像轮播组件中起不到凸显文本的作用。为此，我们需要自己在 .carousel-caption 规则中添加控制轮播图像上文本样式的属性。

❹ 在【CSS 设计器】中，单击【全部】按钮。

❺ 在【源】窗格中，选择 favorite-styles.css。在【选择器】窗格中，单击【添加选择器】图标（ + ）。

此时，在【选择器】窗格中，出现一个针对轮播标题元素的新选择器，但是它并不是我们想要的。

❻ 把选择器名称修改为 .carousel-caption，按 Enter 键或 Return 键，使修改生效。

❼ 在 .carousel-caption 中，添加如下属性，如图 9-74 所示。

```
font-size: 130%;
font-weight: 700;
text-shadow: 0px 2px 5px rgba(0,0,0,0.8);
```

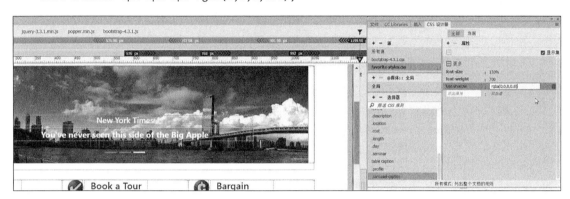

图 9-74

增大字号并添加阴影有助于提高文本的可读性。请注意，观察 h5 元素中的文本，您会发现，它们其实并没有变大。这表示有另外一条规则阻止了新样式。为此，我们可以单独定义一条针对 h5 元素的规则来解决这个问题。

❽ 新建一条规则：.carousel-caption h5。

❾ 在 .carousel-caption h5 规则中，添加如下属性，如图 9-75 所示。

```
font-size: 130%;
font-weight: 700;
```

图 9-75

此时，标题文本尺寸变大，并且加粗了，可读性更好了。

❿ 从菜单栏中，依次选择【文件】>【保存所有相关文件】。

前面我们学习了多种在页面中插入图像与处理图像的方法。接下来，我们做个练习，把这些方法综合运用一下。

9.15　在子页面中插入图像

前面我们学习了如何在【实时视图】、【设计】视图和【代码】视图中替换占位图像以及插入图像。接下来，我们综合运用学过的各种方法替换掉 tours.html、cruises.html 两个页面中的其余占位图像。

❶ 打开 tours.html 页面，进入【实时视图】下。确保文档窗口宽度不低于 1200 像素。

这个页面中 9 个旅程概述里各有一个占位图像。

❷ 使用前面学过的任意一种方法，按如下指示，替换占位图像，如图 9-76 所示。

London Tea: london-tour.jpg

French Bread: paris-tour.jpg

When in Rome: rome-tour.jpg

Chicago Blues: chicago-tour.jpg

Dreams of Florence: florence-tour.jpg

Back Canal Venice: venice-tour.jpg

New York Times: nyc-tour.jpg

San Francisco Days: sf-tour.jpg

Normandy Landings: normandy-tour.jpg

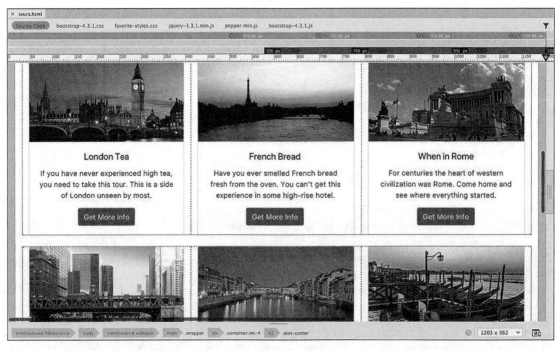

图 9-76

这样，页面中的所有占位图像就替换好了。

❸ 从菜单栏中，依次选择【文件】>【保存全部】，然后关闭页面。

❹ 打开 cruises.html 页面，进入【实时视图】下。确保文档窗口宽度不低于 1200 像素。

这个页面中包含一个图像轮播组件和 3 个邮轮旅游说明。

❺ 针对 Item 1（图像轮播组件的第一屏）做如下修改。

Item 1 图像: sf-cruise-carousel.jpg

Item 1 标题文本：Coastal California

Item 1 描述文本：Monterey to San Francisco,nuff said!

❻ 针对 Item 2（第二屏）做如下修改。

Item 2 图像：ny-cruise-carousel.jpg

Item 2 标题文本：Beans to Big Apples

Item 2 描述文本：Come see a new perspective of Boston and New York

❼ 针对 Item 3（第三屏）做如下修改。

Item 3 图像：miami-cruise-carousel.jpg

Item 3 标题文本：Southern Charm

Item 3 描述文本：Breathtaking views and amazing seafood

❽ 使用前面学过的任意一种方法，按如下指示，替换占位图像，如图 9-77 所示。

Coastal California: sf-cruise.jpg

Beans and Big Apples: nyc-cruise.jpg

Southern Charm: jacksonville-cruise.jpg

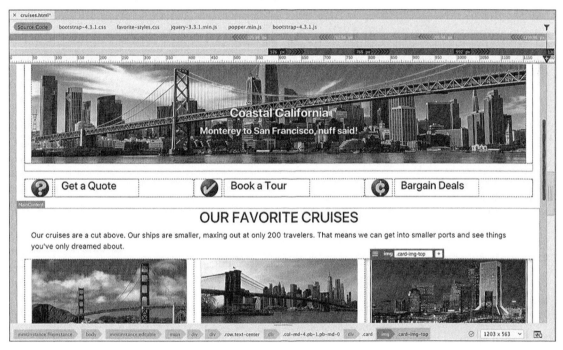

图 9-77

到这里，所有占位图像就全部替换好了。

❾ 从菜单栏中，依次选择【文件】>【保存全部】。关闭页面。

恭喜您！到这里，本课内容就全部学完了。本课中，我们学习了在 Dreamweaver 中处理图像的多种方法，包括向页面中插入图像、替换占位图像，以及如何让图像根据不同屏幕尺寸调整自身大小。

9.16　复习题

❶ 决定栅格图像质量的 3 个因素是什么?

❷ 哪些格式的图像特别适合用在网页中?

❸ 请至少说出在 Dreamweaver 中向页面中插入图像的两种方法。

❹ 判断正误: 在 Dreamweaver 中无法直接插入 Photoshop 文件。

❺ 对于已经插入 Dreamweaver 中的图像, 如何调整它们的尺寸?

9.17　答案

❶ 决定栅格图像质量的 3 个因素是分辨率、图像尺寸、颜色深度。

❷ 适合在网页中使用的图像格式有 GIF、JPEG、PNG、SVG。

❸ 在 Dreamweaver 中, 向网页中插入图像时, 您可以使用【插入】面板, 也可以使用【资源】面板中的【插入】命令, 还可以从 Photoshop 中进行复制粘贴。

❹ 正确。Dreamweaver 不再支持直接把 Photoshop 文件插入网页中,但是您可以使用【Extract】面板基于 Photoshop 文档创建 Web 兼容图像。

❺ 对于已经插入 Dreamweaver 中的图像, 若想调整图像尺寸, 请右击图像, 从弹出菜单中, 依次选择【编辑以】>【Adobe Photoshop 2021】, 在 Photoshop 中打开图像, 并调整图像尺寸, 然后保存图像。此时, 插入 Dreamweaver 中的图像自动更新。

创建链接

课程概览

本课主要讲解以下内容。

- 创建指向同网站内另外一个页面的文本链接
- 创建指向另外一个网站中某个页面的文本链接
- 创建电子邮件链接
- 创建基于图像的链接
- 创建指向页面中某个位置的链接

学习本课大约需要 **2** 小时

（注：本章案例使用的邮箱地址和电话号码均为作者虚拟）

在 Dreamweaver 中，我们能够轻松灵活地创建和编辑多种类型的链接，包括基于文本的链接和基于图像的链接。

10.1　关于超链接

没有超链接，万维网（即通常所说的互联网）就不复存在。没有超链接，HTML（超文本标记语言）就只能是 ML（标记语言）。这里的"超文本"指的就是超链接的功能。那么，什么是超链接呢？

超链接（简称"链接"）是一个基于 HTML 的引用，它指向互联网上或托管 Web 文档的计算机内部的一个可用资源，如图 10-1 所示。这里说的"资源"指的是任意一种可以由计算机存储和显示的东西，比如网页、图像、电影、音频文件、PDF 文件等。事实上，几乎任意一种计算机文件都可以叫"资源"。超链接创建了一个由 HTML 和 CSS 或所用编程语言指定的互动行为，并由浏览器或其他应用程序启用。

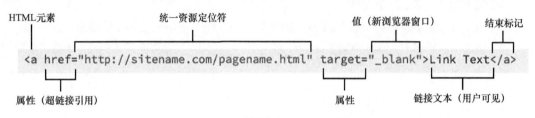

图 10-1

10.1.1　站内链接与站外链接

站内链接是最简单的超链接，它会把访客带到同一个页面中的不同地方或者另外一个页面（位于站点服务器下同一个文件夹或硬盘中）。站外链接会把访客带到您的硬盘、站点、Web 主机之外的某个页面或资源。

站内链接和站外链接的工作方式不一样，但是有一个共同点，即它们都是在 HTML 中使用锚点元素（a）定义的。这个元素指定超链接的目标地址，然后使用几个属性指定工作方式。接下来的内容中，我们会学习如何创建和修改 a 元素。

10.1.2　相对链接和绝对链接

根据目标资源路径的写法，我们可以把超链接分为相对链接和绝对链接两类。在引用某个资源时，若使用相对路径（即资源相对于当前目录的路径）来引用，则这个链接就是相对链接。这就像告诉一个朋友您住在蓝色房子的隔壁一样。当您的朋友开车来找您时，一旦她看见了那座蓝房子，也就知道您住在哪里了。但这个过程中，您并没有告诉她如何找到您家，甚至连如何找到蓝房子也没说。相对链接中一定包含资源名称，或许还包含资源所在的文件夹，比如 tours.html 或 content/tours.html。

有时候，我们需要准确指出资源所在的位置，也就是资源的绝对路径。使用绝对路径引用资源的链接就是绝对链接。这就像您直接告诉别人您住在哪个城市哪条街道几号一样。引用站外资源时，一般多使用绝对地址。绝对链接中包含完整的统一资源定位符（uniform resource locator，URL），有时还包含一个文件名，或者站内某个文件夹。

两种链接各有优缺点。相对链接写起来更快、更容易，但是当所在页面位置发生变化时（比如移动到了另外一个文件夹或位置），它们将无法正常工作。而对于绝对链接，不论您把包含它们的页面保存到什么地方，它们都能正常工作，但是如果目标资源的位置发生了变化或者名称改了，它们也会失效。大多数网页设计师都遵守一个简单原则：引用站内资源时，使用相对链接；引用站外资源时，使用绝对链接。不管您是否遵守这个原则，发布网页或站点之前，请一定先测试好，然后随时跟踪链接，确保它们能够正常工作。

10.2　预览最终页面

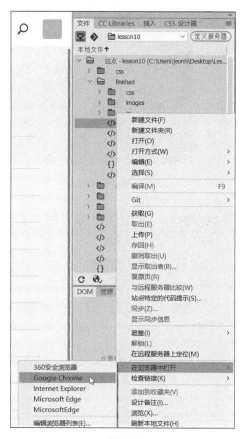

💡**注意**　学习内容之前，请先把本课项目文件下载到您的计算机中，然后基于 lesson10 文件夹新建一个站点。相关内容，请阅读本书前言中的介绍。

首先，我们一起预览一下最终页面，了解一下本课我们要做什么。

❶ 启动 Adobe Dreamweaver 2021。

❷ 按 F8 键，打开【文件】面板，从站点列表中，选择 lesson10。

❸ 在【文件】面板中，展开 lesson10 文件夹。

❹ 进入 finished 文件夹，右击 aboutus-finished.html，从弹出菜单中，选择【在浏览器中打开】，选择您喜欢用的浏览器，如图 10-2 所示。

此时，aboutus-finished.html 页面在您选择的浏览器中打开，页面导航菜单中只包含站内链接。

❺ 依次把鼠标指针移动到各个导航菜单上，检查每个导航菜单行为，如图 10-3 所示。

这些导航菜单都是在第 6 课中创建和格式化的，多数一样，只有很少不同。

❻ 单击 Tours 链接，如图 10-4 所示。

此时，浏览器加载并打开 Tours 页面。

图 10-2

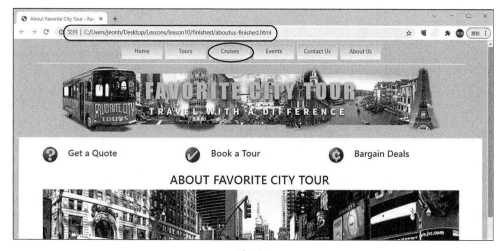

图 10-3

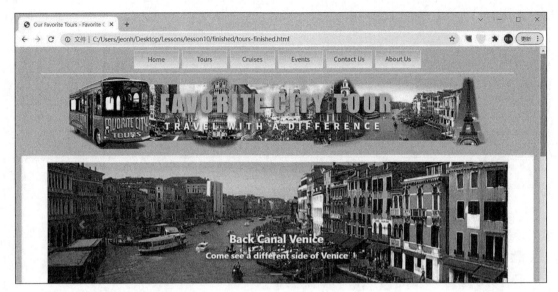

图 10-4

💡 提示 大多数浏览器都会在底部的状态栏中显示出超链接的目标地址。但有些浏览器在默认设置下状态栏是关闭的。

❼ 把鼠标指针移动到 Contact Us 链接上。

仔细观察浏览器，看一下屏幕的什么位置显示出了目标地址。

一般来说，浏览器会在状态栏中显示链接的目标地址。

❽ 单击 Contact Us 链接，如图 10-5 所示。

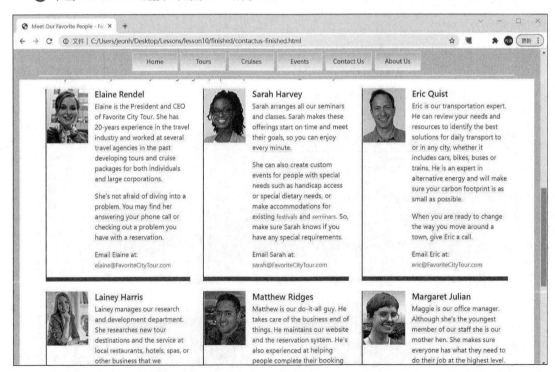

图 10-5

此时，浏览器加载 Contact Us 页面，代替 Tours 页面。在打开的 Contact Us 页面中，包含站内链接、站外链接和电子邮件链接。

❾ 在主内容区域的第二段文字中，把鼠标指针移动到 Meredien 文本之上，观察状态栏中显示的内容，如图 10-6 所示。

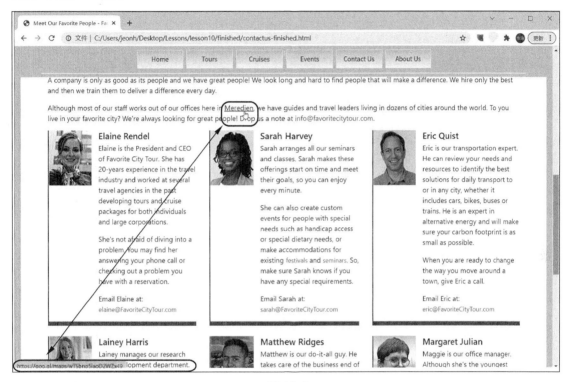

图 10-6

状态栏中显示的是一个 Google 地图链接。

> **注意** 您看到的 Google 地图链接可能和图中不一样。

❿ 单击 Meredien 链接。

此时，打开一个新的浏览器窗口，并加载 Google 地图。这个链接用来向访客显示 Meredien Favorite City Tour Association 办公室的位置。若有必要，您甚至还可以在这个链接中加上详细地址和公司名称，使 Google 地图加载更准确的地址和路线图。

> **注意** 当您单击链接时，浏览器会打开一个独立的窗口或文档选项卡。在您把访客导向站外资源时，最好也这样做。由于目标页面是在一个单独的窗口中打开的，所以您的网站仍然处在打开状态，且随时可用。如果访客不熟悉您的网站，这样做是非常有必要的，因为他们离开您的网站之后可能不知道如何回到您的网站中。

⓫ 关闭 Goolge 地图窗口。

此时，Contact Us 页面在浏览器中仍处于打开状态。每个员工介绍中都留有一个电子邮件地址。

⓬ 单击任意一个电子邮件地址，如图 10-7 所示。

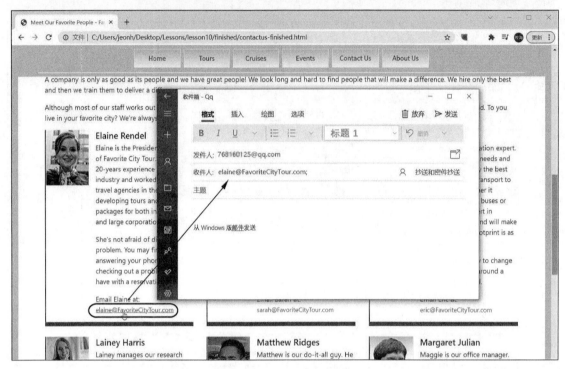

图 10-7

此时，安装在您的计算机中的默认邮件程序就会启动。如果您还没有添加收发邮件的账户，邮件程序就会启动一个向导，引导您一步步添加好账户。当您添加好账户之后，您会看到一个编写电子邮件的窗口，并在【收件人】字段中自动填入了您在页面中单击的那个电子邮件地址。

⓭ 关闭电子邮件窗口，退出电子邮件程序。

⓮ 向下滚动页面至页脚。

滚动页面的过程中，您会发现导航栏始终出现在浏览器顶部。

⓯ 单击 Events 菜单。

此时，浏览器会加载并打开 Fun Festivals and Seminars 页面，如图 10-8 所示。这个页面中主要包含两个表格，其中列出了节日与研讨会的日程。当您滚动页面时，导航栏始终显示在浏览器顶部。

⓰ 在第一段文字中，单击 seminars 链接，结果如图 10-9 所示。

浏览器会跳到页面底部第二个表格处，里面列出的是研讨会的日程。

⓱ 单击 Return to top 链接。

向上或向下滚动页面，才能看到 Return to top 链接。单击 Return to top 链接后，浏览器跳到页面顶部。

⓲ 关闭浏览器，返回到 Dreamweaver 中。

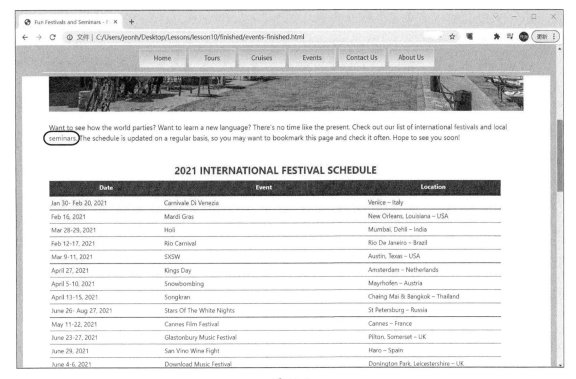

图 10-8

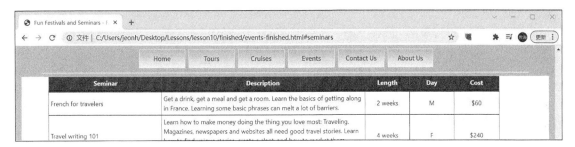

图 10-9

上面我们测试了各种类型的超链接，包括站内链接、站外链接、相对链接和绝对链接。接下来，我们学习一下如何创建它们。

10.3 创建站内链接

在 Dreamweaver 中，创建各种类型的超链接很容易。接下来，我们会使用多种方法创建基于文本的相对链接，用来链接到站点内的不同页面。在【设计】视图、【实时视图】、【代码】视图下都可以创建链接。

10.3.1 创建相对链接

Dreamweaver 提供了好几种创建与编辑链接的方法。【设计】视图、【实时视图】、【代码】视图这 3 种视图都支持创建链接。

❶ 打开位于站点根目录下的 about-us.html 页面，进入【实时视图】下。确保文档窗口宽度不低于 1200 像素。

❷ 在导航菜单中，把鼠标指针移动到任意一个菜单项上，观察鼠标指针形状，如图 10-10 所示。

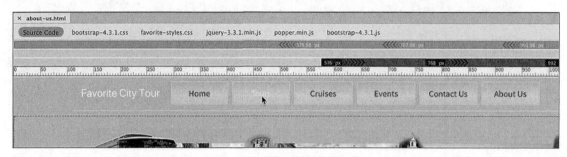

图 10-10

如果鼠标指针变成一个手形（🖑），表示当前所指菜单项是一个超链接。事实上，我们无法使用常规方法编辑导航菜单中的链接，您可以在【设计】视图下看到这一点。

❸ 切换到【设计】视图下。

在导航菜单中，再次把鼠标指针放到任意一个菜单项上，如图 10-11 所示。

> 💡 **注意**　在【实时视图】下，模板是不可见的。我们只能在【设计】视图与【代码】视图下或者未打开任意文档时才能看到它。

此时，鼠标指针变成禁止符号（🚫），表示页面中的这个区域当前不可编辑。导航菜单不在可编辑区域中，它是模板的一部分，处于锁定状态。为了向导航菜单添加超链接，我们必须打开模板文件。

❹ 从菜单栏中，依次选择【窗口】>【资源】，在【资源】面板中，单击【模板】图标。然后，右击 favorite-temp 文件，从弹出菜单中，选择【编辑】，如图 10-12 所示。

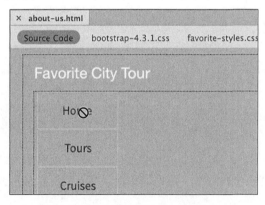

图 10-11

图 10-12

❺ 在导航菜单中，把光标插入 Tours 链接中。

在模板中，导航菜单是可编辑的。

❻ 从菜单栏中，依次选择【窗口】>【属性】，在【属性】面板中，检查【链接】字段中的内容，如图 10-13 所示。

图 10-13

创建链接时，我们必须在【属性】面板中选择 HTML 选项卡。此时，【链接】字段中显示的是一个超链接占位符（#）。

❼ 在【链接】字段中，单击【浏览文件】图标（ 📁 ），打开【选择文件】对话框。

❽ 转到站点根目录下，选择 tours.html 页面，如图 10-14 所示。

 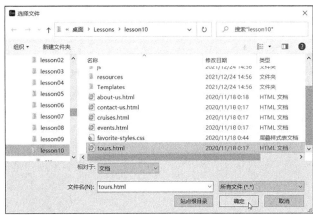

图 10-14

❾ 单击【确定】或【打开】按钮。

此时，在【属性】面板的【链接】字段中，显示的是 ../tours.html。到这里，我们的第一个文本超链接就创建好了。

由于模板文件保存在站点下的一个子文件夹中，所以 Dreamweaver 会在文件名中加上路径（../），告知浏览器或操作系统在当前目录的父目录下查找链接的页面。

若子页面保存在某个子文件夹下，我们必须在文件名前加上路径。但是若保存在站点根目录下，则无须这样做。当您基于某个模板创建页面时，Dreamweaver 会自动重写链接，并根据需要添加或移除路径。

当然，您也可以在【链接】字段中手动输入链接的目标页面。

❿ 把光标插入 Home 链接中。

当前我们还没有创建主页。但是，您仍然可以在【链接】字段中手动输入它作为链接的目标页面。

⓫ 在【属性】面板的【链接】字段中，选择井号（#），输入 ../index.html，替换掉井号，然后按 Enter 或 Return 键，如图 10-15 所示。

图 10-15

像这样，您可以随时手动输入链接的目标页面。但是手动输入容易引发各种错误，导致链接失效。如果链接的目标文件已经存在，那您可以使用 Dreamweaver 提供的其他交互方式创建链接。

⓬ 把光标插入 Cruises 链接中。

⓭ 从菜单栏中，依次选择【窗口】>【文件】，打开【文件】面板。

请确保您能看到【属性】面板，同时也能在【文件】面板中看到目标页面。

⓮ 在【属性】面板中，请把【指向文件】图标（⊕）（位于【链接】字段右侧）拖动到【文件】面板下的目标页面 cruises.html（位于站点根目录下）上，如图 10-16 所示。

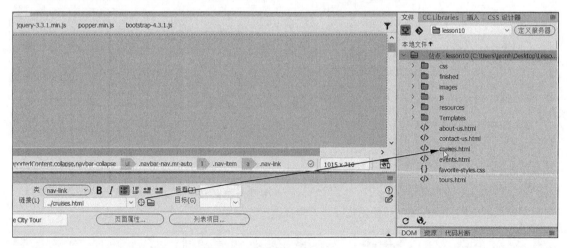

图 10-16

此时，Dreamweaver 会自动在【链接】字段中填入目标页面名称及路径信息。

> **💡提示** 若目标页面位于【文件】面板下的某个文件夹中，且文件夹处于折起状态，请先把【指向文件】图标拖动到文件夹上，等文件夹自动展开后，再指向目标文件，释放鼠标左键。

⑮ 使用前面介绍的方法，为其他各个导航菜单添加链接页面，如下。

Events: ../events.html。

Contact Us: ../contact-us.html。

About Us: ../about-us.html。

若链接目标是尚未创建的页面，则在指定页面时，必须手动输入才行。如果模板中链接所指的页面位于站点根目录下，则在指定目标页面时，一定要在页面名称前加上路径 ../，这样链接才能得到正确解析。另外，当模板应用到子页面时，Dreamweaver 会根据需要自动修改链接。

10.3.2 创建主页链接

大多数网站页面中都有公司 Logo 和名称，这个网站也不例外。Favorite City Tour 公司 Logo 由一些文本和背景图片组成，位于页头元素中。通常，我们会在这样的 Logo 上创建一个返回主页的链接。实际上，这种做法已经成为事实上的标准。在模板仍处于打开的状态下，我们可以很轻松地向 Favorite City Tour 公司的 Logo 添加链接。

❶ 把光标插入 header 元素的 Favorite City Tour 文本中。

每次编辑页面期间，Dreamweaver 都会跟踪您创建的链接。您可以在【属性】面板中访问以前创建的链接。

> **💡注意** 创建链接时，您可以选择任意长度的文本，它可以是一个字符，也可以是一大段文字，Dreamweaver 会自动为您选择的文本添加需要的标记。

❷ 单击 h2 标签选择器，在【属性】面板的【链接】字段中，从下拉菜单中，选择 ../index.html，如图 10-17 所示。

图 10-17

此时，Dreamweaver 会创建一个指向主页的链接。而且，在标签选择器栏中，您也可能看到 <a> 标签。

同时，Favorite City Tour 文本也变成了蓝色。上网时，我们经常会看到这种颜色的链接。蓝色是超链接默认样式的一部分。

第 3 课中，我们提到过有些 HTML 标签带有默认样式。<a> 标签就是其中之一，它拥有一套标准的样式和行为。更多内容，请阅读"超链接伪类"。

有些人希望保留超链接的默认样式，这没问题，但这里我们还是要用 CSS 修改一下 Logo 文本的颜色，蓝色太不和谐了。

❸ 在【CSS 设计器】中，选择 favorite-styles.css。在【选择器】窗格中，选择规则 header h2。然后，创建如下选择器。

```
header h2 a:link,header h2 a:visited
```

这个选择器用来控制链接的"默认"和"已访问"状态的样式。

> 💡 **提示**　（1）您可能需要先在【CSS 设计器】中单击一下【全部】按钮，才能看到 favorite-styles.css。
> （2）先选择一条现有规则，Dreamweaver 就会把新规则添加到所选规则之后。这是一种组织样式表中规则的好方式。

超链接伪类

有时 HTML 元素的默认样式非常复杂。例如，a 元素（超链接）有 5 种状态（或 5 种完全不同的行为），我们可以使用 CSS 借助伪类分别控制它们。伪类是 CSS 的一种特性，用来为指定选择器添加样式、特定效果或功能。<a> 标签有如下伪类。

- a:link 用来创建超链接的默认外观和行为。许多情况下，它可以和 CSS 规则中的 a 选择器互换使用。但是 a:link 的优先级更高，当样式表中同时出现两者时，它会覆盖掉低优先级选择器的样式。
- a:visited 用来控制一个链接被访问之后的样式。但在删除浏览器的缓存或历史后，又恢复成默认样式。
- a:hover 用来控制鼠标指针悬停在链接之上的样式。
- a:active 用来控制鼠标指针单击链接时的样式。
- a:focus 用来控制使用键盘把焦点置于链接上的样式。

使用伪类时，必须按照上面的顺序声明才有效。无论是不是在样式表中声明，每个状态都包含一系列的默认样式和行为。

❹ 在规则中添加如下属性，如图 10-18 所示。

```
color: inherit;
text-decoration: none;
```

❺ 切换到【实时视图】下，如图 10-19 所示。

上面添加属性会取消超链接的默认样式，把文本恢复成原来的样子。把 color 值设置成 inherit 后，Dreamweaver 会自动把 header h2 规则指定的颜色应用至文本。也就是说，当 header h2 规则中的颜色变化时，超链接也会跟着变，什么代码都不用加。

> 💡 **注意**　虽然在【设计】视图下公司名称仍然为蓝色，但是在【实时视图】和浏览器中，文本会正常显示出来。

保存模板之前，我们还需要创建一个链接并为其添加样式。导航菜单中，公司名称出现在菜单项左侧，它是您使用公司名称自定义的原始 Bootstrap 启动器布局的一部分。

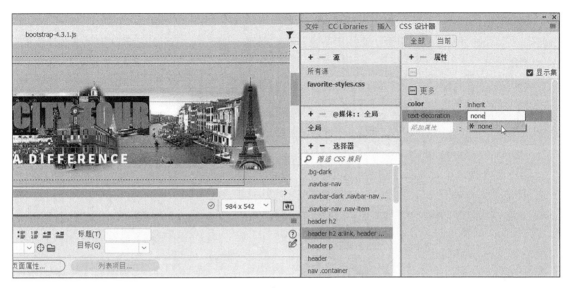

图 10-18

图 10-19

从第 5 课中的网页原型可知，在平板电脑和智能手机下，页头及其内容是隐藏的。在小屏幕上，导航菜单旁边的公司名称会替换掉公司 Logo。在页头元素处于隐藏的状态下，使用平板电脑和智能手机的访客点击公司名称时会跳转到公司主页。接下来，我们为公司名称添加主页链接。

⑥ 切换到【设计】视图下。

⑦ 选择导航菜单顶部的 Favorite City Tour 文本。

此时，在【属性】面板的【链接】字段中显示的是一个井号（#）。

⑧ 在【属性】面板的【链接】字段中，从下拉菜单中，选择 ../index.html，如图 10-20 所示。

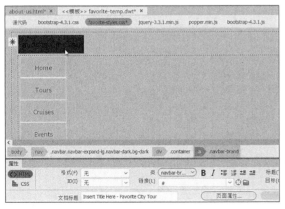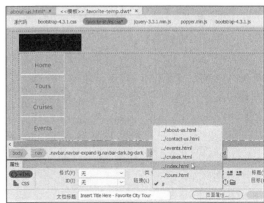

图 10-20

链接创建好之后，我们还要做一件事。公司名称是专为平板电脑和智能手机准备的，使用桌面计算机浏览网页时，它不应该显示出来。接下来，我们创建一些样式，使公司名称在使用桌面计算机浏览时隐藏起来。

⑨ 在标签选择器栏中，选择 a .navbar-brand 标签选择器。

⑩ 在【CSS 设计器】中，选择 favorite-styles.css。在【选择器】窗格中，单击【添加选择器】图标（ + ），按键盘上的向上方向键，创建如下选择器：

.container .navbar-brand

⑪ 在新规则中，添加如下属性，如图 10-21 所示。

display: none;

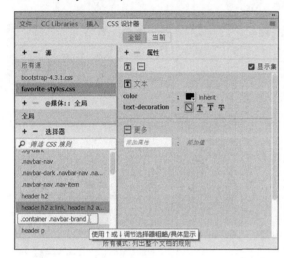

图 10-21

⑫ 切换到【实时视图】下。

此时，在导航菜单左侧已经看不见公司名称了。同时导航菜单整体向左移动了。从视觉上，把导航菜单放到页面中间会更漂亮。导航菜单是使用 ul.navbar-nav.mr-auto 元素创建的。

⑬ 在【CSS 设计器】中，选择 favorite-styles.css。在【选择器】窗格中，选择 .bg-dark 规则，创建如下选择器：

ul.navbar-nav

⑭ 在新规则中，添加如下属性，如图 10-22 所示。

margin: 0 auto;

图 10-22

此时，导航菜单出现在页面中间。

到这里，我们就在模板中创建好了链接以及做出了修改。使用模板的目标就是方便更新站点中的页面。

10.3.3　更新子页面中的链接

只要保存一下修改后的模板文件，所有子页面中的链接就会随着更新。

❶ 从菜单栏中，依次选择【文件】>【保存】，弹出【更新模板文件】对话框。您可以选择现在更新页面，也可以以后更新，甚至选择手动更新模板文件。

❷ 单击【更新】按钮，如图 10-23 所示。

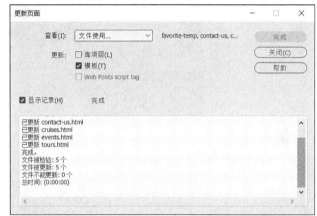

图 10-23

Dreamweaver 更新所有基于这个模板的子页面。在弹出的【更新页面】对话框中，列出所有更新过的页面。若未显示更新页面列表，请在对话框中勾选【显示记录】复选框。

❸ 关闭【更新页面】对话框。关闭 favorite-temp.dwt 模板文件，如图 10-24 所示。

Dreamweaver 提示您保存 favorite-styles.css 文件。

图 10-24

> ♀注意　关闭模板或网页时，Dreamweaver 会询问您是否把更改保存到 favorite-styles.css 中。当遇到这些询问时，一定选择保存更改，否则您新创建的所有 CSS 规则和属性都会丢失。

❹ 单击【是】按钮，结果如图 10-25 所示。

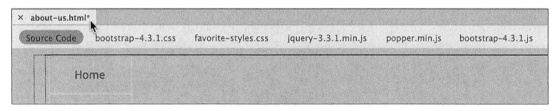

图 10-25

当前，about-us.html 页面仍处于打开状态，其名称旁边有一个星号，表示这个网页已经改动过，但尚未保存更改。

⑤ 保存 about-us.html 页面。

虽然在【实时视图】下我们可以很方便地预览 HTML 内容和样式，但相比之下，在真实的浏览器中预览效果会更好一些。Dreamweaver 提供了一种简便的方法，帮助我们在自己喜欢的浏览器中浏览页面。

⑥ 在选项卡栏中，右击 about-us.html，从弹出菜单中，选择【在浏览器中打开】，从中选择您喜欢的浏览器，打开 about-us.html 页面，如图 10-26 所示。

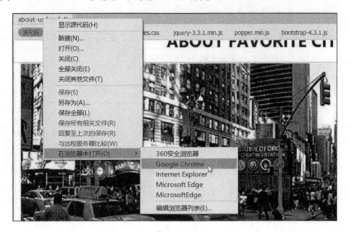

图 10-26

⑦ 在浏览器打开的页面中，分别把鼠标指针移动到 Home 和 Tours 菜单上。

在浏览器左下角的状态栏中，可以看到菜单链接指向的页面。保存模板时，Dreamweaver 会更新页面中的锁定区域，并向导航菜单中添加超链接。更新期间处于关闭状态的子页面也会自动得到保存。而对于处于打开状态的页面，我们手动保存才行，否则模板中的更改就得不到应用。

⑧ 单击 Contact Us 链接，如图 10-27 所示。

图 10-27

此时，浏览器加载 Contact Us 页面，替换掉 About Us 页面。

> **注意** 在您的浏览器中，可能需要先做一些设置，才能显示出目标 URL。

> **提示** 把网页上传到 Web 服务器之前，一定要全面测试网页中的所有链接。

⑨ 单击 About Us 链接。

此时，浏览器加载 About Us 页面，替换掉 Contact Us 页面。这表明，链接也会被添加到当时没有打开的网页中。

> **注意** 若一个页面在浏览器中处于打开状态，当您修改并保存了这个网页之后，必须在浏览器中重新加载这个页面，您做的修改才能在页面中体现出来。

⑩ 关闭浏览器。

到这里，我们学习了使用【属性】面板创建超链接的 3 种方法：第一种是在【链接】字段中手动输入链接目标；第二种是使用【浏览文件】选择链接目标；第三种是使用【指向文件】指定链接目标。

10.4 创建站外链接

前面我们创建链接时，链接指向的页面都保存在当前网站中。其实，我们还可以让链接指向网络中的任意一个页面或资源，前提是我们要知道目标页面或资源的 URL。

在【实时视图】下创建绝对链接

前面内容中，我们在【设计】视图下创建了所有链接。在创建页面和格式化内容时，我们还经常使用【实时视图】来预览元素的样式与外观。有些创建内容和编辑内容的操作无法在【实时视图】下展开，但是在【实时视图】下创建和编辑超链接完全没问题。接下来，我们就在【实时视图】下为某些文本添加站外链接。

① 打开 contact-us.html 页面，进入【实时视图】下。确保文档窗口宽度不低于 1200 像素。

首先，我们往页面中添加一些文本。

② 在【文件】面板中，双击 lesson10/resources 文件夹中的 contact-link.txt 文件，将其打开。

③ 选择并复制 contact-link.txt 文件中的所有文本。

④ 返回到 contact-us.html 页面中。把光标放入以 A company is only as good as its people…开始的段落中。

⑤ 在标签选择器栏中，选择 p 标签选择器。

⑥ 从菜单栏中，依次选择【插入】>【HTML】>【段落】，如图 10-28 所示。

此时，弹出定位辅助面板。

⑦ 单击【之后】，如图 10-29 所示。

此时，Dreamweaver 在页面中插入一个段落元素，里面包含占位文本。

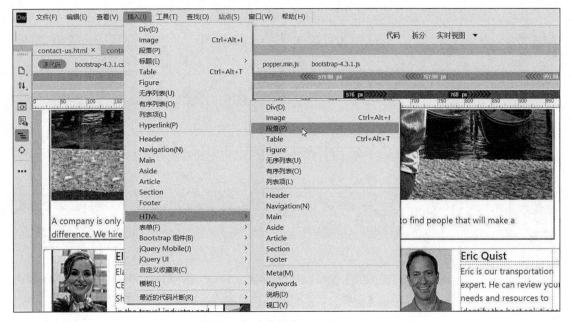

图 10-28

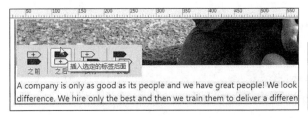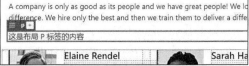

图 10-29

❽ 选择占位文本，粘贴第 3 步中复制的文本，如图 10-30 所示。

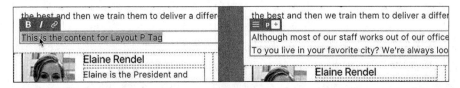

图 10-30

这样，我们需要的文本段落就添加好了。

❾ 在新添加的文本段落中，有一个单词 Meredien。接下来，我们会链接到 Google 地图网站。

❿ 打开您常用的浏览器，在地址栏中，输入网址，然后按 Enter 键或 Return 键。

ℚ 提示 这里，您可以使用任意一个搜索引擎或基于 Web 的地图程序。

此时，浏览器窗口中显示出 Goolge 地图。

ℚ 注意 （1）某些浏览器中，您可以直接在 URL 中输入搜索词。
（2）这里，我们把 Adobe 总部驻地作为 Meredien 这座虚拟城市的地址。当然，您也可以选择其他地址，或者输入其他搜索词。

⓫ 在搜索框中，输入 San Jose,CA，按 Enter 键或 Return 键。

此时，San Jose 出现在浏览器中的一幅地图上。在 Google 地图中，有一个设置或分享图标。

⓬ 在地图程序中，打开分享或设置界面。

> 💡 **注意** 不同浏览器和搜索引擎中分享地图链接的实现技术不一样，而且会随着时间发生变化。

在您使用的搜索引擎和浏览器中，"分享链接"和"嵌入链接"的界面可能和这里不太一样。Google 地图、MapQuest 和 Bing 至少提供两个独立的代码片段：一个在超链接使用，另一个用来生成可嵌入网站中的地图。

> 💡 **注意** 分享链接中包含地图完整的 URL，它是一个绝对链接。使用绝对链接的好处是，您可以把它们复制粘贴到网站中的任意位置，同时不用担心链接是否能够得到正确解析。

⓭ 复制链接。

⓮ 返回到 Dreamweaver 中，进入【实时视图】下，选择单词 Meredien。

在【实时视图】下，您可以选择整个元素或者把光标插入元素中来编辑、添加文本或应用超链接。当选择一个元素或一部分文本时，就会弹出【文本工具栏】。借助【文本工具栏】，您可以向所选文本添加 <strong> 或 <em> 标签，或者应用超链接。

⓯ 在【文本工具栏】中，单击超链接图标（🔗），按 Ctrl+V 或 Cmd+V 组合键，在链接字段中粘贴前面复制的地址。然后，按 Enter 键或 Return 键，添加好链接，如图 10-31 所示。

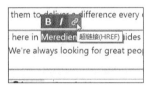  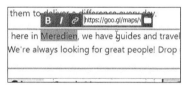

图 10-31

此时，所选文本（Meredien）呈现出超链接的默认样式。

> 💡 **提示** 在【实时视图】下，可双击选择文本。

⓰ 保存页面，并在默认浏览器中预览。

测试刚刚添加的超链接。

单击链接文本后，若您的计算机能够正常上网，浏览器会打开 Goolge 地图页面。但这里面有一个问题，那就是浏览器是在当前窗口中打开的 Google 地图，并没有在一个新窗口中打开 Google 地图。为了让浏览器在一个新窗口中打开 Google 地图，我们需要给 a 元素添加一个简单的 HTML 属性。

⓱ 返回到 Dreamweaver 中。在【实时视图】下，单击 Meredien 链接。

此时，【元素显示框】中显示的是 a 元素。在【属性】面板的【链接】字段中显示着链接目标。

⓲ 在【属性】面板中，从【目标】下拉菜单中，选择 _blank，如图 10-32 所示。

在【目标】下拉菜单中还有其他选项。

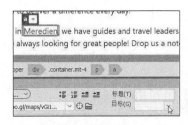

图 10-32

> **提示** 建议您了解一下【目标】下拉菜单中的其他选项。在【属性】面板中，您能设置a元素的target（目标）属性。

⑲ 再次保存页面，并在默认浏览器中浏览页面。测试文本链接。

此时，单击文本链接时，浏览器会打开一个新窗口或选项卡来显示地图。

⑳ 关闭浏览器窗口，返回到 Dreamweaver 中。

如您所见，在 Dreamweaver 中，我们可以很轻松地创建站内链接和站外链接。

a 元素的 target 属性

a 元素的 target 属性用来指定如何打开指定的页面或资源，有 6 种方式。

· 默认：默认不会添加 target 属性。超链接的默认行为是在同一个窗口或选项卡中加载页面或资源。

· _blank：在一个新窗口或选项卡中加载页面或资源。

· new：它是一个 HTML5 值，在一个新窗口或选项卡中加载页面或资源。

· _parent：在链接所在框架的父框架或父窗口中加载链接的页面。若链接所在框架没有嵌套，则在整个浏览器窗口中加载链接页面。

· _self：在与链接相同的框架或窗口中加载链接文档。这是默认的行为，一般不需要明确指定。

· _top：在整个浏览器窗口中加载链接的页面，同时移除所有框架。

上面有几种打开方式是为方便使用框架集而设计的，现在都已经过时了。现在，我们唯一需要考虑的是：新页面或资源是否需要在新窗口中替换现有内容或进行加载。

10.5　创建电子邮件链接

电子邮件链接是另外一种类型的链接，当访客单击它时，它不是把访客带到另外一个页面，而是打开访客计算机中的电子邮件程序。通过单击电子邮件链接，访客能够轻松编写发给我们的邮件。借助这些邮件，我们就可以收集访客的反馈、产品订单等重要信息，甚至跟他们进行沟通交流。电子邮件链接的代码与普通超链接有点儿不一样，Dreamweaver 能够自动为我们生成正确的代码。

❶ 打开 contact-us.html 页面，进入【设计】视图下。

❷ 选择第二段文本（位于标题 CONTACT FAVORITE CITY TOUR 之下）中的电子邮件地址（info@favoritecitytour.com）。

❸ 从菜单栏中，依次选择【插入】>【HTML】>【电子邮件链接】。

提示 虽然您可以在【实时视图】下访问到【电子邮件链接】菜单，但是它无法正常工作。建议您在【设计】视图或【代码】视图下插入电子邮件链接，也可以在任意视图下手动创建电子邮件链接。

此时，Dreamweaver 打开【电子邮件链接】对话框，同时自动把您在第 2 步中选择的文本（电子邮件地址）填入【文本】和【电子邮件】字段中，如图 10-33 所示。

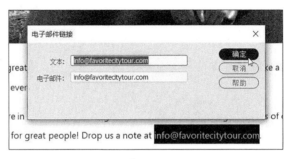

图 10-33

❹ 单击【确定】按钮。在【属性】面板中，检查【链接】字段中的内容，如图 10-34 所示。

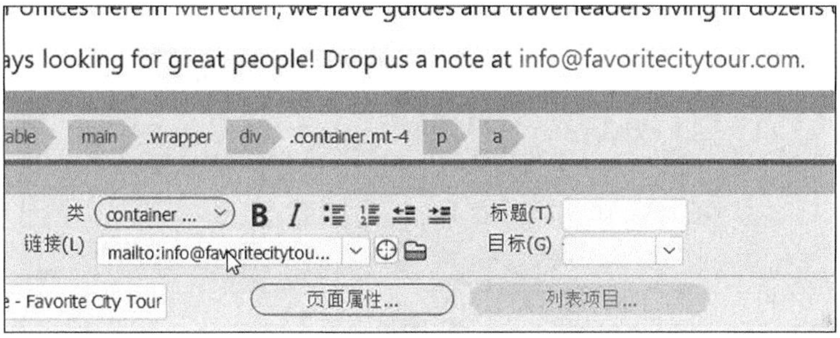

图 10-34

提示 先选择文本再打开【电子邮件链接】对话框后，Dreamweaver 会自动把您选择的文本添加到相应的字段中。

Dreamweaver 把我们选择的电子邮件地址填入【链接】字段中，同时在其前面加上“mailto:”字样，告知浏览器当用户单击该链接时自动启动访客计算机中的默认电子邮件程序。

❺ 保存当前页面，在默认浏览器中打开它，测试电子邮件链接，如图 10-35 所示。

如果您的计算机中安装了默认电子邮件程序，浏览器会启动电子邮件程序，并使用您单击的电子邮件地址作为收件人打开电子邮件编写界面。如果您的计算机中没有安装默认的电子邮件程序，计算机操作系统会请求您安装。

❻ 关闭电子邮件程序、相关对话框，以及向导。返回到 Dreamweaver 中。

当然，我们还可以手动创建电子邮件链接。

❼ 选择并复制 Elaine 介绍中的电子邮件地址。

❽ 在【属性】面板的【链接】字段中，输入 mailto:，然后把第 7 步中复制的电子邮件地址粘贴到冒号之后。按 Enter 键或 Return 键，使修改生效，如图 10-36 所示。

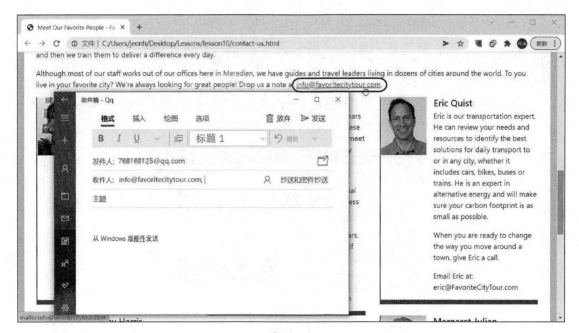

图 10-35

图 10-36

在【实时视图】下，文本 mailto:elaine@favoritecitytour.com 出现在文本工具栏中超链接图标右侧的字段中。

> ♀注意　在 "mailto:" 之后添加电子邮件地址时，请务必确保冒号和电子邮件地址之间没有空格。

❾ 保存当前页面。

前面我们学习了如何向文本内容添加链接，其实我们还可以向图像添加链接，接下来，我们一起看看如何做。

10.6　创建图像链接

图像链接与其他超链接工作原理类似，它也可以把访客引导至站内或站外资源。创建图像链接时，您可以在【设计】视图或【代码】视图下使用【插入】菜单，也可以在【实时视图】下使用【元素显示框】。

10.6.1 使用【元素显示框】创建图像链接

下面我们使用【元素显示框】为 Favorite City Tour 公司每位员工的头像分别添加一个电子邮件地址链接。

❶ 打开 contact-us.html 页面，进入【实时视图】下。确保文档窗口宽度不低于 1200 像素。

❷ 在卡片区域中，选择 Elaine 的头像。

此时，【元素显示框】中显示的是 img 元素，图像超链接隐藏在快捷属性面板中。

❸ 在【元素显示框】中，单击左侧的【编辑 HTML 属性】图标（▤）。

此时，打开快捷属性面板，里面显示着图像的各个属性，比如 src、alt、link、width、height 等。

❹ 在【link】字段中单击，若前面复制的电子邮件地址还在剪贴板中，请输入 mailto:，然后粘贴电子邮件地址。若不在了，请直接在【link】字段中输入 mailto:elaine@favoritecitytour. com，按 Enter 键或 Return 键，再按 Esc 键，关闭快捷属性面板，如图 10-37 所示。

图 10-37

> **💡 注意** 以前，带超链接的图像默认会有一个蓝色边框。但在 HTML5 中，已经弃用了这个样式。

单击添加了电子邮件链接的图像时，浏览器也会启动访客计算机中的默认电子邮件程序，这与单击添加了电子邮件链接的文本一样。

❺ 选择并复制 Sarah 的电子邮件地址。

重复步骤 2 ～ 4，为 Sarah 头像添加电子邮件链接。

❻ 使用相同方法，为其他员工头像添加相应的电子邮件链接。

❼ 在浏览器中打开页面，测试每个链接。

到这里，contact-us.html 页面中所有图像链接就添加好了。其实，我们还可以使用【文本工具栏】为文本添加电子邮件链接。

10.6.2 使用【文本工具栏】为文本添加电子邮件链接

接下来，我们使用【文本工具栏】为各个员工的邮件地址文本添加电子邮件链接。

❶ 打开 contact-us.html 页面，进入【实时视图】下。确保文档窗口宽度不低于 1200 像素。

❷ 选择并复制 Sarah 的电子邮件地址。

❸ 双击以编辑包含 Sarah 电子邮件地址的文本段落，选择 Sarah 的电子邮件地址文本。

此时，在所选文本上方出现【文本工具栏】。

❹ 在【文本工具栏】中，单击【超链接】图标。

此时，出现链接输入框，最右侧还有一个文件夹图标（【浏览文件】）。若链接目标是站点内某个文件，您可以单击文件夹图标，然后在【选择文件】对话框中找到目标链接文件。这里，我们要添加的是一个电子邮件链接。

❺ 把光标放入链接输入框中，输入 mailto:，再在冒号后面粘贴上 Sarah 的电子邮件地址，然后按 Enter 键或 Return 键，如图 10-38 所示。

图 10-38

❻ 使用【文本工具栏】，为页面中的其他电子邮件地址分别添加好电子邮件链接，如图 10-39 所示。

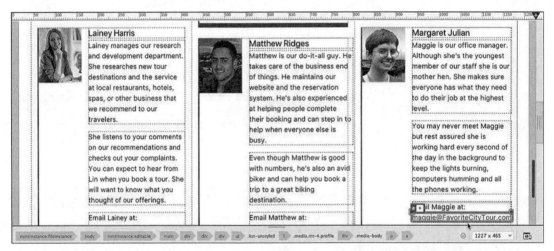

图 10-39

添加好电子邮件链接之后，您会发现 Matthew 的电子邮件地址超出列边界。

一般情况下，当文本超出列边界时，它会折返到下一行。但是电子邮件地址是个例外，它会被视作一个长单词，超出边界时不会换行，而且也没有连字符或切实可行的办法可以把电子邮件地址拆分开。解决这个问题的最好方法是，向电子邮件地址应用一个特殊的 CSS 样式。

❼ 把光标插入 Maggie 的电子邮件地址中。

在标签选择器栏中，选择 a 标签选择器。

此时，【元素显示框】中显示的是包含 Maggie 电子邮件地址的 a 元素。

❽ 在【CSS 设计器】中，单击【全部】按钮。

❾ 在【源】窗格中，选择 favorite-styles.css。然后，在【选择器】窗格中，单击【添加选择器】图标（ + ）。

此时，在【选择器】窗格中，新出现一个选择器 .media-body p a。这个选择器只针对列表内容区域中的链接起作用。由于人物介绍中不再包含其他文本链接，所以这个选择器能够按预期发挥作用。

❿ 按 Enter 键或 Return 键，创建好选择器 .media-body p a。

向 .media-body p a 规则中添加如下属性，如图 10-40 所示。

```
font-size: 90%
```

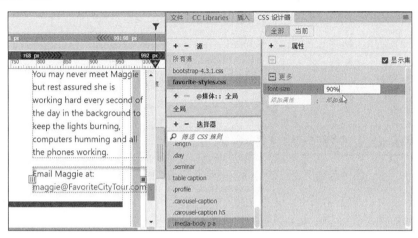

图 10-40

此时，所有电子邮件地址的字号变小。Matthew 的电子邮件地址也不再超出列边界。这个样式应该能暂时解决间距问题。

⓫ 保存并关闭所有文件。

电子邮件攻击

在页面中添加电子邮件链接大大方便了客户或访客与您及员工进行沟通交流，这个做法表面上看很美好，但其实是一把"双刃剑"。互联网上充斥着大量不法分子和无良公司，他们经常使用一些智能程序或机器人搜索真实的电子邮件地址（或其他个人信息），然后发送大量垃圾邮件攻击它们。像上面那样，把普通电子邮件地址直接放在页面上无异于"引狼入室"。

为了防止垃圾邮件攻击，各个网站使用了各种各样的方法来显示电子邮件地址。比如，有些使用图像来显示电子邮件地址，这是因为目前大多数攻击机器人还不认识以像素形式存储的数据；还有些网站会取消超链接属性，并在电子邮件地址之间添加多余的空格，如下：

elaine @ favoritecitytour.com

不过，上面两种方法都会给真正的访客带来不便。他们给您发邮件时，均无法直接通过复制粘贴方式来填写您的电子邮件地址，他们必须手动移除电子邮件地址中多余的空格，或者自己动手输入您的电子邮件地址。不管是哪种情况，这些麻烦的操作都会大大降低他们给您发电子邮件的意愿。

目前，还没有一个万全之策可以百分百地阻止不法分子使用电子邮件干坏事。再者，现在在自己的计算机中安装电子邮件程序的访客越来越少了。为了方便访客给我们发电子邮件，最好的办法是在页面中嵌入一个邮件表单，当用户在内容输入区域中输入相关内容后，只要按一下发送按钮，这些内容就会自动发送给您。

10.7　把页面元素指定为链接目标

制作网页时，随着添加的内容越来越多，网页变得越来越长，在页面不同部分之间导航的难度也在增加。通常，单击指向某个页面的链接时，浏览器窗口会加载目标页面，并先显示页面顶部。为了方便访客浏览长长的页面，我们最好在页面中提供一些导航方法，以帮助访客快速跳到页面对应的区域，这些导航方法对于浏览页面中那些距离页面顶部很远的内容十分有帮助。

HTML 4.01 提供了两种方法把页面中特定的内容或结构指定为链接目标，一种是命名锚（named anchor），另一种是 id 属性。在 HTML5 中，已经弃用了命名锚这种方法，提倡大家使用 id 属性。如果您的网站中已经使用了命名锚，也不必担心，它们不会立马被取消。不过，从现在开始，建议大家只使用 id 属性这一种方法。

10.7.1　使用 id 属性指定页内链接目标

下面我们使用 id 属性创建页内链接目标。您可以在【实时视图】、【设计】视图、【代码】视图下添加这些 id。

❶ 打开 events.html 页面，进入【实时视图】下。确保文档窗口宽度不低于 1200 像素。

❷ 向下滚动页面，找到包含研讨会日程表的表格。

当访客向下滚动页面时，导航菜单就会往上移动，并最终消失不见。越是往下滚动页面，离页面顶部的导航菜单越远。如果想再次显示出导航栏，就必须向上拖动窗口右侧的滚动条或者向上滚动鼠标滚轮。

以前制作页面过程中，遇到这种情况时，一般都会在页面中添加一个链接，把访客带回到页面顶部，以此提高网站访问体验。这种类型的链接就叫"页内目标链接"。现在，大多数网站采用了一种更简单的方法，那就是直接把导航菜单固定在屏幕顶部。这样，不论您如何滚动页面，总能看见并使用导航菜单。这两种方法接下来我们都会学习，首先我们学习如何创建页内目标链接。

页内目标链接包含两部分：链接本身与链接目标。这两部分中，先创建哪一个无关紧要。

❸ 在 2021 SEMINAR SCHEDULE 表格中单击，然后在标签选择器栏中，选择包含表格的 section 标签选择器，如图 10-41 所示。

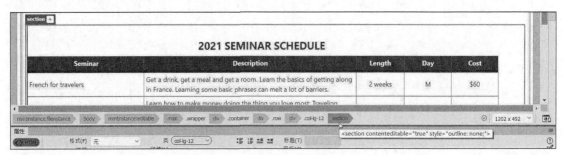

图 10-41

此时，【元素显示框】中显示的是 section 元素。

❹ 打开【插入】面板，在 HTML 类别下，选择【段落】，弹出【定位辅助】面板。

❺ 单击【之前】，如图 10-42 所示。

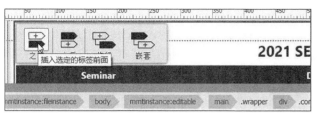

图 10-42

此时，在所选元素上方出现一个段落元素，里面包含着占位文本"这是布局 P 标签的内容"。

❻ 选择占位文本，输入 Return to top，将其替换掉，如图 10-43 所示。

图 10-43

我们输入的文本被包裹在 p 元素中，且位于两个表格之间。为了显示漂亮美观，我们希望把文本居中对齐。Bootstrap 有一条已经定义好的规则，用来居中对齐文本，前面我们已经多次应用到内容区域的标题上。

❼ 在 p 元素的【元素显示框】上，单击【添加类/ID】图标（⊞）。

❽ 在输入框中，输入 .text-center，按 Enter 键或 Return 键，或者从提示菜单中，选择 .text-center，如图 10-44 所示。

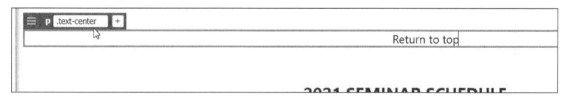

图 10-44

此时，文本 Return to top 居中对齐到页面中间。当前，标签选择器栏中显示的是 p.text-center。

❾ 选择文本 Return to top 所在的 p 元素，单击【编辑 HTML 属性】图标（▤），在【链接】字段中，输入 #top，然后按 Enter 键或 Return 键，如图 10-45 所示。

图 10-45

添加好 #top 后，我们就创建了一个指向当前页面顶部的链接。#top 是 HTML5 默认提供的一个链接目标。当您使用 # 或 #top 作为链接目标时，浏览器会自动认为您希望跳到页面顶部，不需要您再添加其他代码。

⑩ 保存所有文件。

⑪ 在浏览器中打开 events.html 页面。

⑫ 向下滚动到 Seminar 表格，单击 Return to top 链接，浏览器会自动跳到页面顶部。您可以复制 Return to top 链接，把它粘贴到您希望拥有这个功能的任意一个网页中。

⑬ 返回到 Dreamweaver 中。

单击文本 Return to top，选择包含链接的 p 标签选择器，按 Ctrl+C 或 Cmd+C 组合键，复制 p 元素及其链接。

⑭ 把光标插入 Seminar 表格中，选择 section 标签选择器，按 Ctrl+V 或 Cmd+V 组合键粘贴，如图 10-46 所示。

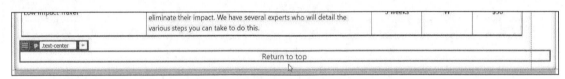

图 10-46

此时，一个新 p 元素和链接出现在页面底部。

⑮ 保存页面，然后在浏览器中打开。测试两个 Return to top 链接。

经过测试，单击两个链接都能顺利跳到页面顶部。接下来，我们学习如何使用 id 属性指定链接目标。

10.7.2　在【元素显示框】中指定链接目标

过去，我们一般会在代码中单独插入一个元素（命名锚）来指定链接目标。但在 HTML5 中，我们一般都是使用 id 属性来指定链接目标。指定链接目标时，大多数情况下，我们都不需要单独添加一个元素，只需要给链接目标添加一个 id 属性即可。

接下来，我们使用【元素显示框】给表格添加 id 属性，将其指定为链接目标。

❶ 打开 events.html 页面，进入【实时视图】下。确保文档窗口宽度不低于 1200 像素。

❷ 单击 2021 International Festivals Schedule 表格，在标签选择器栏中，选择 section 标签选择器。

此时，【元素显示框】和【属性】面板中把 section 元素（包含 Events 表格）的属性显示出来。向 section 元素添加 id 属性的方法有多种。

> ♀提示　事实上，创建超链接时，我们可以把链接目标指定为任意一个拥有 id 属性的元素。这里，我们使用 id 属性把链接目标指定为 section 元素，而非 table 元素。

❸ 在【元素显示框】中，单击【添加类 /ID】图标，输入 #。

若样式表中存在已经定义好但尚未在页面中使用的 id，就会弹出一个提示列表。当前未弹出提示列表，表明不存在尚未使用的 id。接下来，我们新建一个 id。

❹ 输入 festivals，然后按 Enter 键或 Return 键，如图 10-47 所示。

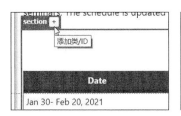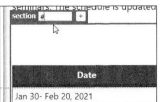

图 10-47

此时，弹出【选择源】对话框。这里，我们并不需要把 id 添加到任何一个样式表中。

> ♀ **注意** 在向某个元素添加 id 时，必须确保 id 的名称值在整个页面中是唯一的，而且 id 名称值是区分大小写的，小心输入错误。

⑤ 按 Esc 键，关闭对话框。

此时，标签选择器栏中显示出 #festivals，并且没有在样式表中创建任何项。由于 id 名称值是唯一的，所以很适合用来为超链接指定页内链接目标。

> ♀ **注意** 这里我们并不需要为 #festivals 创建一个 CSS 选择器。若不小心创建了一个，则您可以在【CSS 设计器】中删除它。

接下来，我们还需要为 Seminars 表格添加一个 id 属性。

⑥ 重复步骤 2 ～ 5，为包含 Seminars 表格的 section 元素添加一个 id 属性（#seminars），如图 10-48 所示。

图 10-48

此时，在 section 标签选择器上出现 #seminars。

> ♀ **注意** 如果您把 id 属性添加到了错误的元素上，不必惊慌，只要删除它，然后重新添加就好。

⑦ 保存所有文件。

到这里，我们为链接目标添加好了 id 属性。接下来，我们学习如何把超链接的目标设置为拥有指定 id 属性值的元素。

10.7.3 使用 id 指定链接目标

前面我们分别向两个表格添加了 id 属性，在超链接中添加相应 id 就可以把访客带到页面相应部分。下面我们在一个网页中分别创建一个能够直接跳转到这两个表格的超链接。

① 打开 contact-us.html 页面，进入【实时视图】下。确保文档窗口宽度不低于 1200 像素。

② 向下滚动页面，找到介绍 Sarah Harvey 的文字。

③ 在第二段文字中，选择单词 festivals。

> ♀ **提示** 双击某个单词，可以直接将其选中。

④ 在【文本工具栏】中，单击【超链接】图标，输入 events.html，创建一个指向 events.html 页面的文本超链接。

单击这个链接，浏览器会打开 events.html 页面。但这还不够，我们希望浏览器直接把我们带到 events.html 页面中的 Festivals 表格处。

⑤ 在刚刚输入的 events.html 之后，紧跟着输入 #festivals，然后按 Enter 键或 Return 键，如图 10-49 所示。

💡注意 超链接中不能有空格，请务必确保网页名之后紧跟着 id 引用。

图 10-49

到这里，我们就为 festivals 这个单词创建好了指向 events.html 页面中 Festivals 表格的超链接。

⑥ 选择单词 seminars，在【文本工具栏】的超链接中，输入 events.html#seminars，按 Enter 键或 Return 键，创建一个指向 events.html 页面中 Seminars 表格的链接，如图 10-50 所示。

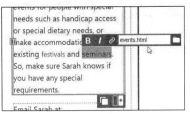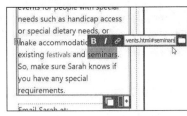

图 10-50

⑦ 保存页面，在浏览器中打开页面，测试指向 Festivals 与 Seminars 两个表格的链接。

单击页面中的这两个链接，它们会把您带到 Events 页面，并跳到相应的表格处。上面我们学习了各种创建站内站外链接的方法。接下来，我们学习如何把某个元素固定在屏幕上。

10.8 把某个元素固定在屏幕上

滚动页面时，大多数页面元素都会随着页面一起移动。这是 HTML 的默认行为。但有时候，我们希望把某个页面元素"冻结"起来，使其固定在屏幕上，比如导航菜单。把导航菜单固定在屏幕上之后，无论您如何滚动页面，它会始终显示在屏幕上，方便访客随时使用里面的菜单。

前面制作的页面都是基于模板创建的，其中的导航菜单都不可编辑。需要修改导航菜单时，我们必须在模板中修改才行。

❶ 打开 favorite-temp.dwt，进入【实时视图】下。确保文档窗口宽度不低于 1200 像素。

导航菜单位于页面顶部，而且随着页面滚动而滚动。

在【实时视图】下，页面非编辑区域中的元素不太好编辑，这是【Dreamweaver】的一个 Bug。大多数情况下，我们无法直接在文档窗口中选择多个元素。但是，我们可以在【DOM】面板中轻而易举地做到。

❷ 从菜单栏中，依次选择【窗口】>【DOM】，打开【DOM】面板，在其中找到 nav 元素。

当前，nav 元素上已经添加了多个 Bootstrap 类。接下来，我们还得为其添加一个。

❸ 双击添加到 nav 元素上的类。

❹ 把光标移动到类的最末端，按空格键，插入一个空格，然后输入 .fixed-。

此时，弹出一个提示菜单，随着您的输入，提示菜单会列出一系列已经定义好且与您的输入相匹配的类。其中，.fixed-bottom 类用来把导航菜单固定到浏览器窗口底部；.fixed-top 类用来把导航菜单固定到浏览器窗口顶部。

❺ 选择 .fixed-top 类，按 Enter 键或 Return 键，将其添加到 nav 元素上，如图 10-51 所示。

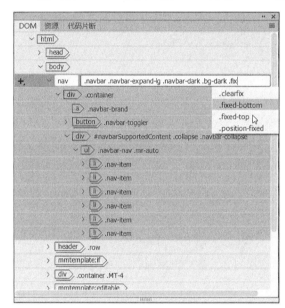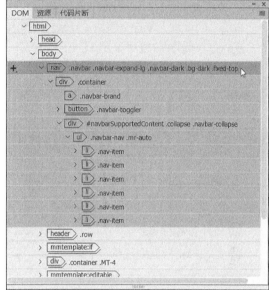

图 10-51

添加好 .fixed-top 类之后，header 元素移动到导航菜单之下。在【实时视图】下，向下滚动页面时，导航菜单始终位于窗口顶部，在真实的浏览器中也是一样。

这个效果与我们想要的已经很接近了，但是还得做一些调整。虽然导航菜单固定在了屏幕顶部，但是它遮住了一部分页头，我们得解决这个问题。添加 .fixed-top 这个 Bootstrap 类之后，导航菜单会脱离整个文档，成为一个独立的对象，"漂浮"在其他元素之上。

为了恢复页面原来的设计，我们必须在 header 元素之上添加一些间距，把页头往下移动。要想把页头完整地移动到导航菜单之下，我们必须在 header 规则中添加上外边距。

❻ 在 header 规则中添加如下属性，如图 10-52 所示。

```
margin-top: 2.6em;
```

> ♀提示　设置菜单和其他控件的尺寸时，使用 em 这个单位可确保访客在使用较大字号浏览页面时网页结构能做出更好的调整，这是因为 em 是基于字体大小的。

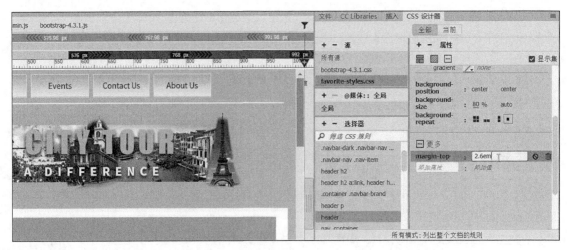

图 10-52

此时，header 元素往下移动了一些，其中内容也完整地显示了出来。

❼ 保存并更新所有文件。

到这里，整个导航菜单就差不多调好了。但是，它的某些样式有些不太对。接下来，我们调整一下导航菜单的颜色，使其与站点的整体颜色更协调。

10.9　设置导航菜单样式

仔细观察导航菜单，您会发现它的样式有一些问题，尤其是在和菜单项交互时，您会明显地察觉到这一点。

❶ 打开 favorite-temp.dwt，进入【实时视图】下。确保文档窗口宽度不低于 1200 像素。

❷ 把鼠标指针放到任意一个菜单项上，观察其样式行为，然后移动到另外一个菜单项上，观察有什么变化，如图 10-53 所示。

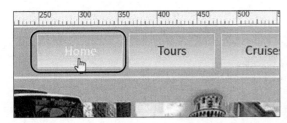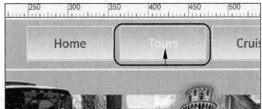

图 10-53

当把鼠标指针置于某个菜单项之上时，文本颜色从蓝色变成白色。这是由伪类 :hover 指定的。但我们并没有为 :hover 行为创建任何样式，您可以把它看作 Bootstrap 框架的一部分。

第 6 课中，我们定义了一些规则覆盖掉了导航菜单的默认样式。其中有两个样式专门控制菜单项和按钮。为了全面调整样式，我们必须新建两个规则，最简单的创建办法就是直接复制两个现有规则。

❸ 在【CSS 设计器】中，单击【全部】按钮。在【源】窗格中，选择 favorite-styles.css。

④ 选择规则 .navbar-dark .navbar-nav .nav-link，检查规则的属性。

这条规则用来设置文本字体与颜色。当前 :hover 样式把文本颜色变成白色，降低了文本可读性。接下来，我们把它改成黑色。

⑤ 右击规则 .navbar-dark .navbar-nav .nav-link。

⑥ 从弹出菜单中，选择【直接复制】。

此时，Dreamweaver 创建出一条一模一样的规则，且当前选择器处于可编辑状态。

⑦ 在类 .nav-link 之后单击，输入 :hover，按 Enter 键或 Return 键，如图 10-54 所示。

> ♀ **注意** 添加伪类时，请直接将其添加到类 .nav-link 之后，中间不要加空格。

图 10-54

此时，新规则控制的是链接文本的 :hover 状态。

⑧ 把颜色属性修改为 color:#000。然后，选择 font-family:Source Sans Pro，单击【删除CSS属性】图标（🗑），将其删除，如图 10-55 所示。

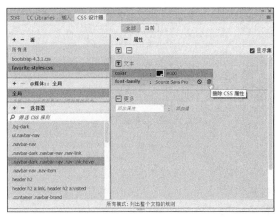

图 10-55

创建伪类时，只需要声明从一个状态变为下一个状态的属性。因此，不需要保留 font-family 属性。

⑨ 把鼠标指针放到任意一个菜单项上，然后移动到下一个菜单项。

此时，链接文本从蓝色变为黑色。这看起来漂亮多了，但是还可以更具"戏剧性"一点儿。接下来，我们改变背景属性进一步增强 :hover 效果。

⓾ 在击规则 .navbar-nav .nav-item，从弹出菜单中，选择【直接复制】，如图 10-56 所示。

编辑选择器如下。

```
.navbar-nav .nav-item:hover
```

图 10-56

原规则用来为按钮设置样式。其中一个属性用来为背景设置渐变色。反转渐变方向有助于产生戏剧性的效果。首先，删除所有多余的属性。

⓫ 在新规则中，删除 width、margin、text-align、border 几个属性，如图 10-57 所示。

图 10-57

只保留 background-image 属性。

⓬ 在【属性】窗格中，单击【设置背景图像渐变】。

⓭ 把角度更改为 0，按 Enter 键或 Return 键，使更改生效，如图 10-58 所示。

⓮ 把鼠标指针放到某个菜单项上，如图 10-59 所示。

此时，背景渐变颜色发生反转，文本显示为黑色。这个效果大大增强了菜单项的交互性。

在保存模板并更新所有页面之前，我们还得向页面中添加一种新型链接：电话号码链接。

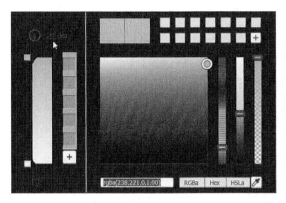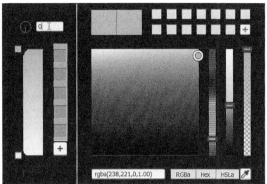

图 10-58

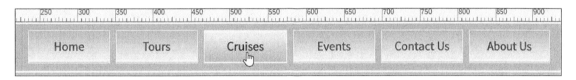

图 10-59

10.10　添加电话号码链接

智能手机问世之前，单击页面中的电话号码来拨打电话是一件不可想象的事。当今，每天有数以亿计的人使用智能手机上网。如果您希望客户拨打电话跟您洽淡业务，那就最好在页面中添加电话号码链接。

接下来，我们就学习如何在页面中添加电话号码链接。

❶ 在模板文件中，向下滚动到页面底部，如图 10-60 所示。

图 10-60

在 footer 元素的地址区块中有公司电话号码。

有些手机很智能，能够自动识别出电话号码。在页面中为电话号码添加好链接之后，在手机上点击它，即可拨打电话。当前文档是一个模板文件，在【实时视图】下您可能无法选择电话号码，也无法为其添加链接。

❷ 切换到【设计】视图下，选择电话号码。

为电话号码添加链接时，去掉所有格式字符，准确输入拨号号码，中间不要加连字符、圆括号，而且还要添加上国家和地区代码。

❸ 在【属性】面板的【链接】字段中，输入 tel:14085551212，如图 10-61 所示。

❹ 按 Enter 键或 Return 键。

按 Enter 键或 Return 键之后，您在标签选择器栏中会看到一个 a 元素。到这里，电话号码链接就添加好了。接下来，我们为最后一个电子邮件地址添加链接。

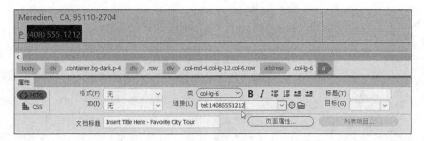

图 10-61

❺ 选择并复制电子邮件地址：info@favoritecitytour.com。

❻ 使用前面学过的任意一种方法，为所选文本添加电子邮件链接 mailto:info@favoritecitytour. com。

❼ 保存模板，更新所有页面，关闭【更新页面】对话框。

❽ 关闭模板，保存更改后的 favorite-styles.css 文件。

前面我们学习了各种创建链接的方法，学习了如何格式化导航菜单的交互行为，还有如何把导航菜单固定在屏幕顶部。学会创建超链接只是第一步，接下来，我们还要学习如何测试它们。

10.11 检查页面

Dreamweaver 能够帮助我们检查某些页面或整个网站，检查网页中是否存在无效 HTML、是否可访问，以及是否有损坏的链接。接下来，我们学习如何检查站点内的链接。

❶ 打开 contact-us.html 页面，进入【实时视图】下。

❷ 从菜单栏中，依次选择【站点】>【站点选项】>【检查站点范围的链接】，如图 10-62 所示。

图 10-62

此时，打开【链接检查器】面板，其中可列出断掉的链接、孤立的文件、外部链接。发布站点之前，使用这个面板可以找出超链接存在的问题。面板中有多项指出到 index.html 页面的链接是断开的，这是因为当前我们还没有创建 index.html 页面。不用担心，第 11 课我们就会创建这个页面，您可以暂时忽略这个错误。

面板中还指出 #top 链接也是断开的。虽然链接能够正常工作，但是由于页面中没有定义这个 id，所以面板将其作为断掉的链接报告了出来。如果您需要考虑那些使用旧浏览器的用户，最好在模板中把 #top 添加到 nav 元素上。

此外，面板还指出到 SVG 图形（定义在 Bootstrap 样式表中）的链接也断掉了。像这样，【链接检查器】面板还可以找出那些指向外部网站和资源的断链。虽然错误数量不少，但它们都不会影响网站的正常运行。我们在第 11 课中制作主页（index.html），届时指向主页的断链就会得到修复。

❸ 关闭【链接检查器】面板。若【链接检查器】面板当前处于停靠状态，请右击【链接检查器】选项卡，然后从弹出菜单中，选择【关闭标签组】。

本课中，我们对页面做了大量修改，学习了很多知识和技术，包括在主导航菜单和文本区域中创建链接，把某个页面元素指定为链接目标，以及为页面中的电子邮件、电话号码添加链接。此外，还学习了如何为图像创建链接，以及如何检查网站中是否有断链。

10.12　自己动手：添加更多链接

首先，打开 events.html 页面，使用前面学过的方法，在表格上方的介绍文字中，为 festivals 和 seminars 两个单词添加链接。

请确保每个单词链接到页面中相应的表格上。您知道如何正确地创建这些链接吗？这个过程中，若遇到任何问题，请查看 lesson10/finished 文件夹中的 events-finished.html 文件来寻求答案。

💡 **注意** 请务必在这些链接中添加上 target="_blank" 属性。

每个页面底部有 3 个链接，其中包含着占位文本 Link Anchor。您必须打开模板文件，编辑一些链接。修改完成后，不要忘记保存模板，并更新所有页面。

10.13　复习题

❶ 请说出在一个页面中插入链接的两种方法。

❷ 创建站外链接需要什么信息?

❸ 普通页面链接和电子邮件链接有什么不同?

❹ 在把某个页面元素指定为链接目标时,应该为其添加什么属性?

❺ 电子邮件链接有什么不足?

❻ 可以为图像添加链接吗?

❼ 如何检查链接是否正常工作?

10.14　答案

❶ 方法一,先选择文本或图形,然后,在【属性】面板中,在【链接】字段右侧,单击【浏览文件】图标,在【选择文件】对话框中,找到待链接的目标页面;方法二,先选择文本或图形,然后,在【属性】面板中,在【链接】字段右侧,拖动【指向文件】图标至【文件】面板中的某个目标文件。

❷ 创建站外链接时,必须在【属性】面板或【文本工具栏】的【链接】字段中输入或复制粘贴完整的网页地址(一个完整的 URL 包括 http:// 或其他协议)。

❸ 单击普通页面链接,浏览器会打开一个新页面,或者跳到页面特定的位置。而单击电子邮件链接时,若访客计算机中安装了电子邮件程序,浏览器会自动启动它,并且打开一个电子邮件编写窗口,把收件人的电子邮件地址填入其中。

❹ 向某个页面元素添加 id 属性后,该元素就可以成为某个链接的目标,请注意 id 名称值在整个页面中必须是唯一的。

❺ 大多数访客不习惯使用,也不会在自己的计算机中安装电子邮件程序。这样,当访客单击电子邮件链接时,它们并不会自动连接到基于互联网的电子邮件服务,这使得电子邮件链接的用处大打折扣。

❻ 可以。您可以给图像添加链接,方法与给文本添加链接一样。

❼ 在 Dreamweaver 中,我们可以使用【链接检查器】面板测试某个页面或整个网站中的所有链接。此外,为了做到万无一失,我们还应该在浏览器中再检查一遍。

发布站点

课程概览

本课主要讲解以下内容。

- 定义远程站点
- 定义测试服务器
- 上传文件
- 遮盖文件和文件夹
- 更新过时链接

学习本课大约需要 **1** 小时

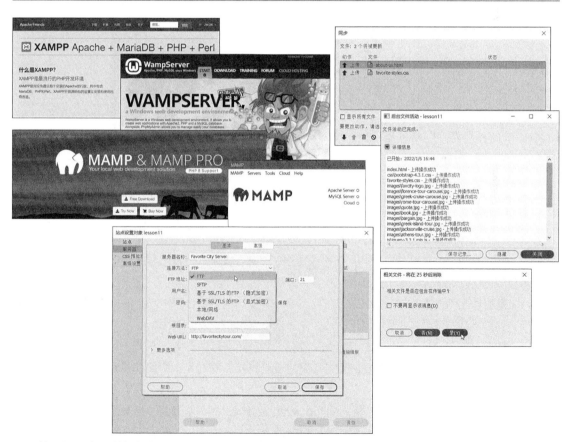

　　前面课程主要讲如何使用 Dreamweaver 为远程站点设计、开发、创建页面。事实上，Dreamweaver 功能不止如此，它还提供了许多上传、维护各种规模站点的强大工具。

11.1　定义远程站点

　　使用 Dreamweaver 创建网站时，涉及两种站点，一种站点是本地站点，它位于您计算机硬盘上的某个文件夹中，前面课程中的所有工作都是在本地站点中进行的；第二种站点是远程站点，它位于 Web 服务器（一般运行在另外一台计算机中）的某个文件夹中，通过互联网向公众开放。在大型公司中，远程站点一般只有本公司员工通过内网才能访问到。这些站点提供信息和服务，支撑着公司的业务和产品。

　　Dreamweaver 提供了好几种连接远程站点的方法，如图 11-1 所示。

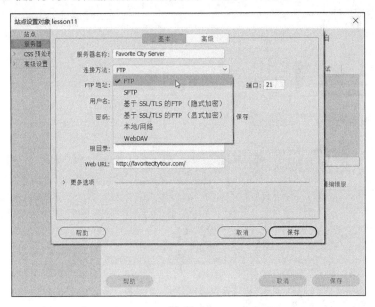

图 11-1

- FTP（文件传输协议）：连接远程站点的标准方法。
- SFTP（安全文件传输协议）：该协议提供了一种更安全的连接远程站点的方法，能够有效地阻止未授权的访问和在线内容的拦截。
- 基于 SSL/TLS 的 FTP（隐式加密）：这是一种安全的 FTP（FTPS）方法，它要求 FTPS 服务器的所有客户端都知道要在会话中使用 SSL，不兼容不感知 FTPS 的客户端。
- 基于 SSL/TLS 的 FTP（显式加密）：这是一种向后兼容的安全 FTP 方法。借助这个方法，感知 FTPS 的客户端能够与感知 FTPS 的服务器建立安全连接，同时又不影响非感知 FTPS 的客户端的正常 FTP 功能。
- 本地 / 网络：本地或网络连接是中间层 Web 服务器（测试服务器）最常用的。测试服务器一般用来在网站正式上线之前做测试。经过测试服务器测试的网站最终会被发布到网络上的某台 Web 服务器上。
- WebDAV（基于 Web 的分布式创作与版本控制）：这个基于 Web 的系统就是 Windows 用户口中的 Web 文件夹，使用 AirDrop 或 Air Sharing 的 macOS 用户对其也不陌生。

现在，Dreamweaver 能够在后台更快、更高效地上传大文件，并允许您以更快的速度返回到工作中。下面内容中，我们会使用两种常用的方法（FTP 与本地 / 网络）来创建远程站点。

创建远程站点

绝大多数网页开发人员都会选择使用 FTP（file transfer protocol，文件传送协议）来发布和维护他们的网站。FTP 是一个成熟的文件传输协议，存在很多变种，其中大部分都受 Dreamweaver 支持。

> ♀ 警告　学习本课内容，需要您先创建好一个远程服务器。这个远程服务器可以托管在您自己的公司中，也可以在第三方提供托管服务的公司中。

❶ 启动 Adobe Dreamweaver 2021。

❷ 从菜单栏中，依次选择【站点】>【管理站点】，或者，在【文件】面板中，从站点列表中，选择【管理站点】，如图 11-2 所示。

图 11-2

【管理站点】对话框中列出了所有已经定义好的站点。

❸ 选择当前站点 lesson11，单击【编辑当前选定的站点】图标（✎），如图 11-3 所示。

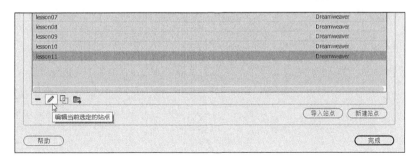

图 11-3

❹ 在站点设置对话框中，单击【服务器】。

在站点设置对话框中，您可以创建多个服务器，方便测试多种安装类型。

❺ 单击【添加新服务器】图标（ + ）。在【服务器名称】中，输入 Favorite City Server，如图 11-4 所示。

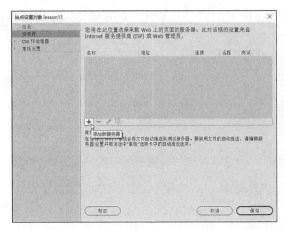

图 11-4

❻ 在【连接方法】中，选择【FTP】，如图 11-5 所示。

> ♀ 注意 请您根据自己选用的服务器选择一种合适的连接方法。

❼ 在【FTP 地址】中，输入您的 FTP 服务器的 URL 或 IP（互联网协议）地址。

如果您选择第三方网站托管服务提供商，他们会给您一个 FTP 地址。这个地址可能是一个 IP 地址，比如 192.168.1.100。总之，他们给您什么，您就原封不动地输入【FTP 地址】中。有时，FTP 地址是您的网站域名，比如 ftp.favoritecitytour.com，输入时请把 ftp 去掉。

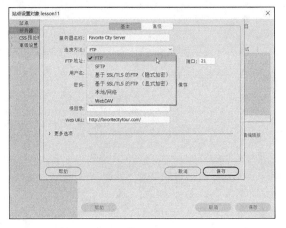

图 11-5

> ♀ 提示 在把一个网站迁移到新的 ISP（因特网服务提供方）时，可能无法使用域名上传文件到新服务器那里。这种情况下，我们一般使用 IP 地址来上传文件。

❽ 在【用户名】中，输入您的 FTP 用户名；在【密码】中，输入您的 FTP 密码，如图 11-6 所示。

图 11-6

用户名有可能区分大小写，而密码几乎总是区分大小写的，输入时请留心这一点。最简单的输入方法是从网站托管公司发来的确认邮件中复制用户名和密码，然后粘贴到相应的字段中。

❾ 在【根目录】中，输入一个文件夹名称。这个文件夹中包含的文档允许公众通过网络访问。

有些网站托管公司提供的 FTP 可以访问到根文件夹，其中不仅包含允许公开访问的文件夹，还可能包含一些非公开的文件夹，比如 cgi-bin 文件夹，它用来存储通用网关接口（common gateway interface，CGI）或二进制脚本。这种情况下，请在【根目录】字段中输入公开文件夹名，比如 httpdocs、public、public_html、www、wwwroot。许多虚拟主机配置中，FTP 地址就是公开文件夹，【根目录】字段留空就行了。

❿ 勾选【保存】复选框。这样，每当 Dreamweaver 连接您的远程站点时，您不需要重新输入用户名和密码。

⓫ 单击【测试】按钮，检查 FTP 连接是否正常工作，如图 11-7 所示。

图 11-7

此时，Dreamweaver 显示一个提示框，告知您连接是否成功。

⓬ 单击【确定】，关闭提示框。

若 Dreamweaver 顺利连上了虚拟主机，请直接跳到第 14 步。若收到一条错误信息，则可能还需要您设置一些 Web 服务器选项。

⓭ 单击【更多选项】左侧的箭头，将其展开，显示出更多服务器选项，如图 11-8 所示。

一般情况下，保持默认设置就好。如果需要修改，请联系您的网站托管公司，听从他们的建议，为您的 FTP 服务器选择合适的选项。

图 11-8

• 使用被动式 FTP：允许您的计算机连接到托管计算机，并绕过防火墙限制。许多虚拟主机需要勾选这个复选框。

• 使用 IPv6 传输模式：开启至 IPv6 服务器的连接，这些服务器会使用最新版本的互联网传输协议。

• 使用代理：启用 Dreamweaver 首选项中设置的二级代理主机连接。

• 使用 FTP 性能优化：优化 FTP 连接。若 Dreamweaver 无法连接到您的服务器，请取消勾选该复选框。

• 使用其他的 FTP 移动方法：提供另外一种解决 FTP 冲突的方法，尤其是在启用回滚或移动文件时。

建立了正常连接之后，您可能还需要配置一些高级选项。

FTP 连接排错

第一次尝试连接远程站点时，结果很可能令人沮丧。您可能会遇到很多问题，其中有些问题令人摸不着头脑。当您遇到连接问题时，请尝试按照如下步骤排查错误。

• 当无法连接到 FTP 服务器时，请仔细检查用户名和密码有无错误，重新输入时一定要加倍小心。输入用户名时，有些服务器会区分大小写，密码一般都是区分大小写的（大部分常见错误都是输入密码时没有区分大小写引起的）。

• 勾选【使用被动式 FTP】复选框，再次测试连接。

• 若仍然无法连接 FTP 服务器，请取消勾选【使用 FTP 性能优化】复选框，再次测试。

• 经过上面这几步操作，若还是无法连接到远程站点，请联系 IS/IT 负责人、远程站点管理员或虚拟主机提供商寻求帮助。

⑭ 单击【高级】选项卡，如图 11-9 所示。
从下面选项选择合适的选项。

• 维护同步信息：自动跟踪本地站点和远程站点中发生变化的文件，以便能够轻松同步它们。该功能会跟踪文件的变化，当您上传前更改了多个页面时，这个功能会非常有用。这个功能

图 11-9

常常和遮盖一起使用。有关遮盖的内容 11.2 节讲解。默认设置下，该功能处于勾选状态。

• 保存时自动将文件上传到服务器：勾选该复选框，保存文件时，Dreamweaver 会自动把文件从本地传送到远程站点。当保存动作很频繁，并且您不希望把改动立即呈现给访客时，请取消勾选该复选框。

• 启用文件取出功能：当多个人共同合作构建站点时，勾选该复选框，可以启用存回 / 取出系统。勾选这个复选框后，您需要填写一个取出名称和一个电子邮件地址。当只有您一个人构建网站时，不需要勾选该复选框。

关于如何选择这些选项，请您根据自己的实际情况做判断。为了配合讲解本课内容，我们勾选【维护同步信息】复选框。

⑮ 做完设置之后，单击【保存】按钮。

关闭服务器设置对话框后，回到站点设置对话框中。此时，上面定义的服务器出现在窗口中。

⑯ 定义好服务器之后，默认状态下，【远程】选项处于选中状态。如果您定义了多个服务器，请单击 Favorite City Server 的【远程】选项，如图 11-10 所示。

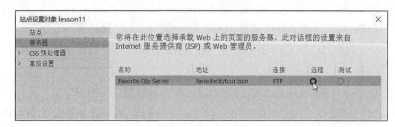

图 11-10

⓱ 单击【保存】，设置好服务器。

此时，弹出一个对话框，通知您因站点设置改动将重建缓存。

⓲ 单击【确定】按钮，重建缓存。

当 Dreamweaver 更新完缓存后，单击【完成】，关闭站点管理对话框。

到这里，我们创建好了一个到远程服务器的连接。如果您当前还没有远程服务器，可以暂时先用一个本地测试服务器代替远程服务器。关于如何在 Dreamweaver 中安装和设置测试服务器，请阅读"安装测试服务器"。

安装测试服务器

创建包含动态内容的网站时，在把网站发布出去之前，需要做各方面的功能测试。这个时候，我们就需要有一个测试服务器了。根据您需要测试的应用程序，测试服务器可以是实际 Web 服务器中的一个子文件夹，也可以是 Apache、IIS 等本地 Web 服务器。

一旦安装好本地 Web 服务器，您就可以上传网站文件，测试远程站点了。大部分情况下，您的本地 Web 服务器不能从互联网访问，也不能用来托管面向公众开放的真实网站。

11.2 遮盖文件夹和文件

💡提示 如果磁盘空间不成问题，您可以考虑把模板文件上传到服务器，作为备份使用。

站点根文件夹下往往会有很多文件，发布站点时，我们并不需要把所有文件都上传到远程服务器。在远程服务器中放一些用户不会访问或禁止用户访问的文件毫无意义。最大限度地减少在远程服务器中存放文件有助于节省开支，因为许多虚拟主机提供商都是按照网站的磁盘占用量来收费的。设置使用 FTP 或网络服务器的远程站点时，勾选了【维护同步信息】复选框，我们希望遮盖某些本地文件，不想 Dreamweaver 把它们上传到远程服务器中。此时，我们可以使用 Dreamweaver 中的【遮盖】功能，借助这个功能，我们可以指定某些文件夹或文件，禁止 Dreamweaver 把它们上传或同步到远程站点。

我们不希望上传到远程站点的文件夹包括 Templates 和 resource 文件夹。其他一些建站过程中用到的诸如 Photoshop 文件（.psd）、Flash 文件（.fla）、Microsoft Word 文件（.doc 或 .docx）等这类非 Web 兼容的文件也不希望上传到远程服务器。虽然我们可以禁止 Dreamweaver 自动上传或同步这些文件，但在必要时，我们仍然可以采用手动方式把它们上传到远程站点。有些人喜欢把这些文件一起上传到远程站点，作为备份使用。

指定遮盖文件也是在站点设置对话框中进行的。

❶ 从菜单栏中，依次选择【站点】>【管理站点】，打开【管理站点】对话框。

❷ 在站点列表中，选择 lesson11，单击【编辑当前选定的站点】图标。

❸ 在站点设置对话框中，展开【高级设置】，选择【遮盖】。

❹ 勾选【启用遮盖】和【遮盖具有以下扩展名的文件】复选框。

复选框下的输入框中默认已经有几个扩展名。您看到的已经存在的扩展名可能和这里不一样。

⑤ 把光标放到最后一个扩展名之后，插入一个空格，然后输入 .docx .csv .xslx，如图 11-11 所示。

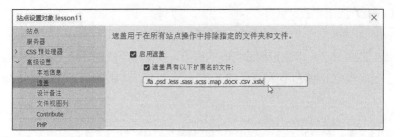

图 11-11

> **注意** （1）请您把所有建站中用到的源文件的扩展名添加到其中。
> （2）两个扩展名之间一定要添加一个空格。通过在输入框中添加希望遮盖的文件扩展名，不论这些文件在站点的什么地方，Dreamweaver 都不会自动把它们上传或同步到远程站点。

⑥ 单击【保存】按钮。若 Dreamweaver 提示重建缓存，单击【确定】，然后单击【完成】，关闭【管理站点】对话框。

上面我们在站点设置对话框中指定了希望遮盖的几种文件类型。其实，我们还可以在【文件】面板中手动指定需要遮盖的文件或文件夹。

⑦ 打开【文件】面板。

> **注意** 上传到远程服务器中的所有资源均可被搜索引擎或公众访问到。请不要把敏感的资料或内容上传到远程服务器，以防止泄露。

在站点列表中，您可以看到组成网站的各种文件和文件夹。有些文件夹中存放的是建站时使用的原始资料，我们没有必要把这些资料上传到远程服务器中。Templates 文件夹就是这样一种文件夹，里面存放的是网页模板，网页制作好之后就不会再引用它了。如果是多人合作建站，还是很有必要把这些文件夹上传和同步到远程服务器的，这样可确保每个团队成员各自的计算机中拥有最新的文件夹。这里，我们假定您是一个人建设网站。

⑧ 右击 Templates 文件夹，然后从弹出菜单中，依次选择【遮盖】>【遮盖】，如图 11-12 所示。

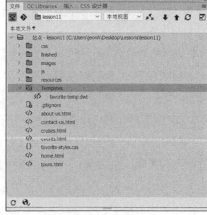

图 11-12

此时，弹出一个警告对话框，告知您遮盖只影响 put 和 get 命令，而不影响批处理站点命令。

❾ 在警告对话框中，单击【确定】按钮。

此时，在所选文件夹（Templates）上出现一条红色斜线，表示当前它被遮盖了。

借助站点设置对话框和【遮盖】命令，我们可以轻松地遮盖不同类型的文件、文件夹。Dreamweaver 在执行同步操作时会忽略这些遮盖的项目，不会自动上传或下载它们。

11.3　完善网站

前面 10 课中，我们学习如何使用 Dreamweaver 搭建一个完整的网站，先选择一个基本布局，然后添加文本、图像、导航内容，最后我们还有几个地方需要完善一下。发布网站之前，我们还需要制作一个页面，并对站点导航做一些升级改造。

这里，我们要创建的页面是每个网站都有的一个页面，即主页。主页是访客访问一个网站时第一眼看到的页面。当访客在浏览器地址栏中输入一个网址时，浏览器会自动加载网站主页。以我们的网站为例，当访客在浏览器的地址栏中输入 favoritecitytour.com 并按 Enter 键或 Return 键时，网站主页就会在浏览器中显示出来，而不管是不是知道主页的真实名字。由于主页是浏览器自动加载的，所以为主页命名时，对可使用的名称和扩展名有一些限制。

事实上，主页名称和扩展名由网站托管服务器和运行在主页上的应用程序类型决定。现在，大多数主页的名称都是 index，有时也用 default、start、iisstart 等名称。

主页的扩展名指出了主页制作时使用了哪种编程语言。普通 HTML 主页的扩展名是 .htm 或 .html。若主页中含有某个服务器模型特有的动态程序，一般都会带有 .asp、.cfm、.php 等扩展名。即使主页中不包含任何动态程序或内容，只要您的服务器模型兼容，您照样可以使用这些扩展名。不过，使用这些扩展名时一定要小心，有时候错用扩展名会导致浏览器无法正常加载页面。如果您不知道该用什么扩展名，那就问一问您的服务器管理员或 IT 经理，听从他们的建议。

服务器支持哪些主页名一般是由服务器管理员指定的，而且服务器管理员也可以根据实际情况随时做出更改。大多数服务器都支持多种主页名和扩展名。若某个主页名找不到，服务器就会加载列表中的下一个主页名。为主页命名时，一定要联系您的 IS/IT 经理或 Web 服务器技术支持团队，搞清楚到底应该用什么样的名称和扩展名。下面制作主页的过程中，我们会使用 index 这个主页名。

11.3.1　制作主页

接下来，我们基于模板创建一个主页，然后在其中填充相应内容。

❶ 基于网站模板，新建一个页面。

把页面保存为 index.html，或者使用您的服务器所支持的主页名和扩展名保存页面。

❷ 在 lesson11 站点根目录下，打开 home.html 页面，进入【设计】视图下。

这个页面中包含的内容是要用在图像轮播组件下文本内容区域中的。home.html 页面中没有应用任何 CSS 样式，所以它看起来与那些应用了 Bootstrap 样式的页面明显不一样，但是 HTML 结构完全一样。

❸ 单击标题 WELCOME TO FAVORITE CITY TOUR，从标签选择器栏中，选择 div.container.mt-4。右击，从弹出菜单中，选择【剪切】，如图 11-13 所示。

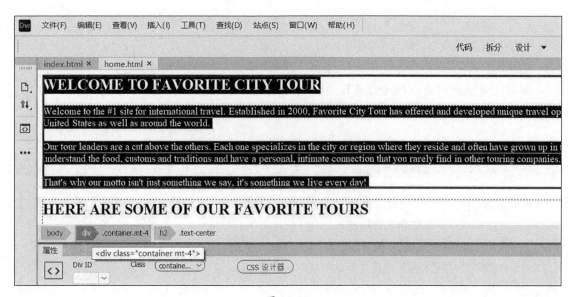

图 11-13

> **💡 注意** 把某些内容从一个页面移动到另外一个页面时，在【设计】视图或【代码】视图下操作会更容易一些。请务必在源文档和目标文档中使用相同的视图。

④ 切换到 index.html 页面，进入【设计】视图下。

在紧靠图像轮播组件下方的文本内容区域中，选择占位文本 ADD HEADLINE HERE。

⑤ 在标签选择器栏中，选择 div .container .mt-4 标签选择器。

这里选择的 HTML 结构和第 3 步中剪切的 HTML 结构是一样的。

⑥ 执行【粘贴】命令，如图 11-14 所示。

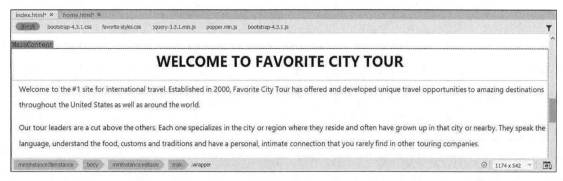

图 11-14

这样，第 3 步中剪切的内容就替换掉了所选内容。

> **💡 注意** 通过粘贴用一个元素代替另外一个元素仅在【设计】视图和【代码】视图下才能正常工作。

⑦ 切换回 home.html 页面中。

⑧ 单击标题 HERE ARE SOME OF OUR FAVORITE TOURS，从标签选择器栏中，选择 div.container.mt-4，如图 11-15 所示。

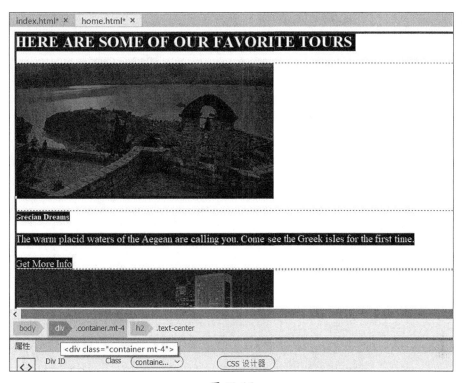

图 11-15

⑨ 右击，从弹出菜单中，选择【剪切】。

此时，home.html 页面空了。

⑩ 关闭 home.html 页面，不保存更改。

此时，文档窗口中仅显示 index.html 页面。

⑪ 在 index.html 页面中，在卡片区域中选择 ADD HEADLINE HERE。

⑫ 在标签选择器栏中，选择 div.container.mt-4。执行【粘贴】操作，用第 9 步中剪切的内容替换掉所选内容，如图 11-16 所示。

图 11-16

此时，文本内容区域和卡片区域都被替换了。这里，我们不需要列表内容区域，接下来删除它们。

⑬ 向下滚动到列表内容区域。

⑭ 在列表内容区域中，选择标题 ADD HEADLINE HERE。

⑮ 在标签选择器栏中，选择 div.container.mt-4，按 Delete 键，如图 11-17 所示。

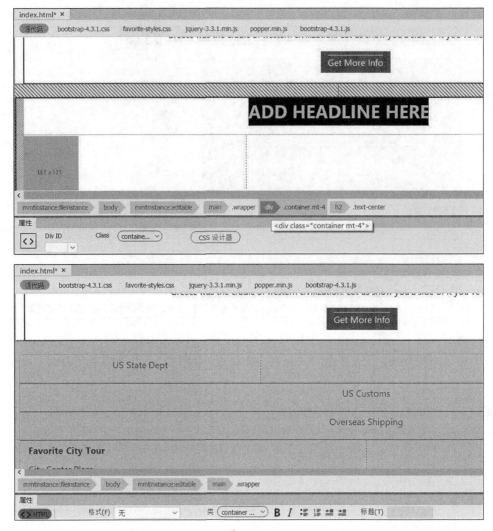

图 11-17

这样，我们就删掉了列表内容区域。到这里，我们的主页制作得就差不多了。但最后，我们还需要向图像轮播组件中添加一些内容。

11.3.2　主页收尾

最后，我们向图像轮播组件添加一些图像和文本，完成主页的收尾工作。大多数情况下，在【代码】视图下，为图像轮播组件添加图像和文本会更容易一些。

❶ 进入【拆分】视图。

此时，文档窗口分成上下两部分，上一部分是【设计】视图，下一部分是【代码】视图。使用【拆分】视图的好处是，在代码中查找组件更轻松。

❷ 在【设计】视图下，向上滚动至图像轮播组件，单击某个占位图像，如图 11-18 所示。

在【设计】视图下，选择一个元素时，在【代码】视图中，所选元素的代码会自动高亮显示出来。高亮显示的代码是占位图像中的某一个，它有可能不是第一个。查看高亮显示的代码，找到第一个占位图像，大约在第 52 行。

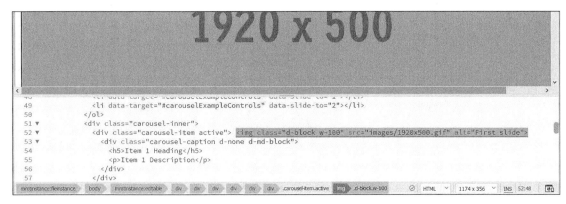

```
49        <li data-target="#carouselExampleControls" data-slide-to="2"></li>
50     </ol>
51 ▼   <div class="carousel-inner">
52 ▼      <div class="carousel-item active"> <img class="d-block w-100" src="images/1920x500.gif" alt="First slide">
53 ▼         <div class="carousel-caption d-none d-md-block">
54            <h5>Item 1 Heading</h5>
55            <p>Item 1 Description</p>
56         </div>
57      </div>
```

图 11-18

❸ 选择代码 1920x500.gif，输入 fl。

随着输入，Dreamweaver 会在提示菜单中自动显示相匹配的图像名。

❹ 从提示菜单中，选择 florence-tour-carousel.jpg，如图 11-19 所示。

图 11-19

在【代码】视图下，把鼠标指针移动到图像名称上，会有一个预览图显示出来。

❺ 在图像之下，选择占位文本 Item 1 Heading，输入 Dreams of Florence 将其替换。

> **注意** 在真实的网站项目中，我们还要给每幅图像添加 alt 和 title 属性。

❻ 选择占位文本 Item 1 Description，输入 This tour is no fantasy.Come live the dream. 替换。

❼ 使用如下内容，修改轮播组件的 Item2。

```
Item 2 图像：greek-cruise-carousel.jpg
Item 2 Heading: Cruise the Isles
Item 2 Description: Warm waters. Endless Summer. What else do you want?
```

❽ 使用如下内容，修改轮播组件的 Item3，如图 11-20 所示。

```
Item 3 图像：rome-tour-carousel.jpg
Item 3 Heading: Roman Holiday
Item 3 Description: All roads lead to Rome. Time to find out why.
```

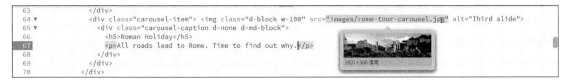

图 11-20

❾ 切换到【实时视图】下，如图 11-21 所示。

此时，主页几乎制作完成。最后，我们修改一下页面标题和页面描述。

❿ 在【属性】面板中，选择占位文本 Insert Title Here，输入 Welcome to travel with a difference.

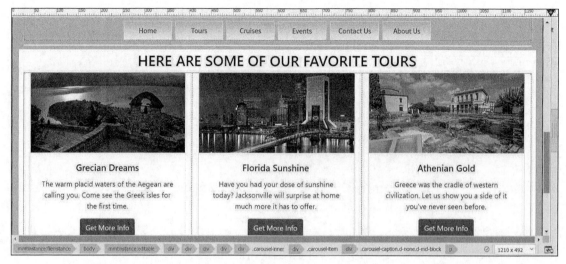

图 11-21

⑪ 切换到【代码】视图，选择 add description here（大约在第 15 行），输入 Welcome to the home of travel with a difference。

⑫ 保存并关闭所有文件。

目前，我们制作成这个样子就行了。接下来，我们应该把制作好的页面上传到远程服务器了。在任何一个网站开发过程中，这都是一种常见的操作。随着时间的推移，我们会不断增加、更新、删除页面，创建新页面并在合适的时候上传到服务器。在把这些页面上传服务器之前，一定要认真检查一番，找出那些断掉或过时的链接，予以修复或清除，确保页面中的所有链接都正常有效。

发布前检查

发布页面之前，一定要认真检查一番，确保所有页面状态正常。在真实网站制作流程中，上传网页之前，应该按照如下步骤检查每一个页面。

- 拼写检查（参考第 8 课）
- 站内链接检查（参考第 10 课）

检查出问题后，修正每一个问题，然后做下一步。

11.4　发布网站

💡 **注意**　本节是选学内容，学习前需要您有一个远程服务器。

大多数情况下，本地站点和远程站点互为镜像，它们包含着相同的 HTML 文件、图像、资源，拥有相同的文件夹结构。我们把一个网页从本地站点上传到远程站点的过程称作发布页面。当您发布本地站点下某个文件夹中的一个文件时，Dreamweaver 就会把它上传到远程站点中的同一个文件夹下。若远程站点中不存在同名文件夹，就会自动在远程站点中创建同名文件夹。下载文件也是如此。

借助 Dreamweaver，我们可以在一次操作中发布从文件到整个网站的所有内容。发布网页时，默认设置下，Dreamweaver 会询问您是否希望同时上传依赖文件，包括图像、CSS、HTML5 影片、JavaScript 文件、SSI（server-side includes），以及其他渲染网页所需要的文件。

上传文件时，您既可以一个个地上传，也可以一次上传整个网站。接下来，我们将上传一个页面，及其依赖文件。

❶ 打开【文件】面板，单击【展开以显示本地和远端站点】图标（），如图 11-22 所示。

图 11-22

在 Windows 系统下，【文件】面板展开后，占据整个界面。在 macOS 下，【文件】面板以浮动形式存在。面板分成左右两部分，其中本地站点在右侧，远程站点在左侧（需连接托管服务器）。

> 💡 注意　只有定义了远程服务器，【展开以显示本地和远端站点】图标才会显示出来。

❷ 单击【连接到远程服务器】图标（ ），连接远程站点，如图 11-23 所示。

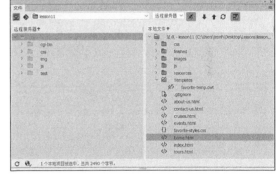

图 11-23

若远程站点配置无误，【文件】面板会连接至远程站点，并在左侧窗格中显示远程站点中的内容。首次上传文件时，远程站点是空的或者大部分是空的。如果您的远程站点托管在网络中的某台服务器上，站点目录下就会有一些特殊的文件和文件夹，这些文件和文件夹是由托管公司创建的，请不要删除它们，否则可能影响远程站点的正常运行。

> 💡 注意　依赖文件不仅包括图像、样式表、JavaScript 文件，还包括那些确保网页正常显示和工作的文件。

❸ 在【本地文件】列表下，选择 index.html。

❹ 在【文件】面板工具栏中，单击【上传文件】图标（ ）。

❺ 默认情况下，Dreamweaver 会提示您上传依赖文件，如图 11-24 所示。若一个依赖文件在远程服务器中已经存在，而且您的改动不涉及它，您可以单击【否】按钮，取消其上传。但是，如果是个新文件，或者您已经改动了它，请单击【是】按钮，将其上传。在【首选项】对话框中有一个选项用来禁用这个提示。

图 11-24

❻ 单击【是】按钮，如图 11-25 所示。

图 11-25

Dreamweaver 上传 index.html、所有图像、CSS、JavaScript 文件，以及正常渲染 HTML 页面所需要的其他依赖文件。在【后台文件活动】对话框中，列出所有上传到远程服务器的文件。尽管您只选择上传一个文件，但实际上 Dreamweaver 上传了 27 个文件和 3 个文件夹。

借助【文件】面板，我们可以一次上传多个文件甚至整个网站。

💡 提示 当弹出【后台文件活动】对话框时，单击【详细信息】，可浏览所有上传的文件

❼ 关闭【后台文件活动】对话框。在本地站点中，选择站点根文件夹，然后单击【上传文件】图标，如图 11-26 所示。

弹出一个对话框，问您是否真的想上传整个网站。

💡 注意 上传或下载文件时，目标位置下同名文件会自动被覆盖。

图 11-26

⑧ 单击【是】或【确定】。

💡提示 大多数时候，我们会把网站放在虚拟主机中。在虚拟主机下，您的域名下一般会有一个默认页面。当您访问自己的网站时，若看不到主页，请尝试把默认页面删除。

此时，Dreamweaver 开始上传整个网站，并在远程服务器中重建本地网站结构。Dreamweaver 会在后台执行上传任务，这期间您可以继续使用 Dreamweaver 做其他处理工作。当【后台文件活动】对话框消失后，您就能看到上传报告了。【文件】面板中有一个选项，允许您随时查看完整的报告。

⑨ 在【文件】面板左下角，单击文件活动图标（ 🌏 ），如图 11-27 所示。

💡提示 单击【详细信息】选项，才能看到完整报告。

图 11-27

单击文件活动图标时，弹出【后台文件活动】对话框，其中列出了所选操作的文件名和状态。单击【保存记录】按钮，可以把报告保存成文本文件。

💡注意 上传过程中，本地站点下被遮盖的 Templates 文件夹及其包含的文件不会被上传。上传各个文件夹或整个网站时，Dreamweaver 会自动忽略所有被遮盖的项目。有需要时，您可以手动选择并上传那些处于遮盖状态的项目。

⑩ 右击 Templates 文件夹，从弹出菜单中，选择【上传】，如图 11-28 所示。

此时，Dreamweaver 会提示您一同上传 Templates 文件夹的依赖文件。

⑪ 单击【是】，上传依赖文件。

Templates 文件夹上传到远程服务器后，上传报告中显示一些发生变动的依赖文件也一起上传了。

图 11-28

在【远程服务器】窗格中，您可以看到上传后的 Templates 文件夹，它上面有一条红斜线，表示它被遮盖了。有时候，我们希望遮盖某些本地文件与远程文件（或文件夹），以防止它们被替换或意外覆盖。文件被遮盖之后，不会自动被上传或下载。但必要时，您可以手动选择它们，然后执行上传或下载操作。

与【上传文件】命令相对的一个命令是【获取文件】，它用来把所选文件或文件夹下载到本地站点。在【远程服务器】窗格中，选择一个文件，然后单击【获取文件】图标，即可从远程站点获取所选文件。当然，您也可以直接把某个文件从【远程服务器】窗格拖入【本地文件】窗格中，以获取所选文件。

💡 **注意** 使用【上传文件】与【获取文件】命令时，不需要区分是在【远程服务器】窗格中，还是在【本地文件】窗格中。【上传文件】命令一定是把文件从本地站点上传到远程站点；【获取文件】命令一定是从远程服务器把文件下载到本地站点。

⑫ 成功上传整个网站之后，您就可以使用浏览器访问站点了。打开浏览器，根据您是连接到本地 Web 服务器或实际的互联网站点，在地址栏中输入相应的地址，按 Enter 键或 Return 键，如图 11-29 所示。

图 11-29

此时，浏览器中显示出 Favorite City Tour 网站。

⓭ 在导航菜单中，单击各个菜单项，浏览各个页面。

网站上传之后，持续更新网站是件很简单的事。当有文件发生改动时，您既可以逐个上传到远程服务器，也可以把网站整体同步到远程服务器。

协作环境下，有多个人更改文件和上传文件。这个过程中，很容易发生下载或上传旧文件，以及覆盖新文件的情况，此时，同步就显得格外重要。通过同步操作，可以确保我们当前使用的是最新文件。

11.5 同步本地站点和远程站点

在 Dreamweaver 中，同步操作可确保远程服务器和本地计算机中的文件是最新的。当您的工作地点经常更换，或者与多个人合作建设网站时，同步是一个必不可少的工具，正确使用这个工具可以防止意外上传或处理过时的文件。

到目前为止，我们的本地站点和远程站点几乎一样了。不过，远程站点下可能还包含一些由托管公司创建的特殊文件。为了更好地演示同步功能，我们先修改一下站点中的一个页面。

当【文件】面板展开时，展开图标就变成折叠图标。

❶ 单击折叠图标（ ），把【文件】面板折叠起来。

单击折叠图标，可把【文件】面板重新停靠到界面右侧。

❷ 打开 about-us.html 页面，进入【实时视图】下。

❸ 在【CSS 设计器】中，单击【全部】按钮。选择 favorite-styles.css，新建一个选择器：.fcname。

❹ 在新规则中添加如下属性，如图 11-30 所示。

```
color: #760;
font-weight: bold;
```

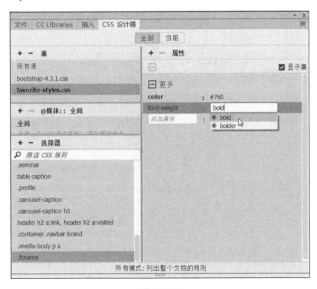

图 11-30

❺ 在文本内容的第一个段落中，选择第一次出现的 Favorite City Tour。

❻ 在【属性】面板中，从【类】下拉菜单中，选择 fcname，如图 11-31 所示。

图 11-31

❼ 向页面中的每个 Favorite City Tour 文本上应用 .fcname 类。

❽ 保存所有文件，关闭页面。

❾ 打开并展开【文件】面板。

在文档工具栏中，单击【同步】图标（ ⟳ ），弹出【与远程服务器同步】对话框。

> 💡 **注意** 【同步】图标与刷新图标类似，但是它位于【文件】面板的右上角。

❿ 从【同步】下拉菜单中，选择【整个 lesson11 站点】；从【方向】下拉菜单中，选择【获得和放置较新的文件】，如图 11-32 所示。

> 💡 **注意** 同步时，不会比较被遮盖的文件或文件夹。

图 11-32

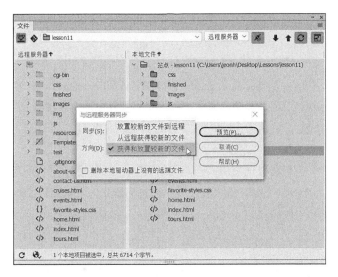

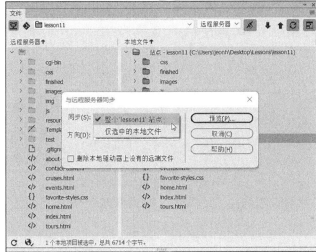

图 11-32（续）

⑪ 单击【预览】按钮，结果如图 11-33 所示。

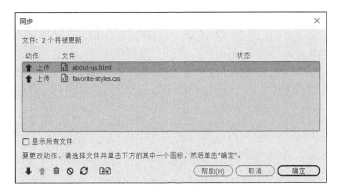

图 11-33

此时，弹出【同步】对话框，报告哪些文件有改动，或哪些文件在远程站点或本地站点不存在，以及是否需要上传或获取它们。

上传了整个网站后，只有改动过的文件（about-us.html 与 favorite-styles.css）才会出现在列表中，表示 Dreamweaver 要把它们上传到远程站点。

对话框中还会列出一些仅存在于远程服务器中的文件，这些文件大多是为占位内容服务的，一般由提供托管服务的公司创建，本地站点文件夹中不会有这些文件。我们在 Dreamweaver 中创建的内容可独立使用，并不依赖这些文件和资源。但是，我也不敢百分百地说一定是这样。

在【同步】对话框中，那些早已存在于远程服务器中的文件的【动作】列中显示为【获取】，这些文件会被下载到您的本地站点中。对于远程服务器中那些与网站正常运行无关的文件，我们不必下载它们。对于这些文件，有两种处理方法：一种是忽略它们；另一种是删除它们。

⑫ 在远程站点中，找出那些您不需要的文件，把它们标记为【忽略】（◎）或【删除】（🗑）。

同步动作

同步期间，您可以选择接受推荐动作，或者在【同步】对话框中自己选择一个合适的动作。这些动作可以同时应用到一个或多个文件上。

获取（⬇）：从远程站点下载所选文件。

上传（⬆）：把所选文件上传到远程站点。

删除（🗑）：把所选文件标记为删除。

忽略（◎）：同步期间，忽略所选文件。

已同步（↻）：把所选文件标识为已同步。

比较（🔀）：使用第三方实用工具，对所选文件的本地版本和远程版本做比较。

⑬ 单击【确定】按钮，上传两个文件，并执行您选择的所有动作。

此时，弹出后台文件活动对话框，显示本地站点和远程站点间内容的同步过程，如图 11-34 所示。

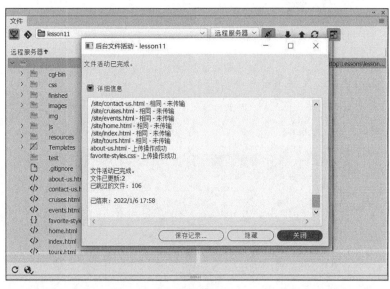

图 11-34

> ♀ 注意 截图中显示的文件是基于我所选用的虚拟主机得到的，它可能与您看到的完全不一样。

⓮ 关闭后台文件活动对话框。在【文件】面板中，单击折叠图标（▣），停靠面板。

如果其他人也可以访问并更新您站点中的文件，那么在您动手处理任何一个文件之前一定要先进行同步，以确保您得到的文件是最新版本的文件。另一个办法是使用服务器设置对话框中高级选项里面的【取出】与【存回】功能。

本课中，我们学习了如何在 Dreamweaver 中添加远程服务器，连接至远程服务器并把文件上传到远程站点中；还学习了如何遮盖文件和文件夹，以及同步本地站点和远程站点。

恭喜您！到这里，本书课程全部学完了。通过学习本书，我们了解了设计与开发一个网站的方方面面，学习了如何设计、开发、构建一个完整的网站，还学习了如何把网站上传到远程服务器。希望大家把这些知识积极运用到实际工作中，不断总结经验，提高自己的水平。

11.6 复习题

❶ 什么是远程站点?

❷ 请说出 Dreamweaver 支持的两种文件传输协议。

❸ 如何配置 Dreamweaver,使其不在本地站点和远程站点中同步指定文件?

❹ 判断正误:您必须手动发布每个文件,以及相关图像、JavaScript 文件、SSI 文件。

❺ 同步有什么用?

11.7 答案

❶ 远程站点是本地站点的在线服务版本,它存放在远程服务器上,网站用户可以通过互联网访问它。

❷ FTP 和本地/网络是两种常用的文件传输协议。此外,Dreamweaver 还支持安全 FTP、WebDAV 等。

❸ 把文件或文件夹遮盖起来,可防止 Dreamweaver 同步它们。

❹ 错。Dreamweaver 可自动传送依赖文件,包括嵌入或引用的图像、样式表,以及其他链接内容,但有可能会漏掉某些文件。

❺ 同步功能会自动扫描本地站点和远程站点,比较它们之间的文件,找出最新版本的文件,并给出报告,指出应该上传或下载哪些文件,以保持最新状态,然后执行更新操作。